U0387888

注塑缺陷分析与排除指南：4M策略

原著第二版

Injection Molding Advanced Troubleshooting Guide
The 4M Approach

（美）兰迪·柯克斯特拉（Randy Kerkstra）
史蒂夫·布拉默（Steve Brammer）著

高煌 王道远 谢安平 译

化学工业出版社
·北京·

内容简介

本书利用科学注塑这一科学化、系统化的方法，对注塑生产中各种缺陷的形成机理进行了多角度的剖析，并就具体解决方案和案例进行详细论述。具体包括缺陷排除方法和工具；影响缺陷排除的关键因素，包括模具、注塑机、材料和成型工艺；33种典型缺陷的判别和解决方法。

本书四色印刷，图文并茂，可供从事注塑生产和应用的各类技术人员参考。

Injection Molding Advanced Troubleshooting Guide: the 4M Approach<2nd> edition/by Randy Kerkstra/Steve Brammer

ISBN 978-1-56990-834-1

北京市版权局著作权合同登记号：01-2024-1182

图书在版编目（CIP）数据

注塑缺陷分析与排除指南：4M策略/(美）兰迪·柯克斯特拉（Randy Kerkstra)，(美）史蒂夫·布拉默（Steve Brammer）著；高煌，王道远，谢安平译．—北京：化学工业出版社，2024.5

书名原文：Injection Molding Advanced Troubleshooting Guide: The 4M Approach

ISBN 978-7-122-45171-2

Ⅰ.①注… Ⅱ.①兰…②史…③高…④王…⑤谢… Ⅲ.①塑料成型-注塑-指南 Ⅳ.①TQ320.66-62

中国国家版本馆CIP数据核字（2024）第048778号

责任编辑：赵卫娟　高　宁　　　装帧设计：王晓宇
责任校对：李雨函

出版发行：化学工业出版社
（北京市东城区青年湖南街13号　邮政编码100011）
印　　装：中煤（北京）印务有限公司
710mm×1000mm　1/16　印张$25\frac{1}{2}$　字数471千字
2024年6月北京第1版第1次印刷

购书咨询：010-64518888　　　售后服务：010-64518899
网　　址：http://www.cip.com.cn
凡购买本书，如有缺损质量问题，本社销售中心负责调换。

定　　价：198.00元　

译者前言

随着《科学注塑实战指南》和《科学注塑——稳健成型工艺开发的理论与实践》两本译作的相继出版，越来越多的注塑界同行开始关注科学注塑这一方法论，并利用其基本原理和方法来指导日常生产、解决实际问题。为此，我们选择了这本适用性很强的书，期望从科学注塑的全新视角，为广大读者提供系统解决注塑缺陷的有效方法。

与传统解决注塑缺陷的思路不同，本书作者利用科学注塑这一科学化、系统化的方法，对注塑生产中各种缺陷的形成机理，从成型工艺、模具、注塑机和材料等方面进行了多角度的剖析。随后提出的解决方法也是从实际出发，丝丝入扣，全面详尽，其视角和手法令人耳目一新。

本书中采用的科学注塑原理和方法，与我们前两本译作中介绍过的内容形成了一个有机整体，引导读者由入门到进阶，最后落实于具体实操，可谓一脉相承。广大读者在阅读本书的同时，如能与前书互相参阅，温故知新，必将有更大的收获。

作者在书中介绍了很多判断和解决缺陷的实用小技巧，简单易行、可操作性强。这些都是作者多年在生产一线工作积累的宝贵经验，对我们日常工作中解决问题将大有裨益。

在本书的翻译过程中，得到了业内多位专家和同行的帮助。他们有张新民、王骏、张瑞、向双华、赵唐静、倪江良、刘士亮、杨冲、程树年等，在此一并致谢。

由于译者水平有限，书中不妥之处在所难免，恳请广大读者批评指正。

译者

2024年1月

前言

为什么要专门撰写一本注塑缺陷排除的书籍？这是因为作者多年来在模具试模，实现稳健量产的过程中，经历了许多挫折。作为读者的您是否也有过以下经历呢？

- 废品率居高不下
- 停机时间严重超标
- 成型周期过长
- 客户退货不断（包括内部和外部客户）
- 工艺因迁就模具问题而被牵着鼻子走
- 模具损坏频繁
- 产品缺陷原因不明
- “解决了”的故障时而复发
- 一旦切换注塑机，模具就无法正常生产

编写本书的目的是提供真正解决以上问题的工具和信息。

在塑料加工行业，人们往往得经历各种“摸爬滚打”才能学到真本领，两位作者也不例外。一直以来，业界在传承经验教训方面乏善可陈，而我们却想通过这本书，把很多付出代价后才获得的宝贵经验传授给他人。

我们早就注意到，行业里的注塑和模具部门往往各自为政，双方解决问题的出发点不同：要么仅从模具制造角度出发，要么仅从原材料及注塑生产角度思考，双方都试图用自己的思维定式来处理问题。我们认为，每当这种时候，就应该寻求一种能够深入剖析模具、成型工艺和原材料之间内在关系的有效方法，这也是本书写作的初衷。如果我们只是炒冷饭，重复多年前“故障排除指南”中大家熟知的内容，这本书就失去了价值。而本书的精华恰恰在于，它综合了模具制造和注塑成型双方面的经验，成功解决了靠“照本宣科”无法解决的难题。

本书分为以下几个部分：

（1）缺陷排除方法和工具（1 ～ 2章）。

（2）论述影响缺陷排除的关键因素，包括模具、注塑机、材料和成型工艺（3 ～ 14章）。

（3）深入探讨不同缺陷的解决方法（15 ～ 47章）。

本书与众不同的地方在于它搭建了模具、成型工艺和材料之间沟通的桥梁，同时分享了我们过去25年在数千套模具的设计、制造、使用、维护和缺陷排除过程中积累的宝贵经验。

在本书写作过程中，我们始终本着虚怀若谷的心态。显然，我们没有见过模具、材料和注塑机的所有组合，也可能面对像“如果换种方法又会有什么结果呢？”这类无休止的质疑。但我们认为书的内容很好地传授了我们现有的经验。同时我们也坚信，保持开放心态对于成功排除缺陷至关重要。我们从不认为自己拥有解决所有问题的答案。

书中许多基础工艺和设计方法都来自专业人士的开发和培训资料，比如Rod Groleau、John Bozzelli、Don Paulson、Glenn Beall和John Beaumont。史蒂夫（Steve）运气不错，有父亲理查德·卜拉莫（Richard Brammer）作为他踏入“模塑之门”的引路人。他父亲既是模具工，也是研发工程师以及费里斯州立大学的讲师。此外，史蒂夫也非常感激费里斯州立大学的塑料工程讲师以及Grand Rapids的社区大学。上述人士在注塑行业都拥有多年的培训经验。通过他们的辛勤笔耕和亲临指导，注塑行业人员都受益匪浅，进步可见。一直以来我们有幸与许多优秀的大学教授、模具维修工、模具工、模具设计师以及材料科学家建立了合作关系，他们对我们的事业提点良多。当然我们还要感谢汉斯出版社的马克·史密斯（Mark Smith）和团队，助力我们梦想成真。

当你踏上排除注塑缺陷这条道路时，要学而不厌、问而不倦、永不臆测并保持开放心态！

兰迪·柯克斯特拉（Randy. Kerkstra）

史蒂夫·布拉默（Steve. Brammer）

目录

第 1 章

缺陷分析与排除方法

1.1 缺陷分析与排除

缺陷分析与排除实质是解决成型过程中的具体问题。工艺工程师需要解决产品、模具、注塑机或成型工艺方面的问题。注塑成型中常见问题包括以下几大类：

- 外观缺陷
- 尺寸问题
- 产品断裂
- 成型周期过长
- 废品率高

以上问题会导致产品制造成本增加，利润受损。废品率高和成型周期过长将使注塑企业的运营难以为继。

1.2 必备技能

工艺工程师的职责是找出问题发生的根本原因，并采取有效措施加以解决。高效的工程师能够透过表面现象，找到问题发生的根本原因。一名优秀的工程师会坚持不懈地努力，直至问题得到彻底解决。

梅里亚姆-韦伯词典将工艺工程师定义为：

- **能够查找机器和技术设备的故障并加以修理的熟练工人。**
- **擅长预见问题或解决问题的人。**

缺陷分析与排除是一项可以学习的技能，本书旨在将作者多年从事缺陷分析与排除工作所获得的经验传授给读者。

以下是一些提高缺陷排除技能的关键点。

（1）乐于倾听　项目中的每个成员都有可能提供与问题相关的有用信息，所以应虚心听取别人的意见。

（2）善于观察　要不断寻找需要改善的问题点。良好的观察技巧对于缺陷排除至关重要。应恪守“眼见为实”的原则，不轻信旁人所为。但凡有经验的工程师都会举出很多这类看似正确的例子，比如报告显示材料已干燥完毕，模具也已清洁，但往往却经不起检查。

（3）学而不厌　在处理问题时，需要深入研究，了解问题发生的根本原因。保持开放的学习态度，利用所有可利用的资源，更好地进行缺陷分析与排除。学无止境。

（4）坚韧不拔　要想成为一名优秀的工艺工程师，这点非常重要。在注塑机前一站数小时，疲劳在所难免。优秀的工程师乐意花费大量时间和精力，保证问题得到妥善解决。此外，应反复检查，确保问题完全解决。

（5）勇于尝试　一个人如果害怕失败，不敢尝试，他将很难找到问题的解决方案。因害怕产生飞边，不敢在模具上加工深度足够的排气槽，就是一个典型的例子。

（6）采取系统化方法　应充分利用系统方法来解决问题。例如每次都有条不紊地逐项更改，待该项因素稳定后再进行下一步。

（7）数据驱动　应立足于数据做判断，不依赖假设或个人观点。如果对数据进行了修改，不论是否取得期望的结果，都应记录反馈信息。

（8）充满耐心　这大概是成为缺陷分析与排除专家最难的部分。时常有人对某个参数进行了更改，等不及确认是否产生效果，便忙着进行下一次更改。参数改变后，应耐心等待，工艺趋稳后，才能对改变的最终效果进行判断。

■ 1.3　容易出现的误区

上述技能可以造就高效工艺工程师。而以下误区却会给缺陷分析与排除带来麻烦。

（1）自以为是的心态　误以为自己对注塑成型各个方面都了如指掌，有这种执念的人终将遭遇窘境，到时才会幡然悔悟。分析与排除注塑成型缺陷的过程总会让人感到谦卑，谦虚谨慎才是应有的态度。不同模具、注塑机和材料的组合，都可能成为下一个挑战。

（2）“上次这招灵”综合征　有人完全依赖以往经验行事，于是不断陷入窘境，这反过来又限制了他们的视野。因此，在实施“上次这招灵”的经验法则之前，应首先深入了解问题发生的根本原因。

（3）“创可贴和万能胶”式修补　遇到问题总会先找最简单的将就方法，而不管能否真正解决问题。这种心态在生产现场很普遍，“只要产品能生产就行”。虽然“万能胶”式的修补能撑过这批订单，但仍然有必要找出问题发生的根本原因，并加以解决。“创可贴”式的勉强生产只会导致更多报废和停机。

（4）“一招鲜”　这种情况通常发生在工厂某套特定的模具上，一个解决方案奏效，大家就会在任何场合都盲目使用，不管它适合与否。

总的来说，不少人在努力进行缺陷分析与排除时，由于时间仓促或手段匮乏，总难以奏效。我们每天只有有限的24小时，而客户对产品质量的要求却不会动摇。本书旨在提供一些可以提高缺陷排除效率的工具，帮助大家高效地分析和排除缺陷。

1.4　缺陷与排除方法

如1.2节所述，优秀的工艺工程师往往使用系统方法解决问题，下面这个方法可以帮助我们牢记其中要点：

- **系统性（systematically）**
- **思考（think）**
- **观察（observe）**
- **实施（proceed）**

STOP法则力求实事求是，避免妄下定论。

STOP法则的发展过程

这种思维过程起源于数年前的一场面试，那时我正在招聘工艺工程师和技术员。我通过一些提问，了解面试者如何应对短射之类的缺陷，借此来判断他们的知识水平。对方的答案通常在某种程度上是正确的，但大多十分散乱。很多时候，虽然答案本身正确，但对方却不知道背后的原因，这很可能会为以后埋下隐患。经过反省，我开始明白，在分析与排除缺陷时，要做的第一件事就是停下来，真正弄清楚正在发生的事情。STOP缺陷分析与排除的概念就是一种开展缺陷分析与排除的简单训练方法。

1.4.1 STOP法则：系统性

在STOP法则中，S代表系统性。所有缺陷分析与排除都应按有组织、有系统的方法进行。采用系统的方法将有助于从根本上解决问题。一旦问题确定，系统方法将避免遗漏背后的潜在原因。

缺陷分析与排除的系统方法将问题分为四大类。许多人都熟悉鱼骨图中的5M因素，即人、机、料、法、环。对于注塑成型缺陷分析与排除而言，我们关注的4M因素是:

- **成型工艺**
- **模具**
- **注塑机**
- **材料**

这四个因素是工艺工程师需要考虑的关键性因素。这里面没包括“人”，因为“人”可以影响4M因素中的任何一个。在分析与排除缺陷时，必须考虑4M中的每个因素是否是问题的潜在根源。通过4M因素这种系统性的方法，分析与排除缺陷就显得容易多了。通过分析4M因素中的哪个因素在起作用，并对缺陷大类逐一排查，很快就能得到一份关于潜在根源的清单。

本书中讨论的所有缺陷都将使用4M因素法来描述潜在原因，并针对这些原因来系统地解决问题。我们要不断自问4M因素中的哪一个因素可能导致了缺陷以及为什么。要不断尝试深挖产生问题的根本原因。这里有个使用4M因素法排除缩水缺陷的案例：不用多想，起始点当然是保压压力。如果提高压力，补偿了注塑机的缺陷，那么问题是真正被解决了，还是被你绕开了？4M因素法的目标是避免绕开问题。很多时候，本应当改善模具，大家却指望注塑厂施展“工艺魔法”来获得合格产品。使用4M因素法将有助于保持尽可能宽的工艺窗口，从长远来看，这将带来更少的废品和更低的PPM（一百万件产品中废品的数量）。

大多数人都熟悉丰田公司开发的5 Why法。这种方法是一种系统驱动根本原因探索的工具。这种方法是在解决问题时，对提出的每个方案问“为什么”，从而找到根本原因。许多人发现这种技巧也很有用。

系统性缺陷排除方法的关键是检查模具、成型工艺、材料或注塑机中发生了哪些变化。通常人们只会努力去解决问题，而不去思考到底是哪些变化才导致了问题的产生。换句话说，有时技术人员费尽九牛二虎之力解决的其实并非关键问题。一个常见案例是通过降低注射速度来解决塑料烧焦问题，而这实际上是由异物堵塞模具引起排气不畅造成的。使用系统方法将帮助我们关注问题的根源，而不是绕着问题进行处理。

在排除缺陷时，每次应努力尝试只排除一个潜在因素。在一个因素被证实没有影响之前，它仍然是一个潜在的因素。使用系统的方法可以让工艺工程师一次排除一个因素，并且首先关注可能性最高的因素，从那里开始着手，而数据是佐证的关键。

每次改变一个因素并确定其影响。如果工艺工程师一次更改多个因素，则无法确定哪个因素是主因。每一次更改后，在评估更改产生的影响之前，请务必让注塑机有足够时间稳定下来。如果工艺更改对缺陷没有影响，则应将其还原成原始值。

改变的幅度应该足够大，以体现该因素的潜在影响，这点很重要。有些技术员在对工艺进行调整过程中，一旦看不到影响，就将该因素从潜在原因列表中剔除。如果因为更改太大而引起其他问题，则可以将其调整回原始参数设置。在将参数从潜在原因列表删除之前，请确保对其进行了彻底的评估。

1.4.2　STOP法则：思考

利用思考这个步骤，可以确保工艺工程师有意识地复盘系统化确定的缺陷及成因。在做出改变之前，考虑清楚预期的结果以及潜在的风险至关重要。始终围绕“这是一个新问题还是由来已久的老问题”展开思考。如果是新问题，应重点关注发生改变的因素；如果是老问题，重点则应更多地放在需要纠正的地方。

在缺陷分析与排除的过程中，跳出条条框框很有必要。成型过程中遇到的诸多问题都很难解决，需要运用创造性的手段。摆脱“这不是我们的套路”这类思维约束是解决问题的关键。正如阿尔伯特·爱因斯坦所说，“我们不能用创造问题的思维方式来解决问题”。在许多涉及模具的案例中，有人说某处无法设置排气槽或冷却水道，然而借助一些独创性的思维，最终往往都能找到解决方法。一般的“经验法则”都有例外，因此批判性思维至关重要。

此外，分析与排除缺陷时，要考虑比解决眼前缺陷更广泛的问题。一定要问问自己，这个问题是否可能发生在其他地方，即使目前还没被发现。就4M中注塑机类的故障而言，所有在问题注塑机上进行生产的模具都会产生问题，只有差和更差的区别而已。如果一台干燥料斗为多台注塑机供料，出现的料花缺陷可能会殃及多个产品。在解决问题时，将思考过程尽可能往前提。在产品和模具设计时投入更多的精力将明显改善工艺窗口，减少废品，以及提高投入量产的效率。相比在模具制造完成并投入量产后再努力纠正错误，确保最初的设计方案适合于规模量产要更划算。

1.4.3 STOP法则：观察

观察对于解决问题至关重要。就像福尔摩斯，一个优秀的工艺工程师应尽可能审视问题本身和问题所处的环境。

所谓观察是人体多个器官综合运用的过程，即用眼、耳、鼻感受注塑机上所发生的一切。对产品、设备和成型过程的目视检查通常会提供很多有价值的线索。成型过程中如果闻到降解塑料的异味，有可能已经出现了问题。奇怪的噪声也表明工艺出了问题。应不断用五官进行感知，努力寻找线索。

在观察成型过程时，在注塑机周围走动也是个好习惯。快速绕行通常可以及时发现应解决的问题。需要注意的关键点有:

- 辅机的设定值和实际值
  - 热流道控制器
  - 恒温器
  - 冷水机
  - 干燥机
  - 气体辅助设备
- 夹具和机械手的动作
- 削飞边操作
- 产品运送
- 材料标识是否正确
- 操作标准
- 物品损坏或移位

图1.1是一张被称作“4M中8项基本提问”的表格。它们是进行缺陷分析与排除初期需要进行观察的基本项目。通过简单回答这8个基本提问，许多问题都可以迎刃而解。对其中任何一个提问的否定都可能是解决问题的起点。回答4M中的8项基本提问是一个非常简单的流程，所有注塑厂在寻找技术支持之前都应该尝试回答。利用4M中的8项基本提问或类似工具作为缺陷排除的起点，也是工艺工程师应该养成的良好习惯。

STOP法则观察步骤的另一个关键是确保有良好的基准数据。报废报告是确定基准缺陷率的关键数据。图1.2给出了某工单主要报废项目的细分。根据Pareto（帕累托）原则，一个可能的预期结果是，80%的废品是由20%的潜在根源造成的（就是常说的二八定律，即20%的原因造成80%的问题）。图1.2提供了一个简单的参考工具，可用来确定分析与排除缺陷的工作重点应放在何处。

缺陷分析阶段的重要一环是数据分析，借此可确定眼前的是老问题还是

	4M中8项基本提问	是/否
	成型工艺	
1	注塑机参数是否设置正确?	
2	产品仅填充的重量是多少?	
	模具	
3	模具排气槽是否清洁、通畅?	
4	模具是否有损坏?	
	注塑机	
5	注塑机是否是设定参数的那台?	
6	注塑机参数能否达到设定值?	
	材料	
7	材料品种是否正确?	
8	材料是否已干燥?	

图1.1　4M中8项基本提问

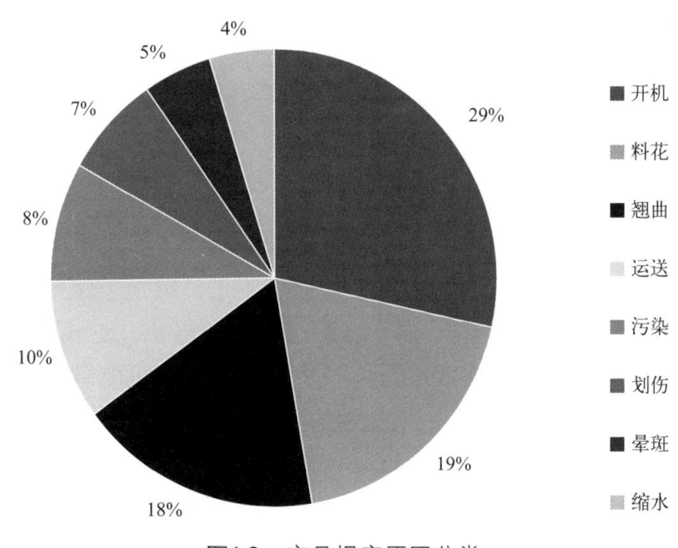

图1.2　产品报废原因分类

刚发生的新问题。图1.3是一个缺陷突发的案例。该产品刚开始生产时因污染引起的废品率很低（不到10%），但在随后的6月份，因污染造成的废品数量急剧增加。在查出根本原因（色母粒中部分着色剂结块）之前，该生产工单持续带病生产大约5个月。由于11月份废品数快速减少，很容易就验证了改进有效。

如果出现了突发状况，最重要的问题是“发生了什么变化？”。观察对于确定潜在变化因素至关重要。4M中的8项基本提问有助于评估潜在的变化，在埋头制定问题排除的流程之前，应先完成这个简单步骤。我们一定要明白，

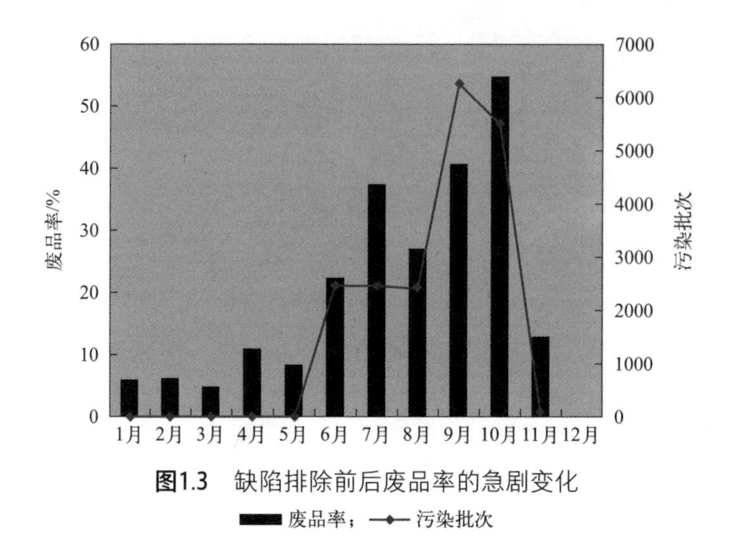

图1.3 缺陷排除前后废品率的急剧变化

废品率；—◆— 污染批次

突发变化未必总是人为的。而对于那些随机变化，应先查看如下各项:

- 生产环境
- 材料变化
- 设备磨损或损坏
- 模具磨损或损坏

上述任何一项发生变化都会造成工艺偏差，从而生产出不良品。

当基准数据表明问题早就存在时，要问的不是“发生了什么变化？”而是“必须改变什么？”。生产中有许多产品的工艺窗口很小，造成废品源源不断。如果废品的产生由来已久，则解决起来比较棘手。问题可能早已根植于多个因素之间，且根深蒂固，简单的改变无法一蹴而就地加以解决。如果该产品从投产时就存在缺陷，就应当深入审视4M中的所有因素，找出可能的原因。在缺陷分析与排除中存在的一种常见情形是，绕过问题建立工艺，例如解决模具中的排气问题。在工艺开发过程中，放弃挖出导致不良的根本原因并加以纠正的机会，操作者就只能施展自己的魔法，开发出一套生产所谓“良品”的独特工艺了。有时，只有在模具量产一段时间后，工艺窗口变窄的不良后果才能真正体现。

在许多情况下，工艺工程师发现持续产出废品的原因来源于模具、注塑机或材料。此时，注塑厂不应绕开问题进行生产，而需要解决问题后，以最大工艺窗口、最低废品率和最少成本进行生产，这一点再怎么强调也不为过。试图用“创可贴”的方式解决问题是无法建立稳健工艺的！为了有效地解决问题，技术团队必须通力合作。如果模具生产或维修部门无法彻底解决遇到的问题，注塑人员只能硬着头皮让设备带病运行。

1.4.4 STOP法则：实施

这是每个人都急于迈出的一步，因为现在才能真正面对变化。而人们经常未经系统思考和观察就直奔实施。

殊不知，草率进行的更改会导致设备或模具损坏。图1.4就是一个急于求成的典型案例。案例中这台注塑机出现了短射，料垫也正逐渐消失。于是技术员在注射阶段加大了注射量，即往型腔里注入更多的塑料熔体。这里的问题不是注射量，而是塑料熔体的去向。如图1.4所示，热流道分流板出现了塑料熔体泄漏，塑料熔体已将分流板包裹起来。此时，分流板必须拆开清洗，修复泄漏，并换上新的加热器和热电偶。

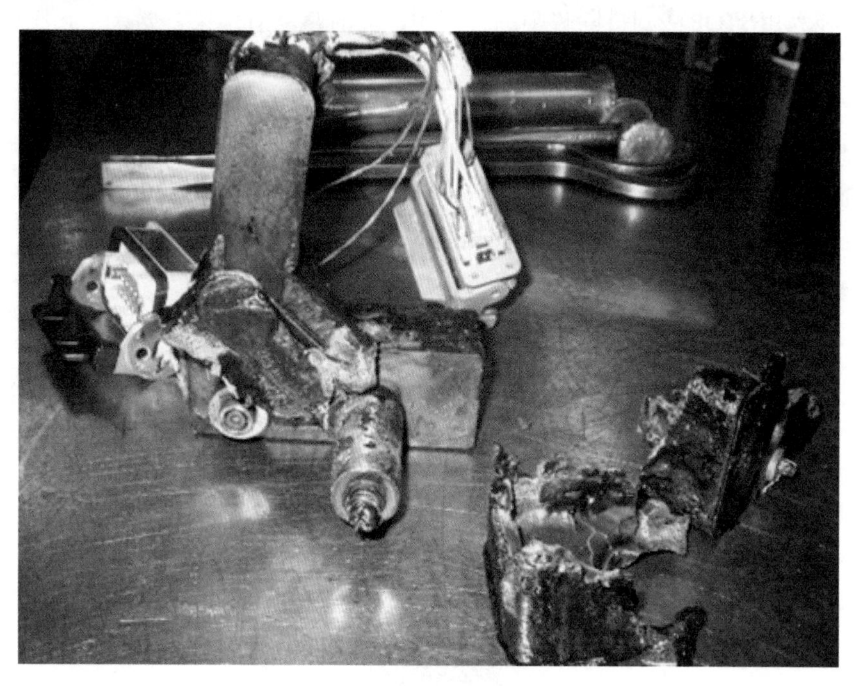

图1.4 热流道分流板被漏料包裹

当系统性、思考和观察的步骤已经完成并且方向已然明确后，就是做出改变和评估影响的时候了。如果情况恶化，就表明从设定点进行的调整方向错误。当观察调整的影响时，有无变化是关键。如果没有变化，那么参数就不是根源。

而当调整改善了缺陷时，应评估以下各项内容：

- 工艺调整是否在允许的工艺窗口范围内进行？
- 该产品外观是否可以接受？
- 该产品尺寸是否可以接受？
- 该产品是否满足所有的测试要求？

■ 该产品是否满足所有其他要求?

如果调整成功地解决了问题，一定要进一步挖掘:

■ 为什么需要进行这种调整?
■ 调整对型腔内的塑料熔体状况有什么影响?
■ 新状态是否稳定，是否能够长期生产高质量的产品?
■ 是否需要采取其他措施确保成型窗口足够大?
■ 这个问题会影响到其他正在生产的产品吗?
■ 是否需要更改公司系统中的某些标准以防止这个问题再次发生?

在利用STOP法则排除缺陷的过程中，应时常查看结果。如果工艺工程师或技术员对参数做了变更，但没有检查结果，他们就无法评估变更是否产生了影响。在许多情况下以为已经进行了变更，一切似乎都很正常，过后才发现数据显示没有任何变化。应时常将变更后的结果与基准数据进行比较，确定变更后确实产生了影响。

变更后可能需要一段持续的时间和过程来监控结果，以确保问题已彻底解决。

1.4.5　STOP法则：缺陷分析与排除循环法

将STOP法则理解为一个需循环使用的方法很重要。在持续改变之后，应返回到系统化的思考和观察并评估变更是否达到了预期的效果。如果没有，为什么? 有关STOP缺陷分析与排除循环法的说明见图1.5。

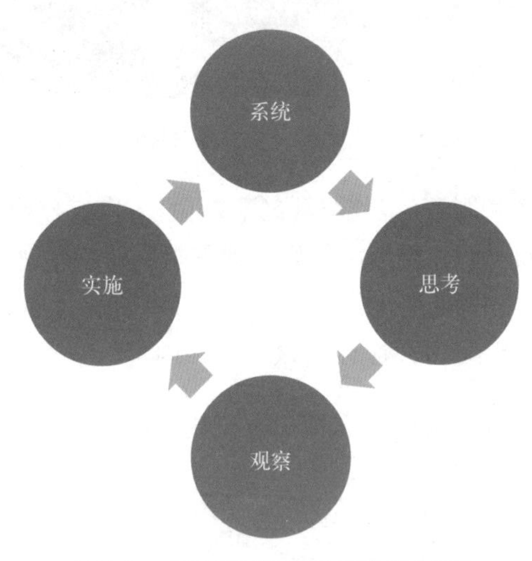

图1.5　STOP缺陷分析与排除流程

持续不断地进行STOP循环，直到问题得到根本解决。确定变更的真正影响可能需要数周的时间。

1.4.6　彻底解决问题还是绕开问题

应尽可能彻底解决问题。如果能在模具设计或产品设计阶段实现结构优化，工艺窗口往往会扩大很多。虽然对模具进行彻底修复可能需要一些前期成本，但好处是会带来长期收益。在进行缺陷分析与排除时要避免短视，要考虑到模具的生产运行可能持续数年。

考虑到人们检测产品缺陷的能力有限，实施彻底修复就显得更加重要。如果企业的质量体系仅仅依赖人的检测来发现缺陷，那么由此造成的客户退货将代价不菲。不应依赖人工检测，防患于未然是避免不良出货的关键。

1.4.7　缺陷分析与排除工具

除上面讨论的4M方法外，还有许多其他工具和技术可以帮助进行缺陷排除，包括：

- 5 Why分析法
- 鱼骨图
- 报废记录表
- 头脑风暴
- 实验设计法（DOE）
- 是/不是（Is/Is not）分析法
- 变更日志

1.4.7.1　5 Why

5 Why分析法最早是由丰田佐吉（Sakichi Toyoda）提出的，用于丰田公司的问题排除。5 Why分析法就是连续提出问题，直到找到问题发生的根本原因。例如，产品上出现了料花：

- 为什么会出现料花？因为材料是湿的
- 为什么材料是湿的？因为干燥时间不够
- 为什么干燥时间不够？因为没有及时加料
- 为什么没有及时加料？因为没有自动吸料机，而是依靠人工加料
- 为什么没有自动吸料机？因为不愿意花钱买自动吸料机

使用5Why流程是通过不断挖掘，找到根本原因。有时在提出5Why之前就突然找到了根本原因，有时可能需要提出更多的问题。

1.4.7.2 鱼骨图

鱼骨图又称石川图，是由石川馨博士（Kaoru Ishikawa）于20世纪60年代开发出来的。之所以被称为鱼骨图，是因为它呈鱼骨形。鱼骨图将人、方法、注塑机、测量和材料视为潜在根本原因的主分类。这五个分类被放在鱼骨图的主干上，然后在它们下面添加分支鱼骨（线），用以详细说明潜在的根本原因。

运用4M方法分析后，注塑企业要关心的关键因素是成型工艺、模具、注塑机和材料。如前所述，字母M代表的人（无论男女）对4M中的任何一项都会有所影响。

1.4.7.3 报废记录表

缺陷分析与排除的关键之一是有完备的数据。不同类型的表格应综合在一起，才能获得想要的报废数据。基本但也很关键的一点是需要整理出一张帕累托（Pareto）缺陷排列图。

另一个有用的工具是每天按小时记录废品的计数清单，它可以帮助我们确定缺陷发生的时间或班次。有时，这样的记录表能够显示出在每个班次开始，废品率会增加，直到操作工跟上了节拍。参见图1.6，空格中记录了每小时各种缺陷产品的个数。

产品 ________　　　　姓名 ________

日期 ________

表单

	1	2	3	4	5	6	7	8
晕斑								
料花								

图1.6 报废记录表

还有一张能派上用场的跟踪表是根据不良产品上的不同记号制作的。操作工只需在产品的缺陷部位做一个记号。这样的记录表能帮助我们确定缺陷是总出现在同一位置，还是分散在产品的不同位置。有时，在注塑机上也可以保留一个标记了缺陷位置的不良品。

1.4.7.4 头脑风暴

头脑风暴可以用多种形式进行，但其基本出发点都是将大家聚在一起，尽可能找出更多的潜在原因。头脑风暴试图让参与者有机会借鉴别人的想法来形成自己的思路，它是一种找到潜在原因的有效方法。

常见的头脑风暴技巧如下。

（1）畅所欲言　每个人都可以提出自己的想法。该方法的优点是大家可以在别人的想法上拓展自己的想法，缺点是安静的人可能会不说话。这种无拘无束的对话模式可能会破坏创造性思维。当然也可能激发创造性思维，因人而异。

（2）接龙发言　主持人会询问在场每个人的想法并记录下来。这种方法的优点是安静的人也有机会表现，而且比畅所欲言的方式更专注。缺点是缺乏足够的群体互动。

（3）无声启动　以每人写下一串自己的想法开始。酝酿时间段结束，主持人征求每个人的想法并记录下来。这种方法的优点是避免出现群体思维（group-think），让每个人能更加专注地思考。缺点是初期讨论较少，由他人想法实现升华的可能性小。

另外可以考虑邀请学科领域专家和外部人士同时参加。通常情况下，外部人士提出的问题会引发非传统性思维，进而带来真正的解决方案。

亚历克斯·奥斯伯恩（Alex Osborn）是头脑风暴法的发明人，他倡导的基本原则为：

- **禁止批评**
- **畅所欲言**
- **以量求质**
- **创意叠加**

1.4.7.5 实验设计法（DOE）

DOE是一种工具，它用一组刻意规划的实验条件来帮助试验者确定因素的影响。DOE的优点在于它以某种方式进行了条件组合，从而减少了试验次数。通过DOE，我们可以获得工艺条件之间的相互作用，并了解哪些是主要的影响因素。市场上有许多软件包可以帮助开发DOE和分析数据。关于DOE的细节超出了本书的范围，但它可被视为一种缺陷排除的工具。

有时简单的全因子DOE是寻找解决方案的有效途径。在全因子DOE中，试验次数不可精简。某个全因子DOE的案例是评估模具温度和保压压力对产品尺寸的影响。这时，完整的全因子DOE需要包括以下组合：

① 低模具温度，低保压压力；

② 高模具温度，低保压压力；

③ 低模具温度，高保压压力；

④ 高模具温度，高保压压力。

这四个试验将会确定温度和压力这两个因素的影响。如增加第三个因素将会增加试验次数，从而需要更多的试验时间。

1.4.7.6 是/不是分析法（Is/Is Not）

“是/不是分析法”可以作为一个简单的工具帮助缩小问题范围。进行“是/不是“评估的方法是制作一个带有“是”和“不是”标题的图表。然后，将问题分解为关于它是什么的语句，如图1.7所示。

主题：模具#1234上的银纹

是	不是
仅发生在模具#1234上	出现在其它任意模具上
随机出现在产品不同位置	出现在产品特定位置
整天都在发生	在特定时间发生

图1.7 是/不是（Is/Is Not）法示例

1.4.7.7 变更日志

通过跟踪工艺变更日志可以帮助我们对缺陷进行系统性分析与排除。变更日志案例如图1.8所示，它是一张简单的列表，用来记录所有变更以及它们对

变更	变好	变坏	不变
注射时间由3.1s增加至3.5s		×	
注射时间由3.1s降低至2.7s	×		
熔体温度增加5℃			×
熔体温度降低5℃			×

图1.8 变更日志

缺陷的影响。这对于跨班次的沟通非常方便，因此每个人都可以看到变更的内容以及变更对存在问题的影响。

1.4.8 缺陷分析与排除方法总结

用于缺陷分析与排除的方法很多，本章对大部分方法进行了详细介绍，并着重论述了缺陷分析与排除的STOP法则和4M方法。

STOP缺陷分析与排除法集中在：

- 系统性
- 思考
- 观察
- 实施

4M方法是这本书中讨论所有缺陷的方法，这些缺陷都离不开以下因素：

- 成型工艺
- 模具
- 注塑机
- 材料

分析眼前的问题是新问题还是存在已久的老问题，将有助于我们集中精力进行缺陷分析与排除。解决新问题必须找出变化点。

缺陷分析与排除是一种可以通过学习知识和积累经验而习得的技能。要勇于提出问题，并不断挖掘答案，一次只改变一个因素，让过程稳定下来再采取下一步行动。

要对所有变更进行意外风险评估。不要解决了一个问题或缺陷却带来另一个问题。如果调整可以降低废品率但却会带来其他装配问题，最终结果长远来看可能更不划算。

第2章 缺陷分析与排除工具

可用来排除注塑成型中缺陷的工具很多。但如果缺少了某些关键的工具，几乎很难有效排除缺陷。这些工具可能价格不菲，一间工厂只有一件，但要用时都应该能随时找到。

2.1 锁定/挂牌

在进入模具的动模和定模中间操作时，必须确保设备正确锁定，挂上警示牌。

2.2 手动工具

分析与排除缺陷时，应准备好以下基本的手动工具：

- 扳手，包括内六角扳手、可调扳手和套筒扳手
- 螺丝刀
- 黄铜棒、刮刀和毛刷
- 青铜或黄铜钳
- 拉拔锤
- 其他工具

2.3 测温仪

熔体温度既不能通过料筒设定温度判断，也无法通过模温机反映。为确定熔体实际温度，必须配备有连接熔体探针和接触式探针的测温仪。排除缺陷时，了解塑料熔体实际温度至关重要！

2.4 蓝丹

一般使用蓝丹检查模具分型面的接触情况。将蓝丹涂抹在模具的一侧表面上，合模后再打开模具，检查蓝丹是否已转移到干净的另一侧表面上，这可验证模芯碰穿面的贴合状况以及排气口是否畅通。

2.5 测量工具

手头有不同的测量工具会极其方便。卡尺和千分尺适合测量壁厚；卷尺更适合检查较大的尺寸，例如模具外形尺寸和模板尺寸、总流动距离等；深度千分尺可用于检查排气槽实际深度。

2.6 万用表

如果员工训练有素，万用表可成为他排除缺陷的有力工具。无论是检验热电偶电压随温度的变化，还是检查热流道接线是否断裂，都离不开万用表。

2.7 工艺监控设备

RJG 的 eDART® 等工艺监控设备对于缺陷的深层次诊断非常有用。使用工艺监控系统分析与排除缺陷的优点如下:

- 能够收集到大量数据，它们包括:
  注塑机压力
  型腔压力
  模具温度
  冷却温度、速度
  注射速度
  干燥机工作状态
  环境变化

- 能够存储大量数据，便于分析
- 可保存基准工艺模板
- 可捕获间歇性异常，因为每个模次的数据均被保留

2.8 水分测定仪

水分测定仪可帮助操作者确定材料是否已充分干燥。然而，有时失重式水分测定仪给出的数据会失真，因为其原理是测量材料加热后损失的总重量，其中可能包括除水以外的挥发物。

2.9 露点仪

测量露点可以验证干燥机是否正常工作。有些干燥机自带露点监测器。便携式露点仪可以从工业用品商店直接购买。如果材料干燥是问题发生的根本原因，进行露点测试可确定干燥机能否够达到要求的露点水平（通常为−40°F，即−40℃）。

2.10 手电筒

手电筒价廉物美，是检查产品和模具细节必不可少的工具。型芯上的电火花加工痕迹或抛光不足的表面，在手电光照射下会愈发明显。当检查注塑机上的模具时，凹陷处可能被阴影阻挡视线，但用一支小小的笔式电筒便可轻松搞定。

2.11 显微镜和放大镜

有些缺陷必须放大才能看清。借助显微镜和放大镜我们可以更仔细地检查缺陷，如确定缺陷究竟是料花还是划痕。便携式USB显微镜价格低廉，可以拍摄缺陷或有疑点的区域，对发现问题非常有用。

2.12　橡皮泥

橡皮泥简单实用。当怀疑模具钢表面存在缺陷时，可将橡皮泥摁在该区域，也许立刻可见分晓。在查看日期章等难以看清的微小细节时，它也很有用。

2.13　检查镜

检查镜使用方便，可帮助我们看清模具上视线被挡住的地方，还可用于检查如注塑机下料口这类很难看到的区域。

2.14　热成像仪

目前，红外热成像仪的价格已经降到非常合理的水平。热成像仪能提供产品从模具中顶出瞬间的“产品表面温度”准确视图。我们可以通过图像中的热点判断是否存在冷却不足。喷嘴和料筒加热圈的热成像也可提示是否存在“热点”或“冷点”。热成像是优化周期时间的有力工具。事实上，仅周期优化带来的节约一项，就足以覆盖热成像仪的投资。

2.15　铝箔

增加排气槽是否能改善出现缺陷区域的排气，只需在分型面上贴片铝箔就可以快速验证。如果问题有缓解，则应加深排气槽。

2.16　千分表

可用带可调节支架的千分表检查模板是否存在弯曲变形。在解决飞边缺陷时，应了解模具是否在注射压力下被撑开了。观察千分表的表针移动常常可以发现锁模力不足是产生飞边的根本原因。

2.17 清洗料

在处理材料污染的问题时，使用清洗料可在一定程度上清除料筒内的污染物和积碳。

2.18 打磨工具和油石

用打磨工具或油石可以处理排气槽排气不佳的问题。但使用此类工具应非常小心，以免损坏模具分型面，造成飞边。

2.19 相机

使用手机相机可极为方便地记录缺陷和调整带来的影响。

2.20 材料物性表

材料供应商推荐的材料信息对于缺陷分析与排除非常关键，这些信息可让我们比对重要的工艺参数，如熔体温度、模具温度、干燥参数、排气、浇口尺寸等。应该确保缺陷排除人员可以随时得到这些数据。

2.21 电子秤

要精确测量产品重量，一台高精度电子秤必不可少，否则就无法重复“仅填充”注射，而控制“仅填充”注射又是成型工艺开发中的关键步骤之一。另外，有了每模次注射量，便可以计算干燥机吞吐量和预测料筒停滞时间。

2.22 流量计

流量计可测量通过模具的冷却水流量，从而确定流量是否足够实现最佳冷却效果。如果检查出水路中的流量随时间发生变化，就说明模具冷却能力出现问题。

2.23 模具保洁用品

排除缺陷的第一步是使用模具清洁剂和抹布清洁模具。许多缺陷是由模具清洁问题引起的。因此在工艺调整之前，应先清洁模具。如果缺陷消失了，则需做两件事。

（1）制定模具保洁标准，明确保洁的方式和时间。每次轮班都应进行适当的模具保洁，并形成制度，模具启动时的清洁也不例外。

（2）评估模具排气是否足够。如果技术员不及时清理模具，很可能会出现排气问题。

可用高效清洁剂（如Zapox）来清除模具表面的污垢。

2.24 其他用品

还有些不太起眼的物品也很有用处，包括:

- 记录变更的便笺簿
- 在样品上做记号的记号笔
- 装样品的自封袋
- 计算器
- 密封容器（如玻璃瓶）

第3章

分段成型及科学注塑

本章讨论的大多数方法是由唐·泊尔森（Don Paulson）[1]、约翰·博泽里（John Bozzelli）[2]和罗德·格洛里奥（Rod Groleau）[3]开发的。关于科学注塑的资料有很多，本章只介绍一些基本概念。

《韦氏词典》中对科学的定义如下：以科学方式或根据科学调查研究的结果推导出来的一门系统性知识。

该定义是分段成型及科学注塑的基础，既全面又具系统性，同时也是对如何有效进行缺陷分析与排除的一个很好诠释。

分段成型及科学注塑的基本步骤如下。

（1）以速度控制模式将模具型腔填充至95%～98%。注射速度应尽可能快，以便获得较好质量的产品。注塑机不能出现压力限制，即实现填充速度所需的压力不应达到注塑机的最大压力（实际上注射压力接近注塑机最大压力2000psi就应被视为压力受限，这将影响对黏度波动的补偿）。95%～98%的短射被称为“仅填充”注射。

（2）如果是多腔模，则应进行多型腔平衡测试。第十二章中有详细介绍。

（3）保压切换宜采用位置切换。

（4）保压压力用于补偿冷却阶段的产品收缩。

（5）保压压力应控制在规定的时间段内。该时间段应通过浇口冻结时间测试来确定[5]。

（6）根据产品顶出温度优化冷却时间，以最大限度地缩短周期时间。

（7）螺杆应在开模前2～3s回到注射开始位置。这可能需要使用螺杆计量延迟以避免螺杆转速过低。

这些基本步骤是本书将参考的工艺方法。需要指出的是，该特殊工艺方法是由RJG公司定义的Decoupled Ⅱ®成型方法。

关键是要使用科学的方法，让数据帮我们做决策。使用STOP法则（参考第一章）将有助于加强数据收集。同样，在使用这种方法时，重点是记录成型数据。例如，记录注射时间和注射重量，而不用担心设定的速度。有了成型数据，就可以在注塑机与注塑机之间以及工艺与工艺之间进行切换。

现代科学注塑的基础是开发并记录一套工艺，然后持续运行该工艺。工艺人员揣着自己的“工艺秘笈”小本本上岗的日子早已一去不复返了。如果谁有工艺改进妙招，他就应该通过数据、适当的评估和验证来实现。工艺人员应该明白，即使他们认为某工艺更优越，也应先检查所有潜在影响。有一种说法是根据“意外后果定律”，一个出发点很好的做法可能会产生一系列从未预料到的后果。根据客户和产品要求，可能需要重新提交产品和大量测试数据以支持工艺变更方案。

从实践的角度来看，成型操作中的每个人都应该了解科学注塑方法。一旦人们了解工艺是基于数据的决策，他们就会对工艺变量承担更多的责任。

科学注塑的优点如下。

（1）快速注射，缩短成型周期。

（2）注射速度越快，塑料熔体的黏度越低且越稳定。较低的黏度更容易填充模具并减少型腔的压力降。

（3）将注射阶段的填充与保压阶段的补缩/保压分开，并将塑料补缩作为独立的控制点。

（4）使用95%～98%的仅填充重量可避免由于型腔压力上升过快引起模具的损坏。

（5）使用浇口冻结时间测试可确保压力不会无谓地耗费在流道上。

（6）多型腔平衡测试能确保在整个成型过程中每个型腔的注塑条件都相同。

（7）工艺开发期间生成的数据可用于以后的缺陷排除。

可以利用计算机电子表格创建工艺“设置”表单，记录工艺开发过程中生成的数据。我们只要稍动脑筋，便可以方便地获得定义工艺所需的各种计算公式和图形。创建选择菜单，选择注塑机或材料后，电子表单里的某些计算结果便可自动生成，例如注塑机的增强比和吨位。图3.1所示的是一个多型腔平衡测试的表单。

工艺应尽可能简单。如果可以用一段进行注射，就没必要设置六段。每增加一层复杂性，就会增加发生错误的概率。与验证复杂工艺组合的每一步是否与模板匹配相比，验证仅填充重量和填充与既定工艺是否吻合要容易得多。正如爱因斯坦所说：“凡事应力求简单，但不能过于简单”。

要想成功地运用这些成型原理，绕不开材料、模具、注塑机的问题。4M成型缺陷分析与排除法（见第一章）有助于消除这些问题。当产品因快速填充而导致烧焦缺陷时，调整模具的排气比调整工艺更有效。虽然科学注塑非常有效，但如果注塑厂总试图回避问题，就会劳而无功。

另一个成功实施科学注塑的关键是注塑厂里的所有工艺人员都必须了解用于工艺开发的工具，并对它们充满信心。如果采用典型的两段工艺开发方法，仅填充重量的98%，但有人却试图继续填充，则产品大概率会出现飞边。将飞

型腔号	型腔填充重量	平衡度/%
1	112	97.4
2	114	99.1
3	114	99.1
4	115	100.0

模具不平衡度：	2.6%

$$\frac{(\text{型腔最大填充重量}-\text{型腔最小填充重量})}{\text{型腔最大填充重量}}\times 100\%$$

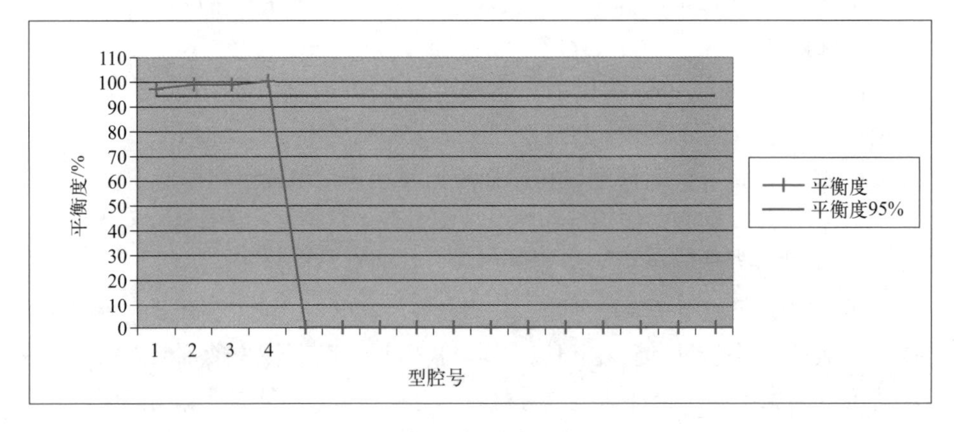

图3.1　多型腔平衡

边归咎于方法不对是不明智的；相反，工艺人员应该了解其中的原理。成功注塑离不开培训，否则，员工会觉得这些加工工艺是随意制定的，于是很难给予足够的配合。应对所有工艺工程师、技术员、架模工和材料处理员进行全面培训，以避免“不断碰壁”式的学习。

参考文献

[1] Paulson Training Programs Inc., 3 Inspiration Lane, Chester CT, 06412; Tel. (860)526-3099; https:// www.paulsontraining.com/

[2] Injection Molding Solutions, 1019 Balfour St., Midland MI, 48640; Tel. (989)832-2424; http://www.scientificmolding.com

[3] RJG Inc, 3111 Park Dr., Traverse City MI, 49686; Tel. (231)947-3111; https://rjginc.com/

[4] Groleau, Rod, “The Fundamentals of Decoupled Molding”, Plastics Today, May 2005

[5] Bozzelli, John, “Why and How to Do Gate Seal Experiments”, Plastics Technology, Oct 2010

第4章 浇口

4.1 浇口

浇口是一个值得深入研究的主题，大多数人不了解它对成型工艺的影响。在大多数情况下，浇口是塑料流动过程中受限最严重的部位。浇口设置是否合理将影响浇口冻结时间、压力损失、型腔平衡等因素，一旦设置不当将引起浇口残留过高、脱屑、喷射和晕斑等缺陷。当进行浇口修改时，通常会增加浇口尺寸或流动体积，而不会减少。然而在某些情况下，为了解决某些塑料品种的某种缺陷，减小浇口尺寸或厚度可能更有利。准确理解浇口的用途非常重要，浇口设计涉及产品体积、流动长度、壁厚和塑料本身特性等几乎所有变量，因此不应只有一种标准或规则。应充分利用STOP法则，仔细考量浇口对成型工艺和缺陷的影响。

减小浇口尺寸或厚度，并不总会带来注射压力增加。而增加浇口厚度或尺寸，也不总会造成注射压力下降。提这一点是因为它的确违背人们的常识。

大多数人会想当然地认为，如果浇口厚度变薄，填充压力就会增加。而我们发现填充压力与浇口流动体积关系更大，因此在减小浇口厚度的同时，可以增加宽度来保持流动体积不变。某些材料适合利用薄浇口来产生高剪切。而另一方面，玻纤含量较高的材料需要尽可能大的流道、热嘴孔和浇口，以降低压力损失并减少浮纤。

通常，当浇口较小时，由于浇口体积减小了，因此可以预期注射压力会发生变化。但是浇口尺寸或体积的变化并不总会引起注射压力的明显变化。不要将浇口作为限制塑料熔体流动的唯一因素。浇口长度也会成为压力损失的因素，这点常被忽视。浇口过长没有好处，还可能引发其他缺陷。许多人还忽视了热嘴孔的作用。经常看到有人在热嘴孔受阻时扩大浇口或流道。例如，当热流道转冷流道时就会发生这种情况。应牢记，缺陷的产生实际与热嘴孔或浇口的面积和体积有关。

塑料熔体以喷泉方式流动。假设在一个圆形流道里形成了喷泉流动。那么当同样体积流量的塑料熔体由一个小圆孔冲进模具型腔时会发生什么呢？如果可以更改浇口的几何形状从而改善由流道到产品间的过渡，那又会如何呢？在脑海中想象一下高压清洗机的画面。如果给高压清洗机上配置一个带有小圆孔的喷嘴，能看到哪种类型的水流？如果配置了一个细而宽的矩形孔的尖嘴，流动又会是什么样呢？小而直的喷射流和扇形流之间的差异非常大。薄而宽浇口冻结更快，从而缩短循环时间、保持或降低填充压力、消除浇口残留过高或侧浇口切除断面不干净等缺陷，最大限度地减少浇口晕斑，消除喷射、拉伤和料屑。

案例分析

案例之一是某个PC/ABS产品浇口残留过高。其浇口为直径0.040in（1in=0.0254m）的牛角浇口。我们将直径0.040in的圆形口更改为0.020in × 0.080in的矩形口，这样就增加了浇口流动体积。于是不仅浇口残留过高的缺陷得到了缓解，而且填充压力也从16000psi（1psi = 0.006895MPa）降至11000psi。这个备受飞边和短射困扰的产品工艺也获得了更大的窗口。

在另一个案例中，我们成功地解决了含玻纤PP产品上的两个缺陷：喷射和拉伤，这两个缺陷曾导致大量废品。所使用的750吨注塑机的工艺窗口太小，无法避免这两个缺陷。该产品有两个牛角浇口，浇口直径为0.110in。由于浇口呈锥形，只能变细却很难变宽。于是我们先将浇口烧焊，然后把0.110in直径的圆形更改为0.050in × 0.110in的矩形。因为减小了浇口处的流动体积，有点担心填充压力会有所上升。

再次试模时，填充压力并没有增加。喷射状况得到了改善，但拉伤仍然存在。拉伤是产品在顶出之前浇口区域收缩的结果。于是我们有了另一个想法：如果将浇口做得比0.050in更薄，它会在产品收缩的同时断裂，从而减少拉伤缺陷吗？因为第一次的更改对填充压力并没有产生影响，我们觉得这值得一试。于是烧焊了浇口并将其尺寸从0.050in × 0.110in减小到了0.025in × 0.110in。

这一次，填充压力确实从大约10000psi增加到了13000psi，但拉伤消除了，工艺窗口也扩大了。加上前面喷射纹的改善，节省达数千美元。

4.2　浇口尺寸、形状和锥度

图4.1和图4.2是各种可替换行业标准浇口的其他形状浇口。与标准潜伏式浇口相比，D型潜伏式浇口采用了薄而宽的概念，比标准潜伏式浇口的断面更

干净。某个案例中，我们使用了这种设计，成功将浇口冻结时间减少了5s，成型周期时间同样也节省5s。由于D型潜伏浇口不像标准潜伏式浇口那样口径逐渐变细，于是浇口斜度对流速的影响可不再考虑。采用标准潜伏式浇口时，如果产品壁呈斜度，便会导致浇口残留。同样，D型浇口可以设计在较短的筋条上，我们曾经在高度仅0.125in的筋条上设置浇口。也可以增大D型浇口的锥形尖端来增宽浇口孔。了解浇口的流动体积很重要，因为通过增加宽度便可增加流动体积，于是浇口可以变得更薄。

牛角和直浇口-圆形/方形VS细长形

细长形优点	圆形/方形缺点
减少压力损失/注射压力	增加压力损失/填充压力（当厚度与细长形一致时）
浇口冻结时间短，周期时间短	浇口冻结时间长，周期时间长（当面积与细长形一致时）
浇口切断痕迹少	增加浇口残留的风险
减少/消除牛角浇口的高浇口问题	增加区域的高浇口风险
减少浇口晕斑	增加浇口晕斑的风险
减少喷射问题	增加喷射风险
塑料熔体更好地从流道过渡到型腔	塑料熔体从流道到型腔过渡差

浇口厚度/in	直浇口截面积/in^2	圆形浇口截面积/in^2	不同长度/厚度比浇口截面积/in^2										
			2/1	3/1	4/1	5/1	6/1	7/1	8/1	9/1	10/1	11/1	12/1
0.010	0.0001	0.0001	0.0002	0.0003	0.0004	0.0005	0.0006	0.0007	0.0008	0.0009	0.0010	0.0011	0.0012
0.015	0.0002	0.0002	0.0004	0.0007	0.0009	0.0011	0.0013	0.0016	0.0018	0.0020	0.0022	0.0025	0.0028
0.020	0.0004	0.0003	0.0007	0.0011	0.0015	0.0020	0.0024	0.0028	0.0032	0.0036	0.0040	0.0044	0.0048
0.025	0.0006	0.0005	0.0011	0.0018	0.0024	0.0030	0.0036	0.0043	0.0049	0.0055	0.0061	0.0068	0.0074
0.030	0.0009	0.0007	0.0016	0.0025	0.0034	0.0043	0.0052	0.0061	0.0070	0.0079	0.0088	0.0097	0.0106
0.035	0.0012	0.0010	0.0022	0.0035	0.0047	0.0059	0.0071	0.0084	0.0096	0.0108	0.0120	0.0132	0.0145
0.040	0.0016	0.0013	0.0029	0.0045	0.0061	0.0077	0.0093	0.0109	0.0125	0.0141	0.0157	0.0173	0.0189
0.045	0.0020	0.0016	0.0036	0.0056	0.0076	0.0096	0.0116	0.0136	0.0156	0.0176	0.0196	0.0216	0.0236
0.050	0.0025	0.0020	0.0045	0.0070	0.0095	0.0120	0.0145	0.0170	0.0195	0.0220	0.0245	0.0270	0.2950
0.055	0.0030	0.0024	0.0054	0.0084	0.0114	0.0145	0.0175	0.0205	0.0235	0.0266	0.0296	0.0323	0.0356
0.060	0.0036	0.0028	0.0064	0.0100	0.0136	0.0172	0.0208	0.0244	0.0280	0.0316	0.0352	0.0388	0.0424
0.065	0.0042	0.0033	0.0075	0.0118	0.0160	0.0202	0.0244	0.0287	0.0329	0.0371	0.0413	0.0456	0.0498
0.070	0.0049	0.0038	0.0087	0.0136	0.0185	0.0234	0.0283	0.0332	0.0381	0.0430	0.0479	0.0528	0.0577
0.075	0.0056	0.0044	0.0100	0.0157	0.0213	0.0270	0.0326	0.0382	0.0438	0.0495	0.0551	0.0607	0.0663
0.080	0.0064	0.0050	0.0114	0.0178	0.0242	0.0306	0.0370	0.0434	0.0498	0.0562	0.0626	0.0690	0.0754
0.085	0.0072	0.0057	0.0129	0.0202	0.0274	0.0346	0.0418	0.0491	0.0563	0.0635	0.0707	0.0780	0.0852
0.090	0.0081	0.0064	0.0145	0.0226	0.0307	0.0388	0.0469	0.0550	0.0631	0.0712	0.0793	0.0874	0.0955
0.095	0.0090	0.0071	0.0161	0.0252	0.0342	0.0432	0.0522	0.0613	0.0703	0.0793	0.0883	0.0974	0.1064
0.100	0.0100	0.0079	0.0179	0.0279	0.0379	0.0479	0.0579	0.0679	0.0779	0.0879	0.0979	0.1079	0.1179
0.110	0.0121	0.0095	0.0216	0.0337	0.0458	0.0579	0.0700	0.0821	0.0942	0.1063	0.1184	0.1305	0.1426
0.120	0.0144	0.0113	0.0257	0.0401	0.0545	0.0689	0.0833	0.0977	0.1121	0.1265	0.1409	0.1553	0.1697
0.130	0.0169	0.0133	0.0302	0.0471	0.0640	0.0809	0.0978	0.1147	0.1316	0.1485	0.1654	0.1823	0.1992
0.140	0.0196	0.0154	0.0350	0.0546	0.0742	0.0938	0.1134	0.1330	0.1526	0.1722	0.1918	0.2114	0.2310
0.150	0.0225	0.0177	0.0402	0.0627	0.0852	0.1077	0.1302	0.1527	0.1752	0.1977	0.2202	0.2427	0.2652
0.160	0.0256	0.0201	0.0457	0.0713	0.0969	0.1225	0.1481	0.1737	0.1993	0.2249	0.2505	0.2761	0.3017
0.170	0.0289	0.0227	0.0516	0.0805	0.1094	0.1383	0.1672	0.1961	0.2250	0.2539	0.2828	0.3117	0.3406
0.180	0.0324	0.0254	0.0578	0.0902	0.1226	0.1550	0.1874	0.2198	0.2522	0.2846	0.3170	0.3494	0.3818
0.190	0.0361	0.0284	0.0645	0.1006	0.1367	0.1728	0.2089	0.2450	0.2811	0.3172	0.3533	0.3894	0.4255
0.200	0.0400	0.0314	0.0714	0.1114	0.1514	0.1914	0.2314	0.2714	0.3114	0.3514	0.3914	0.4314	0.4717

图4.1 浇口截面积对照表

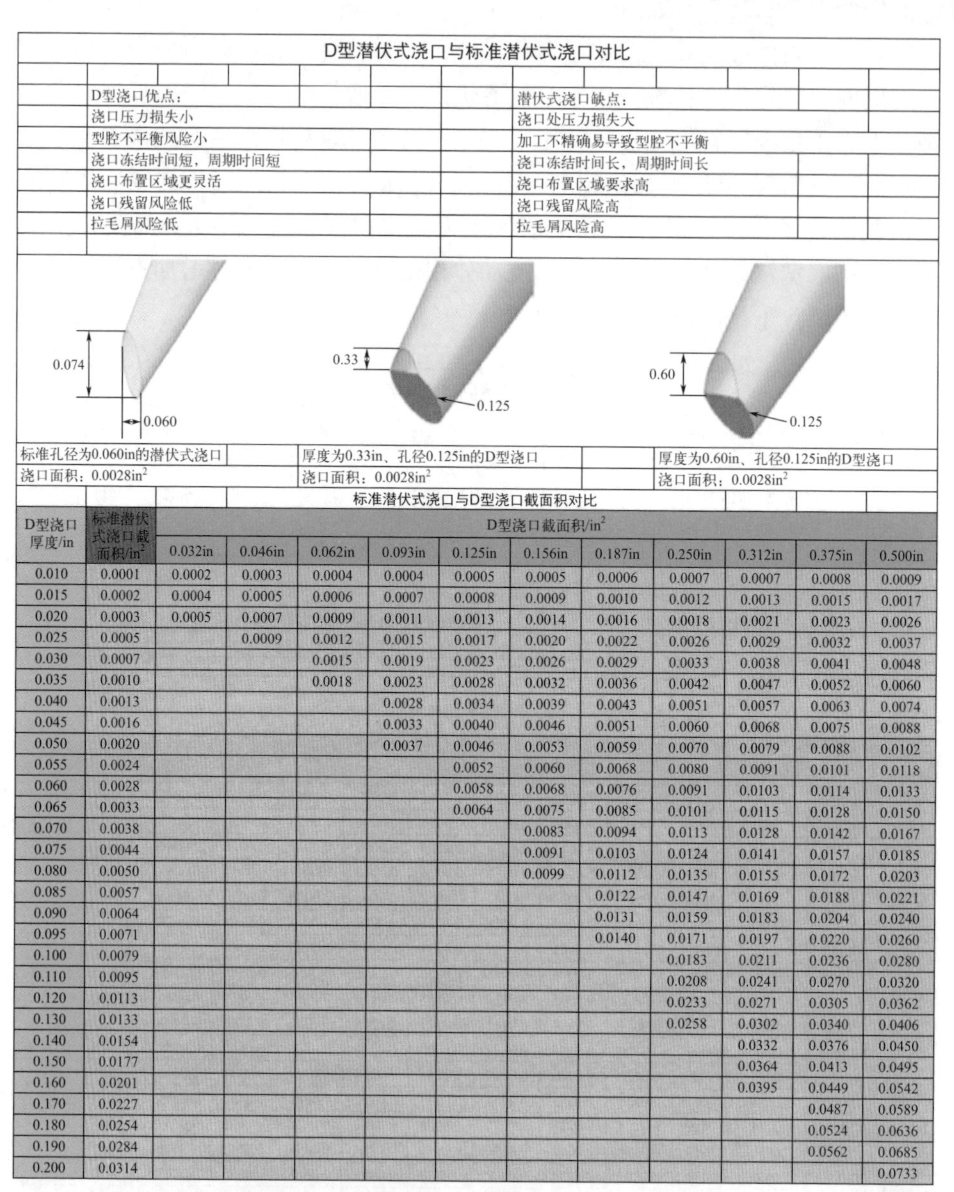

D型潜伏式浇口与标准潜伏式浇口对比

D型浇口优点：	潜伏式浇口缺点：
浇口压力损失小	浇口处压力损失大
型腔不平衡风险小	加工不精确易导致型腔不平衡
浇口冻结时间短，周期时间短	浇口冻结时间长，周期时间长
浇口布置区域更灵活	浇口布置区域要求高
浇口残留风险低	浇口残留风险高
拉毛屑风险低	拉毛屑风险高

标准孔径为0.060in的潜伏式浇口	厚度为0.33in、孔径0.125in的D型浇口	厚度为0.60in、孔径0.125in的D型浇口
浇口面积：0.0028in²	浇口面积：0.0028in²	浇口面积：0.0028in²

标准潜伏式浇口与D型浇口截面积对比

D型浇口厚度/in	标准潜伏式浇口截面积/in²	D型浇口截面积/in²										
		0.032in	0.046in	0.062in	0.093in	0.125in	0.156in	0.187in	0.250in	0.312in	0.375in	0.500in
0.010	0.0001	0.0002	0.0003	0.0004	0.0004	0.0005	0.0005	0.0006	0.0007	0.0007	0.0008	0.0009
0.015	0.0002	0.0004	0.0005	0.0006	0.0007	0.0008	0.0009	0.0010	0.0012	0.0013	0.0015	0.0017
0.020	0.0003	0.0005	0.0007	0.0009	0.0011	0.0013	0.0014	0.0016	0.0018	0.0021	0.0023	0.0026
0.025	0.0005		0.0009	0.0012	0.0015	0.0017	0.0020	0.0022	0.0026	0.0029	0.0032	0.0037
0.030	0.0007			0.0015	0.0019	0.0023	0.0026	0.0029	0.0033	0.0038	0.0041	0.0048
0.035	0.0010			0.0018	0.0023	0.0028	0.0032	0.0036	0.0042	0.0047	0.0052	0.0060
0.040	0.0013				0.0028	0.0034	0.0039	0.0043	0.0051	0.0057	0.0063	0.0074
0.045	0.0016				0.0033	0.0040	0.0046	0.0051	0.0060	0.0068	0.0075	0.0088
0.050	0.0020				0.0037	0.0046	0.0053	0.0059	0.0070	0.0079	0.0088	0.0102
0.055	0.0024					0.0052	0.0060	0.0068	0.0080	0.0091	0.0101	0.0118
0.060	0.0028					0.0058	0.0068	0.0076	0.0091	0.0103	0.0114	0.0133
0.065	0.0033					0.0064	0.0075	0.0085	0.0101	0.0115	0.0128	0.0150
0.070	0.0038						0.0083	0.0094	0.0113	0.0128	0.0142	0.0167
0.075	0.0044						0.0091	0.0103	0.0124	0.0141	0.0157	0.0185
0.080	0.0050						0.0099	0.0112	0.0135	0.0155	0.0172	0.0203
0.085	0.0057							0.0122	0.0147	0.0169	0.0188	0.0221
0.090	0.0064							0.0131	0.0159	0.0183	0.0204	0.0240
0.095	0.0071							0.0140	0.0171	0.0197	0.0220	0.0260
0.100	0.0079								0.0183	0.0211	0.0236	0.0280
0.110	0.0095								0.0208	0.0241	0.0270	0.0320
0.120	0.0113								0.0233	0.0271	0.0305	0.0362
0.130	0.0133								0.0258	0.0302	0.0340	0.0406
0.140	0.0154									0.0332	0.0376	0.0450
0.150	0.0177									0.0364	0.0413	0.0495
0.160	0.0201									0.0395	0.0449	0.0542
0.170	0.0227										0.0487	0.0589
0.180	0.0254										0.0524	0.0636
0.190	0.0284										0.0562	0.0685
0.200	0.0314											0.0733

图4.2 标准潜伏式浇口与D型浇口截面积对比

案例分析：浇口差异

有一副左右型腔完全镜像的两腔模具，采用潜伏式浇口，两型腔尺寸之间没有任何差异，但填充却存在明显不平衡。尽管两个浇口尺寸完全一致，还是有人要求加大流动偏慢的那个型腔浇口尺寸（在我看来这并非明智之举）。浇口尺寸增大约50%后，我才意识到哪里不对劲儿。仔细检查后发现，两个潜伏浇口的锥度其实略有差异，若不仔细检查，根本无法察觉。于是我又增加了偏慢型腔的浇口锥度，与另一个型腔的浇口锥度一致。结果变化巨大！原本那个填充慢的型腔反而早早就填满了。由于D型潜伏浇口的锥度不是渐变的，填充不平衡理论上不易出现。

浇口及其几何形状会对剪切速率、浇口冻结、压力损失和产品质量等产生重大影响。大多数注塑厂和模具制造商对浇口尺寸都有自己的看法，而就浇口尺寸对工艺和产品质量的影响，态度都不够开放。

要建立浇口设置标准，必须考虑材料变化、产品壁厚和流动长度等因素。通常情况下，我们偏向于使用薄而宽的小浇口；但是对于某些材料，例如加玻纤的尼龙（聚酰胺），则倾向使用大浇口，尤其是对于熔体体积流动速率较大的产品。

在注塑行业内，控制成型工艺的大部分精力都放在了监测和控制注射压力上。诚然，注射压力是确保产品质量的一个非常关键的因素。测试通过浇口的实际注射量以及它与注射压力的关系是一个不错的工艺分析手段。一旦出现压力损失问题，浇口设置便成了重点分析对象。压力降测试是观察浇口对工艺影响的常用方法，但行业标准工艺存在缺陷，没有考虑浇口的影响。

案例分析：压力降

某聚丙烯产品工艺的压力限制为24000psi，这也是注塑机最大的可用压力。该产品有两个浇口，流动长度较长。压力降分析显示熔料通过浇口时会产生9000psi的压力降，剩下的压力损失来自于型腔。该等级的PP材料黏度较高，是导致该工艺压力受限的主要原因（标准PP所需的压力仅为9000psi）。

有人会建议改用更大的注塑机。我认为可以通过扩大浇口尺寸轻微降低压力，但也无法彻底消除压力受限。浇口尺寸起初为0.020in × 0.080in，将它们扩大至0.030in × 0.080in，然后进行压力降测试。令人意外的是，压力并没有发生变化，仍然是9000psi。接着将浇口扩大到0.040in × 0.080in，压力降研究显示通过浇口的压力损失仍然为9000psi。

回顾以往的试验，笔者发觉期望压力发生显著变化并不合逻辑。射入浇口的材料量并不多，所以我们不会看到影响，除非浇口通过的材料足够多。于是我们注射了整个产品的料量。惊讶地发现，尽管压力降测试显示通过浇口的压力损失仍旧为9000psi，但总压力降却降到了17000psi。显然，扩大浇口会增加在相同时间内通过浇口的材料体积，型腔更容易充满。

大多数人以为浇口首次从0.020in × 0.080in增加到0.030in × 0.080in时，浇口截面积增加了50%，单位时间内的流量增加了。但你也可以认为这是有效流动的孔径有了更大的扩展。我不知道浇口周围的塑料冻结皮层具体有多厚，假设每边0.005in，则剩余的流动通道厚度将为0.010in。使用新的0.030in浇口，流动通道将变为0.020in，有效面积和潜在流量增加了100%。根据这一理论，浇口尺寸增加到0.040in × 0.080in，流动通道厚度为0.030in，比原始尺寸增加了200%。

我们对浇口尺寸的选取应保持开放心态。如前所述，通常减小浇口尺寸可以消除部分缺陷以及内应力，有时也可以缩短浇口封闭时间。

许多人对浇口尺寸的关注度和流道尺寸相同。尽管我们并不反对应该始终关注流道尺寸，但根据我们的经验，绝大多数情况下问题并非出现在流道而是浇口或热嘴孔。流道长度有很大影响，如果流道很短，那么是圆形还是方形不那么重要，此时形状对压力损失的影响很小，除非过分小了。大多数情况下，流道尺寸都比实际需要大得多，不但材料浪费很大，而且随着浇口冻结时间的增加，成型周期也会增加。

案例分析：热嘴孔限制

生产含玻纤的尼龙产品时，工艺压力限制在24000psi。压力降分析显示流道和浇口的压力损失相对较小，因此无法采取任何措施来改善这种情况。该模具为四腔，配有一套两热嘴的热流道，再由热流道转到冷流道，最后冷流道通过浇口给料。产品的流动长度很长。研究表明，压力损失主要出现在型腔里。当产品充满50% ~ 60%时，该工艺就已受到压力限制，无法填满型腔。原始浇口尺寸为0.080in × 0.125in，将浇口扩大到0.187in × 0.080in后，改进甚微，压力受限仍然在填充80%时发生。

这时，我们把关注点移到直径为0.080in（2mm）的热嘴孔上。将热嘴孔增加至0.14in（3.5mm）后，压力降减少至16500psi。此举增加了塑料熔体体积流量，压力降超出了分析给出的数据。扩大热嘴孔的效果令人大开眼界，让我们对塑料行业多年来所传授的经验有了新的认识。大多数人对浇口或热嘴孔的影响缺乏关注。在有些情况下，应考虑放开浇口限制，增加材料流动体积。

4.3 浇口压力损失与浇口截面积的关系

以液压缸尺寸为例。缸径为1in，截面积为0.785in^2。直径为2in的圆柱体，截面积为3.14in^2，面积增加了300%。如果液压压力为1000psi，则总压力也将增加300%。如果直径1in的作用力为785lbf（1lbf=4.4.5N），2in的为3140lbf。但即使力的大小是4倍，流量也为4倍，但每平方英寸的压力仍然相同，为1000psi。如果缸径换成浇口尺寸或截面积，则体积流量和施加在塑料熔体上的力也将增加到400%，而注射压力的数值却不会增加。

让我们看看浇口尺寸和截面积的变化。浇口尺寸从0.02in×0.08in增加到0.04in×0.08in，体积流量和压力至少增加100%。

同样，当出现填充不充分或产品保压压力受限时，对浇口截面积和流动体积的关注很重要。目前使用的压力降分析方法只关注了一个参数，而对模具的其他相关因素却视而不见。

第5章 模具液压系统

5.1 液压系统的用途

注塑成型领域有很多地方会使用液压系统，如滑块、抽芯、顶出、反向顶出、气体辅助溢料、气体辅助阀针、阀浇口、锁扣和模具螺纹机构等[1]。

5.2 液压推力和拉力设定

使用液压缸时，应考量油缸的推力/拉力配置和速度。推力/拉力大小以及速度会对因油缸泄漏和维修造成的停机时间产生直接影响。压力和速度亦敌亦友。“时间就是金钱”，从这个角度看，速度为友。但如果推拉油缸时，能听到机械部件冲击的声音，就会出现应力集中和部件磨损，甚至造成T形连接槽或螺纹活塞连接杆的损坏，因此速度亦为敌。有几个方法可以避免速度对滑块带来的不利影响。如在油缸上增加缓冲垫。在拉力方向上油缸带着滑块触底比较理想。而在滑块推进到位时，一般油缸不需要触底。因此应认真评估速度对部件潜在失效的影响。

液压压力可能会对模具移动部件产生负面影响。模具滑块推进到位时，液压压力需克服塑料熔体或型腔的反作用力，所以推力要足够大。如果定模侧有自锁机构，则无需很大的液压压力，足够推动滑块即可。同样，对于拉拽动作，液压压力足够拖动滑块即可。

多年来，很多失效案例都是因为液压压力过大。在这些案例中，拖拽时油缸连接位置和滑块承受的拉应力过大。而当滑块就位时，又承受了过大的推压力。使用T形槽接头时应注意T形槽和接头尖角处都应设置过渡圆角，以降低应力集中导致的失效风险。

■ 5.3 液压缸大小

为承受塑料熔体压力，液压缸尺寸应合理配置。对于采用曲肘式机械锁模机构的注塑机，只需要调整油缸活塞尺寸即可驱动。当液压系统需要承受塑料熔体压力时，计算方法非常简单，无需查阅书本便可确定液压缸尺寸。

要确定液压缸的合理尺寸，应遵循以下步骤。

首先，模具设计师应了解塑料熔体的最大压力是多少，这样才能准确计算型腔表面对移动部件施加的熔体压力。许多人只关注补缩/保压压力，但真正需要关注的是峰值压力。此外，不能仅仅根据所使用的材料来确定峰值压力；如前所述，有多个因素会极大地影响压力。如果想要拥有稳健的模具和工艺，但又无法精确计算其熔体压力的大小，则宁愿往高估，也不要算低了。一旦确定了最大塑料熔体压力，剩下的就很容易了。

下一步是准确计算模具移动部件上对应的型腔面积，一旦确定，将其乘以前面讨论过的最大塑料熔体压力，便得到液压缸所需的压力。

接下来是确定液压缸缸径。为保险起见，通常在设计油缸尺寸时，将计算压力值提高到原来的1.5倍，让油缸更为坚固。例如，预测的型腔压力为10000psi，型腔投影面积为1in^2，作用在油缸上的力将达到10000lbf（1lbf=4.45N）。如果乘以1.5，则抵消型腔压力所需要的力大约为15000lbf。

为了确定所需的液压缸缸径，我们需要知道液压泵上的油缸截面积和压力。在这个案例中，假设液压压力为2000psi。然后用$3.14\times R^2$计算缸的表面积。如果缸径为3in，计算截面积$1.5\times1.5\times3.14=7.065$in^2，乘以液压压力2000psi，得到14130lbf的保压压力。此时，缸径为3in的液压缸可以提供稳健的压力条件。

就像型腔压力一样，准确了解所需的液压压力非常重要。这点要么经常被忽视，要么就是猜。在一些注塑机上通过减压阀在抽芯上设置了压力限制。因此，即使更改控制器上的压力，如果安全阀压力设置得较低，实际压力也不会上升。因此，控制器显示的压力实际上并不正确。准确判断的唯一方法是外接一个压力表来测量压力。在上述情况下，如果压力限制为1000psi，液压缸会回退，因为它仅能提供7065lbf的力，无法对抗型腔施加在抽芯表面10000lbf的力。我多次目睹这种情况，于是只能加大液压缸的尺寸。在另一案例中，加大液压缸尺寸不可行，于是不得不增加第二组液压缸来将移动部件锁紧。这使模具复杂到不能容忍的地步。

另外需要考虑液压缸本身的额定压力值。如果额定压力仅为1500psi，而必须承受2000psi的液压压力，会导致泄漏、密封损坏等故障。

如果液压缸额定压力不足，例如额定压力为1500psi，而型腔压力为2000psi，可以在模具上额外增加一个限压阀以保护液压缸。此外，在液压缸额定压力较高时，也可以使用限压阀，避免移动部件失效。此外，某些液压驱动的阀针浇口，液压缸的额定压力并不高。另一个考虑点是，如果使用两端活塞杆，则需要从缸径中减去活塞杆的直径，因为它减少了拉动/推动位置的截面积。

在某些情况下，如果没有足够的缸径来抵消型腔压力，则可以使用自锁式液压缸。这类液压缸具有机械锁定装置，可将液压活塞锁定在固定位置以防止回退。笔者有过很多带有自锁液压缸的模具，如果使用得当，所需的维护极少，非常可靠。使用时需留意上面的压力规格。对于具备机械锁定的油缸而言，推动模具移动部件复位所需的时间很重要，但在模具上安装却非常简单。

5.4 液压抽芯或滑块

当使用液压装置进行抽芯时，如果抽芯上有碰穿面，不应让此碰穿面承受所有液压力的冲击。最好在部件上设置一个台阶或平台，以便在碰穿时保护抽芯上的碰穿面不致损坏。此外，有时这些碰穿面需要排气，如果没有额外的保护，排气槽会随着时间磨损而堵塞。

当标准的机械斜导柱无法提供滑块所需的较长行程时，可使用液压缸。在许多情况下，滑块带有锁紧角度，即使没有液压压力，模具的定模部分也能将其锁紧，不受注射压力的影响。

当液压驱动的滑块和定模型芯之间插穿角度很小时，需要格外小心。因滑块被液压力向前锁定，可能会导致插穿面磨损。在有些情况下，如果无法保证足够的插穿斜度，而定模侧也有楔紧块，则可以添加一个简单的装置来进行保护。即通过机加工，增加燕尾槽的长度，并在滑块前端添加一只弹簧将滑块固定住。通常会设置在油缸触底时，滑块离完全复位还有0.030 ～ 0.060in（0.08 ～ 0.15mm）的位置。当模具闭合时，定模侧的楔紧块锁定角会推动滑块复位，同时压缩弹簧。这将保护插穿面不受磨损。当动模侧有重要的滑块时，也可以采用此方法，使滑块在设定的速度和压力下运动时，保护插穿面不受磨损。

■ 5.5 多个液压缸的动作顺序

使用液压装置的模具可能会出现干涉碰撞的情况，一旦出现这种情况，维修的代价很高。此外，当有多个抽芯及液压缸动作时，就会存在风险。当使用多个不同液压缸时，需要进行标记、颜色编码，甚至使用不同规格的接头，这样就不会出现与注塑机对接错误的情况。如果公接头连接推动作，而母接头连接拉动作，上模时区分它们就很方便。如在模具上放置一块抽芯顺序说明的铭牌，会有助于注塑机的调试[2]。

■ 5.6 液压缸安装

当使用安装板将液压缸固定在模具上时，要确保安装板和螺栓足够结实，以防止受力后出现弯曲和螺栓断裂。多年来，由于安装板厚度和螺栓尺寸不足，已经出现过很多失效的案例。用来连接模具成型部件和液压缸活塞的螺纹部分，其攻丝孔应方正且完整。可考虑用销钉将安装板固定牢靠，尽量保证所有部件的重心都在液压缸体的中心。随着时间的推移，螺纹可能会出现松动，故应将螺纹锁紧，必要时使用紧定螺钉来减少螺纹松脱的可能性。

尽量保护好液压缸机构以及行程开关。由于缺乏对模具滑块部分的保护而导致模具损坏的案例很多。

■ 5.7 行程开关

通常用于液压系统推拉动作的行程开关有两种：机械开关和磁感应接近开关。这两种类型的开关各有优缺点，每家注塑厂都应根据自己情况做出合适的选择。

机械开关调整和工作状态检验都很方便。它们通常安装在模具组件的外部，便于拆装。但机械开关不像磁感应接近开关那样紧凑。

磁感应接近开关之所以应用越来越频繁，是因为它们结构紧凑，与液压缸融为一体。磁感应接近开关要么直接装在活塞上，传感器用螺栓固定在液压缸壁外侧，要么穿过铝或不锈钢制成的液压缸壁，利用磁性读取并感应活塞的位置。当使用固定式传感器时，移动部件到达指定位置的计时非常重要，只有活塞到位，传感器才能准确读取数据。使用安装在液压缸内壁能够读取活塞位置数据的传感器，其位置可以任意调整，因此滑块移动的时间并不重要。但是，当使用铝制液压缸时，要确保它们能够承受较大的型腔和液压压力。因为这类液压缸结构不够坚固，所以应尽量避免在高温或高型腔压力的环境下使用。此外，在使用磁感应接近传感器时，还需要考虑它们能承受的工作温度。当超过150°F（65.56℃）时，这类传感器大多都无法准确读取数据。

参考文献

[1] This chapter first appeared in Plastics Technology Magazine, “Tooling: The Impact of Hydraulics on Tool Design” , Kerkstra, Randy 7/16/15
[2] Originally appeared in Plastic Technology Magazine, “Tooling: The Impact of Hydraulics on Mold Design” , Kerkstra, Randy 8/17/15

第6章 模具蚀纹和抛光

6.1 模具蚀纹

为了获得独特的产品外观，可以采用多种图案给模具蚀纹。蚀纹背后的逻辑是改变产品的外观，美化平淡的塑料表面。了解蚀纹对产品的影响很重要，蚀纹可以改善产品外观，但也可能导致产品缺陷，如粘模和拉伤。

型腔的表面光洁度和蚀纹结构会影响产品的光泽度、外观和产品是否粘模。当然塑料本身也与外观和粘模问题相关。适用于一种材料的蚀纹未必适用于另一种材料。尽管对于某些材料，型腔表面太光滑反而会产生负面影响，但处理产品粘模常见的措施还是型腔抛光。

在微观层面上，影响塑料产品光泽度的因素究竟是什么？答案是经抛光或介质喷砂后型腔表面的几何形状和深度，即蚀纹的表面结构。要准确了解这些细节，我们需要使用显微镜观察肉眼无法分辨的微结构。

影响光泽度的两个因素：几何形状和表面光洁度。将钢材表面结构复制到塑料上，因此钢材本身的颜色与产品光泽度完全无关。钢材在抛光或粗加工后可能会呈现出不同的颜色，但真正会改变外观颜色的是表面光洁度及其反射光线的方式。图6.1显示了同一块钢材上的不同光泽度。钢材不同区域的颜色看上去在变化，但实际上却都是相同的。不同的表面结构对光线的不同反射方式造成了这样的结果[1]。

让我们想象有那么一天，湖面风平浪静，水面会反射耀眼的阳光。接下来的一天，风和日丽，湖面微波荡漾，水面依旧反射阳光，水波纹却降低了光线的强度。第三天，阳光依旧灿烂，徐徐清风吹皱湖面层层波浪，阳光的反射更弱了。请注意两点：首先，我们可以把蚀纹比作水面，蚀纹越平滑，产品表面就越显光亮，反之，蚀纹（波浪）越深，产品就越发暗淡；其次，在同样产品表面形状下，纹理越深，由蚀纹波峰和波谷形成的暴露面积也越大。

在过去十多年里，蚀纹技术已经取得了长足的发展，可以蚀刻的几何形状

图6.1 不同喷砂介质处理后的钢材表面形态

越来越复杂。蚀纹的深度、图案、清晰度以及波峰和波谷的形状对产品光泽度有很大影响。有一种微蚀刻工艺（见图6.2），通过腐蚀原纹理的几何形状，使产品表面变得更暗淡。

现在我们已经理解表面纹理如何影响光泽度。让我们更深入一点，考虑蚀

图6.2 放大的微观蚀纹

纹本身的几何形状。从微观层面看，纹理本身的表面结构是另一个层次的蚀纹，同样具有波峰和波谷，平坦或光滑。这就是喷砂介质或抛光的影响，特别是对光泽度的影响。工业上用于调节光泽度的两种主要喷砂介质是氧化铝和玻璃珠，也可使用硅砂和其他介质，但无论使用哪种喷砂介质，它们都会对表面的光泽度产生影响。

当型腔酸蚀完成后，一般使用喷砂介质清理表面并达到塑料产品所需的光泽度。

氧化铝是一种边缘锋利的硬质磨料，能形成纹理表面的峰和谷，使塑料产品的光泽变暗。氧化铝品种繁多，其粒度大小会影响纹理深度和表面光洁度。玻璃珠像大理石一样圆润光滑，会使纹理表面更光滑和更有光泽。因此，在各种喷砂介质中，氧化铝形成的产品表面纹理光泽最暗，而玻璃珠最亮。

两种介质可以按不同的比例混合，形成的光泽介于它们单独使用时产生的低光泽和高光泽之间。要达到它们的中间范围，需要1∶2的配比，即一份氧化铝和两份玻璃珠。氧化铝比玻璃珠对表面质量的影响更大，这就是为什么不是1∶1配比。配比可从1∶1变化至12∶1，完全取决于需要达到的光泽度。通常可以尝试以下三种变化：最低光泽度（全氧化铝）、中等光泽度（配比1∶2）和高光泽度（全玻璃珠）。当光泽度很关键且无法通过这三种变化实现时，可使用介于三者之间的自定义配比。

在使用含玻纤材料时，由于蚀纹表面的磨损，光泽度会随时间发生变化，可考虑使用硬化工具钢、涂层或表面处理等措施。

从外观角度而言，纹理的光泽度越高，产品越美观。当光泽度较低时，注塑产品表面暗淡的缺陷往往会被放大。

6.2　模具抛光

根据产品要求，模具型芯表面可以抛光至各种级别。抛光是逐级使用粒度递减的抛光介质对模具表面进行处理，以得到不同等级的表面光洁度要求的过程，最高等级为A1的镜面，如表6.1所示。

表6.1　光洁度等级表

光洁度	抛光剂
A1	3#钻石膏
A2	6#钻石膏
A3	15#钻石膏

续表

光洁度	抛光剂
B1	600目砂纸
B2	400目砂纸
B3	320目砂纸
C1	600目油石
C2	400目油石
C3	320目油石
D1	11#玻璃珠
D2	240氧化铝喷砂
D3	24#氧化铝喷砂

并非所有的材料都需要抛光型腔表面。例如，热塑性聚氨酯和热塑性弹性体等材料通常与抛光的型腔表面黏附很紧，甚至聚丙烯与高度抛光的模具表面接触时也会有粘模的倾向。因此，在处理上述黏性材料时，常常需要在模具表面进行喷砂处理。在真的需要光亮表面时，用320目的砂纸处理型腔表面是个不错的折中方案，可让脱模顺利完成。

抛光等级越高，抛光表面的维护成本也越高。在处理模具型腔中钻石膏抛光过的表面时，应尽量减少异物接触表面，包括擦拭布，以免刮伤模具。如果模具擦拭物或模具表面粘有污染物，高光面极易损伤。镜片成型模具的清洁一般用罐装模具清洁剂喷洒，然后用洁净空气吹净模具表面。

钻石膏抛光过的表面应由经过培训的员工进行维护，他们会选择合适的抛光材料和手法。如钻石膏抛光需要用到木棒或毛毡，一旦选错可能会导致模具表面严重受损。

抛光的最后一步是顺抛，即抛光方向与脱模方向一致的抛光手法。顺抛能让注塑件脱模更容易。许多时候，即使顺抛面较为粗糙，脱模效果也比非顺抛的精细表面更好。因此，不要认为高级别抛光表面就一定能够消除粘模。即便是钻石膏研磨过的A1级镜面上仍然会残留研磨形成的微小划痕，这些划痕将妨碍产品脱模。

参考文献

[1] First appeared in Plastics Technology Magazine 3/31/15 “Tooling: Clearing Up the Mysteries Of Mold Texture”, Kerkstra, Randy

第7章 排气

根据不同成型材料和成型工艺进行合理的排气设计非常重要。在塑料熔体填充模具型腔的过程中，模腔中的气体会从排气槽中排出。填充前模具型腔内充满空气，填充过程中塑料熔体也会释放废气，如果模具排气不良，气体困在模具中，产品就会出现烧焦、短射、料花和表面光泽不良等缺陷。

除基本的排气外，熔接线处的排气也很重要（参看图7.1）。

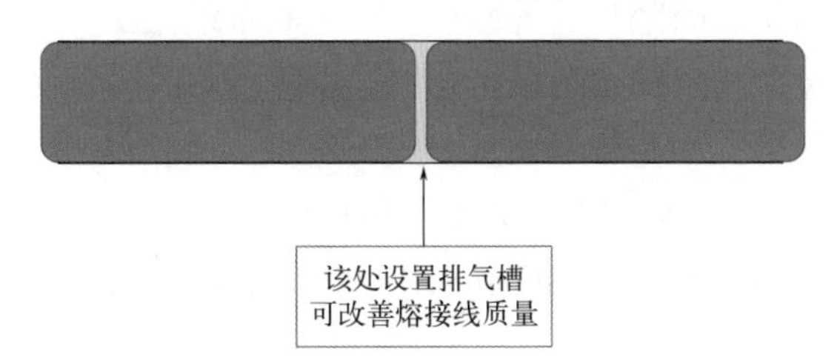

图7.1 熔接线形成的位置对排气效果影响显著

7.1 排气基础理论

排气槽有深度、宽度和长度三个尺寸。图7.2显示了排气槽深度、长度以及用于泄压的排气通道形状。应优先考虑排气槽截面积，而不仅仅是其深度。排气槽的深度和宽度决定了气体逃逸的总截面积。

排气槽深度由成型的塑料、产品设计和成型工艺决定。首先，材料黏度将影响排气槽的深度。对于聚碳酸酯等材料，排气深度应达到0.003～0.004in（0.08～0.10mm）。而在一个PPS（聚苯硫醚）产品案例中，0.0005in（0.013mm）的深度更合适。应参考材料供应商提供的成型材料的排气深度数据。排气槽过深会导致飞边，太浅则排气不充分。经验证明对于80%的模具，排气槽深度的建议值有效。当然根据产品设计和工艺，可在推荐标准的基础上进行调整。

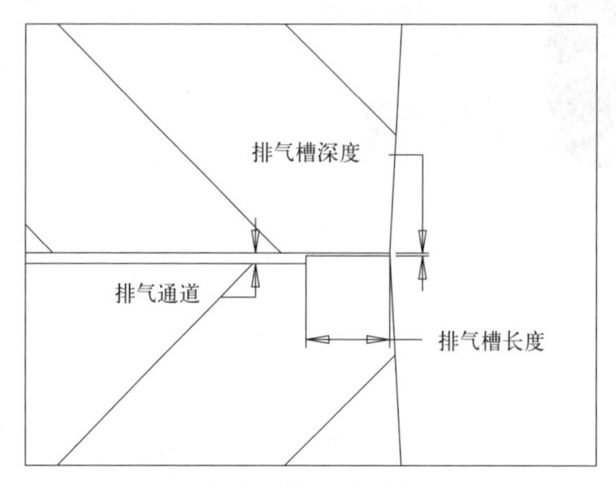

图7.2 排气槽结构

要确定增加排气槽深度是否能够改善缺陷，可以尝试两种方法。第一种是降低锁模力，让排气更充分，甚至让产品出现轻微飞边，便可判断排气的改善效果。另一种方法是在缺陷附近的分型面贴上胶带纸，便可模拟加深的排气槽深度。所贴胶带纸应和型腔边缘保持距离，以降低型腔分型面损伤的可能。

排气槽长度是指型腔到排气通道之间的距离。大多数情形中排气槽长度不应大于0.08in（2.0mm），而且在出现缺陷的区域，可以缩短到0.03in（0.8mm）。过长的排气槽很容易被塑料熔体中释放出来的气体堆积堵塞。

排气通道位于排气槽外侧，它为气体提供一个排出模具的通道。根据成型材料析出的气体不同，排气通道深度一般为0.01 ～ 0.03in（0.25 ～ 0.76mm）。排气通道应引至模具外部，确保气体完全排出。有些排气槽位于成型产品内部，无法直接引至模架外部，此时排气通道应连接排气孔，然后通过型芯底部的固定板连通大气。每个排气孔都需要嵌入镶针，防止出现飞边。

正常情况下，排气槽越宽越好。传统的排气槽是由铣刀加工出来的，铣刀直径就是排气槽宽度，如图7.3所示。这种排气槽排气效果无法最大化，更谈不上优化。很多时候在填充末端开了一条排气槽，而试模时却发现真正的填充末端有所偏离。为了优化排气效果，应按图7.4所示加工排气槽。这种优化的排气方式让排气槽截面积更大，气体逃逸更顺畅，排气槽中的堆积更少。另一个选项是完全环绕式排气，其气体逃逸效果最佳。图7.4中排气方法的另一个优点是分型面的支撑面积较大。

分型面的支撑面积也对排气槽长度有影响。过多的分型面避空将导致分型面碰穿部分出现压塌，排气槽闭合。过密的排气槽也会减少分型面上的支撑面积。而围绕型腔周边开设一些稍细的排气通道，减少连接大气的主排气通道，既能提高排气效果，又能减少分型避空面积，不失为一种更稳健的排气设置思路。图7.5所示的传统式排气因分型面支撑面积减少，模具闭合时分型面压塌，

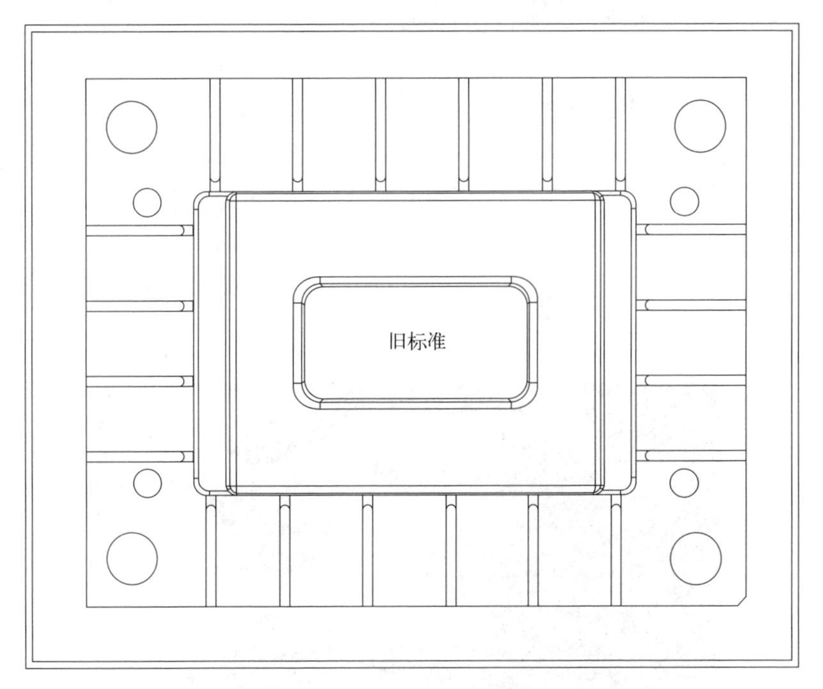

图7.3 老式排气槽

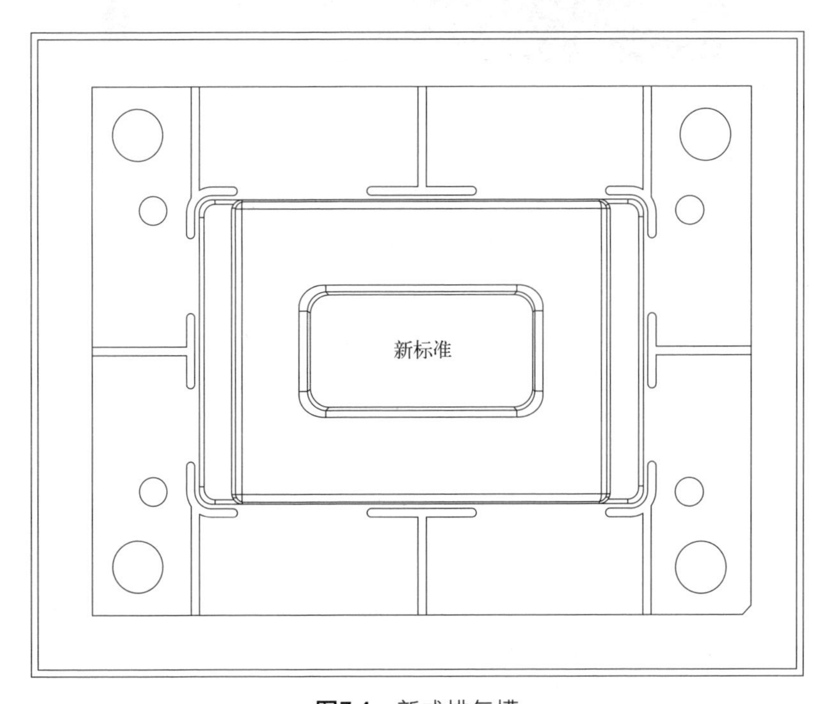

图7.4 新式排气槽

导致排气问题重复发生。另外，切忌使用过大的锁模力，否则支撑面也会被压变形，导致排气不畅。

使用顶针排气有很多技巧。如图7.6，环形排气槽比旧式削平式排气槽效果更好。又如图7.7，顶针上的环排气槽宽度可以从不超过0.06in（1.5mm）开始尝试，而固定镶针则不应超过0.04in（1.0mm），甚至可以仅宽0.02in（0.50mm）。顶针一定程度上有自我清洁功能，而且在顶出状态下也可以进行清洁。固定镶针不拆除就无法进行清洁，所以排气槽深度不宜过深，否则容易堵塞。

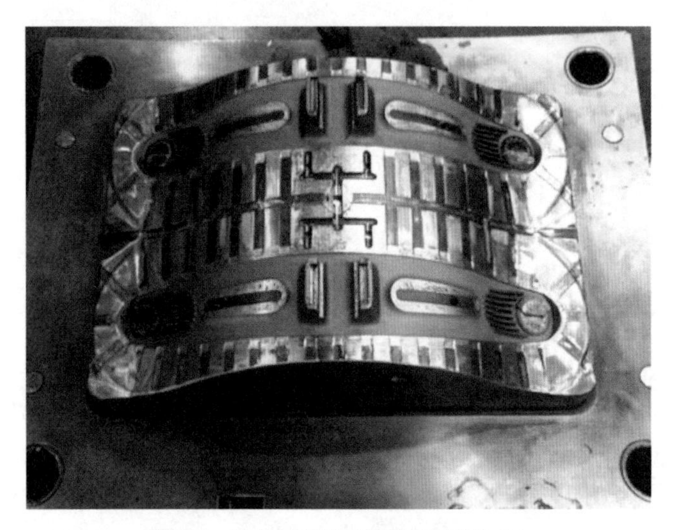

图7.5　传统式排气槽承重面积不足

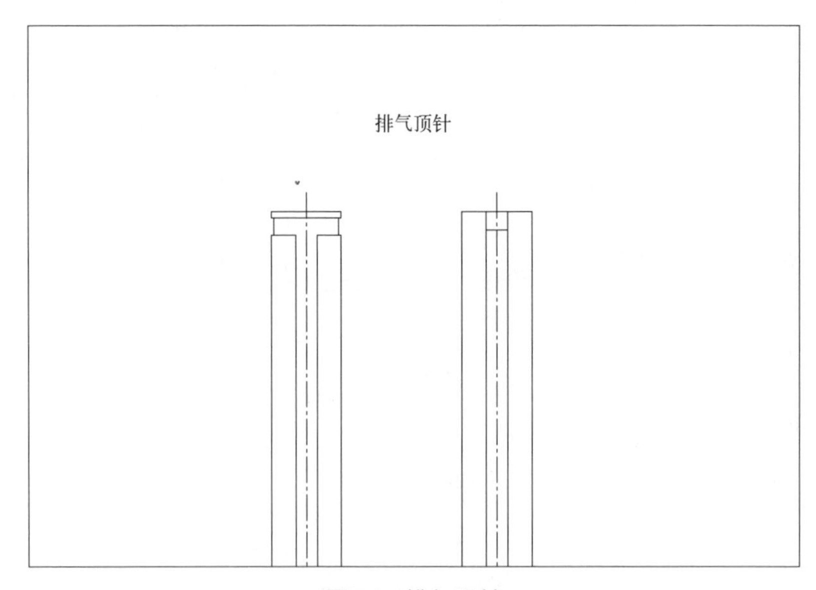

图7.6　排气顶针

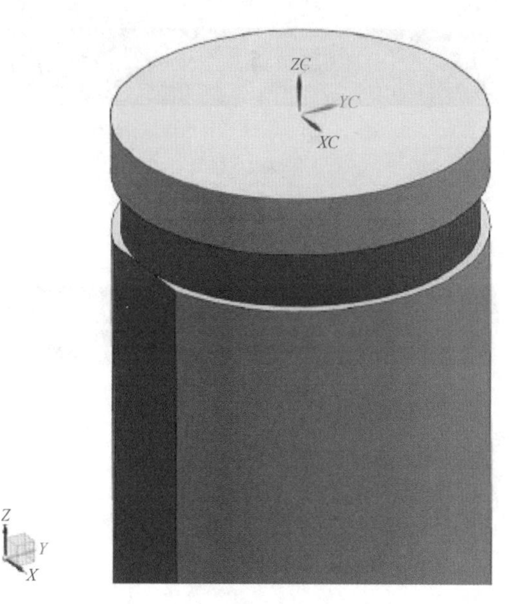

图7.7　带环型排气槽的顶针

对于产品上难以排气的细致结构和出现回流困气的位置，使用透气钢或烧结材料制作的排气镶件也是一个不错的选择。重要的是透气钢镶件的机加工和清洁方法需正确，并设计合理的排气通道以减少排气微孔的堵塞。在生产中，透气钢镶件也必须保持清洁，以确保其正常的排气功能。镶件需要定期拆卸清洗或更换。对于回流困气的部位，如果透气钢不是首选，则可考虑使用设有环形排气槽的固定镶针或司筒顶针。

排气镶件的设置，应考虑到拆装和清洁方便。斜顶和滑块上应尽可能设置排气。

7.2　其他排气方式

如果有额外的排气需求，可以在模具里增加抽真空系统，抽出型腔内的空气。这样可以使模具获得最佳排气效果。在大多数情况下，建议用密封圈密封模具并将所有排气通道连接至抽真空系统。有时在模具上增加抽真空系统后，即便没有密封，也能改善排气。

另一个优化排气的方法是在形成熔接线的位置设置一个溢料腔，这样熔料可以流经溢料槽进入溢料腔。此方法能有效地改善含玻纤材料的熔接线缺陷。图7.8所示的是一个溢料排气的例子。我们可将此类溢料腔想象成副浇口。位

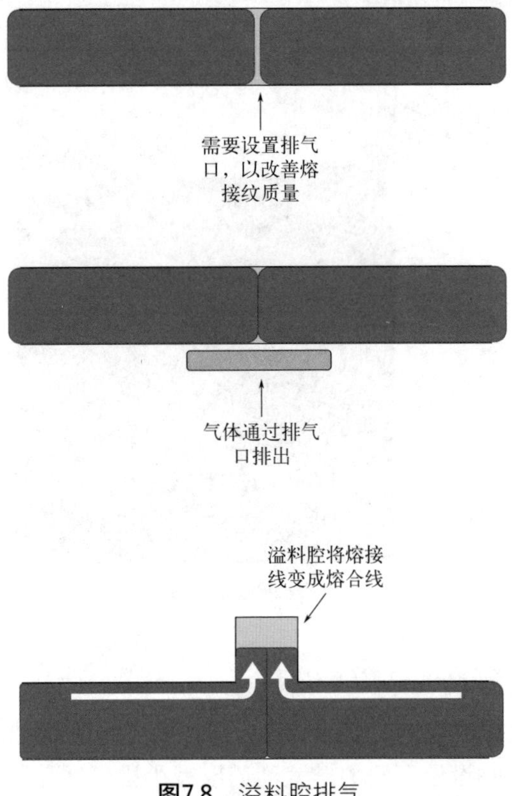

图7.8　溢料腔排气

于填充末端熔接线处的潜浇口状溢料腔，会在顶出过程中自动分离。

驱动式排气针可由注塑机信号控制其打开和关闭。信号通过多种途径进行设置，例如通过可编程I/O接口，或者阀针控制的输出信号。型腔压力检测装置也可用来确定关闭排气针的时间，以避免出现飞边。

另一个增加排气效果的选择是使用具有压缩注塑选项的注塑机。在压缩注塑成型中，模具在开始填充时并未完全闭合，气体可以更好地排出型腔。只有当填充进行到一定位置时，模具才在锁模力作用下锁紧。此功能可以利用锁模机构（压缩注塑中的压缩侧）的力压实产品。

近年来，随着增材制造技术的发展，改善模具排气的方法也与日俱增。其中流行的方法是采用直接式金属激光烧结（DMLS），该方法在很长一段时间内被称作“3D打印”。最新进展是可使用H-13钢来制造非常耐用的模具零件和镶件。DMLS工艺可使钢材上布满密度可调的细孔，从而具备了前所未有的排气能力。增材制造将继续快速发展，并将找到与传统方案迥异且超越想象力的模具冷却解决方案。图7.9显示了一个具有可变密度的DMLS改善型排气镶件。当模具零件生产采用增材制造技术时，设计师可考虑同时采用优化排气和随形冷却两项措施，可谓一举多得。

图7.9 增材制造的镶件（图片由Jason Murphy提供）

7.3 排气方式总结

排气是生产高品质产品的关键。每套模具的排气都应在设计评审阶段花足够的时间加以分析。在整个模具生命周期中，排气槽必须进行适当的维护，保持清洁。排气清洁状况检查是4M方法的8个步骤之一，而且是一个能够迅速消除多种工艺故障的关键步骤。不应在排气不畅时勉强生产，否则问题会更加恶化。

第8章 注塑机性能

本章讨论的方法参考美国塑料工程师协会技术讨论年会（ANTEC）的一篇论文，该论文由约翰·博泽利（John Bozzelli）、罗德尼·格罗里奥（Rodney Groleau）和诺姆·沃德（Norm Ward）撰写，题为“如何系统性评价一台注塑机的好坏”。

我们应谨记的是注塑机应能完成我们交给它的任务。如果一台注塑机设定的保压压力为700psi（液压压力），它就应该日复一日每次注射都提供这样的压力。时常听说一套模具在某台注塑机上生产良好，却在另一台同样的注塑机上生产异常。当出现这类问题时，应该找到引起注塑机差异的根本原因所在。如果相同的注塑机无法产出相同的产品，那么一定存在问题。但如果注塑机性能没有经过检测，工艺人员只能寄希望于注塑机性能合格。不要让注塑机带病工作，因为这样做只会使成型窗口变窄，而且最终导致产品缺陷发生。

围绕注塑机走一圈、看一眼是无法判断注塑机性能如何的。图8.1中这台高端注塑机是否能够提供可重复的工艺？如不经过系统方法评估人们是无法得知的。

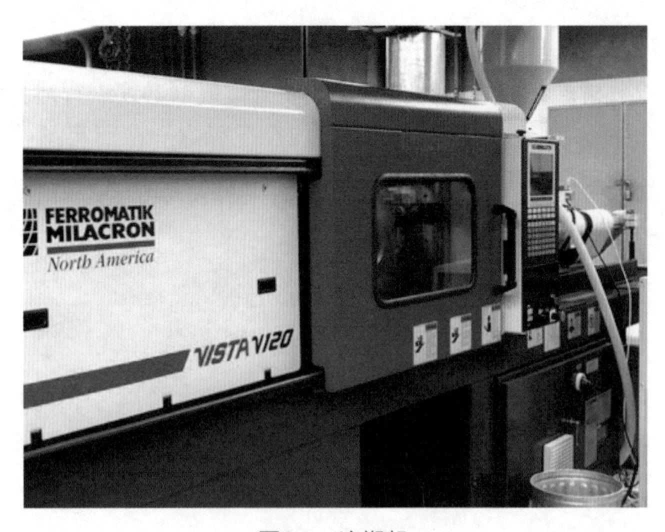

图8.1　注塑机

图8.2所示是一张使用方便的注塑机测试报告卡，记录了不同的测试结果，将注塑机分A—E级，这是一种简单且可视的评级和对比方法，适用于车间里所有注塑机。

注塑机测试报告卡				
机器：#6			日期：8/23/05	
结果				
速度线性度	41.2%		动态止逆阀泄漏	3.0%
载荷敏感度	3.3%		注射时间波动	1.9%
液压响应时间	0.16s/1000psi		总分	23/37
等级				
B				

设定速度/(in/s)	注射量/in	减压距离/in	保压切换位置/in	注射时间/s	实际速度/(in/s)	差异
0.1	1.55	0	0.9	7.22	0.09	10.0%
0.2	1.55	0	0.9	3.77	0.17	13.8%
0.4	1.55	0	0.9	1.89	0.34	14%
0.8	1.55	0	1	0.81	0.68	15.1%
1.6	1.55	0	1	0.52	1.06	33.9%
2.75	1.55	0	1	0.41	1.34	51.2%
					范围	41.2%

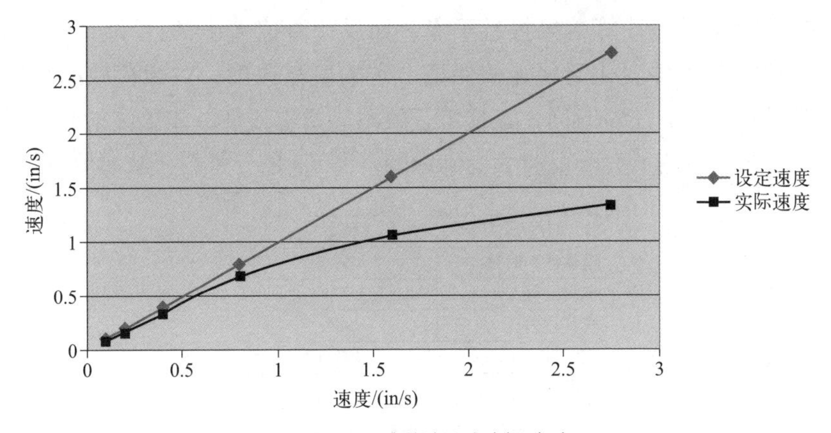

图8.2　注塑机测试报告卡

8.1　载荷敏感度测试

载荷敏感度测试（又称载荷补偿性测试）用于检测注塑机对材料黏度变化的反应能力。总体来说，所有材料黏度都会随时间出现波动，这点很好理解。载荷敏感度测试的是注塑机保持填充时间稳定的能力，即使材料黏度发生一定的变化。

载荷敏感度测试应按以下步骤进行：

（1）使用标准的两段工艺，保压压力和保压时间设置为0，保压切换采用位置切换，95%～98%满射产品。

（2）记录切换时压力（FPm）和实际注射时间（FTm）。

（3）射座后退离开模具。下一射需要在射座后退状况下进行空射。一些注塑机射座前进开关必须移动以适应新位置；一些注塑机允许射座后退，而有一些注塑机需要射座向前。对于一些喷嘴必须前进顶住模具才能注射的注塑机，可使用RJG的清料盘以半自动模式运行注塑机。

（4）手动模式下，按注射键进行空射。

（5）记录空射状态螺杆到达切换位置的压力（FPa）和注射时间（FTa）。

然后，按公式（8.1）计算载荷敏感度：

$$\text{载荷敏感度}=\frac{\left(\dfrac{\text{FTm}-\text{FTa}}{\text{FTm}}\right)}{\left(\dfrac{\text{FPm}-\text{FPa}}{1000}\right)}\times 100\% \tag{8.1}$$

注：运用公式时，注意输入正确的压力数值，如果是液压压力，除以1000；如果是塑料熔体压力，则除以10000。

可接受的标准是计算结果接近于零。如果计算值大于5%（每10000psi），那么该注塑机在条件变化时将无法保证一致的填充速度。对载荷敏感的注塑机将无法提供一致的注射时间，这样工艺就不具备重复性。如果注射时间不一致，以该工艺生产的所有产品将会受到影响。图8.3是一张载荷敏感度测试表。

时间/压力	值
模具注射时间	3.69
空射时间	3.77
模具注射压力	953
空射压力	294
载荷敏感度	–3.3%

图8.3　载荷敏感度测试

8.2　止逆阀动态泄漏测试

由于止逆阀会出现磨损、损坏或者有异物卡在其封料槽里，往往会成为工艺产生波动的来源。如果止逆阀每次与螺杆贴紧情况不同，那么注射阶段每次注射量都会出现波动。

止逆阀动态泄漏测试按以下步骤进行:

（1）设定95% ~ 98%型腔体积试射，不保压。

（2）连续注射10模次，保留每模产品。

（3）称重并记录每模的产品重量。

（4）记录每模的注射时间。

（5）按公式（8.2）和公式（8.3）计算注射重量和注射时间的波动。注射重量波动应低于3%，注射时间波动应不大于1%。

$$v_w=\frac{w_{max}-w_{min}}{w_{max}}\times 100\% \tag{8.2}$$

$$v_t=\frac{t_{max}-t_{min}}{t_{max}}\times 100\% \tag{8.3}$$

式中，v_w为注射重量波动；w_{max}为最大注射重量；w_{min}为最小注射重量；v_t为注射时间波动；t_{max}为最大注射时间；t_{min}为最小注射时间。

也可观察注射料垫量随时间的波动情况，尤其是料垫量趋于零的情况。料垫量波动通常代表止逆阀有故障。止逆阀存在问题的另一个迹象是螺杆前移注射过程中发生旋转，以及螺杆到达切换位置后还前移较大距离。

为了确定问题来自于止逆阀，还是来自于料筒内的磨损点，可将计量位置和切换位置后移约25mm，再次注射10模。如果仅填充重量波动在位置变换后有所改善，那问题可能是料筒内存在的磨损造成的，而非来自止逆阀。

如果止逆阀显示出问题，应拆开料筒端盖，检查螺杆头和止逆阀是否存在磨损、损坏或者污染情况。如果查出止逆阀有问题，则需要更换。

■ 8.3 速度线性度测试

工艺人员常常以为自己在注塑机控制面板中输入的设定值将会被原样输出。但事与愿违，如速度便是一个典型的无法照样输出的参数。为了确定注塑机是否能够提供需要的速度，应按下列步骤进行测试:

（1）设定仅填充工艺，不设保压压力。

（2）调整切换位置，让型腔填充至80%左右。

（3）记录注射量、松退量和切换位置。

（4）将填充速度尽可能设到最低值。

（5）记录注射时间。

（6）将填充速度提高到两倍。

（7）记录注射时间。

（8）重复第（5）、（6）项直至达到注塑机允许的最大填充速度。

（9）计算每个步骤的实际填充速度，见公式（8.4）。

（10）计算每挡速度的差异百分比，见公式（8.5）。

（11）用最大的填充差异值减去最小的填充差异值，计算出整个差异范围。最大范围应低于10%。

计算实际填充速度：

$$\frac{(\text{计量位置}+\text{松退量})-\text{转换位置}}{\text{注射时间}}=\text{实际速度} \tag{8.4}$$

$$\frac{\text{设定速度}-\text{计算速度}}{\text{设定速度}}\times 100\%=\text{差异} \tag{8.5}$$

如果注塑机速度线性度不好，填充速度的变化将无法产生期望的效果。在一些案例中，注塑机无法达到控制器允许范围的最高速度。速度线性度测试曲线将显示哪段速度存在失控状态。有的注塑机在速度区间的一端性能良好，而在另一端却出现问题，也属这种情形。图8.4所示为一个速度线性度评估表格。

设定速度/(in/s)	注射量/in	减压距离/in	保压切换位置/in	注射时间/s	实际速度/(in/s)	差异
0.25	3.3	0	1.2	9.86	0.21	14.8%
0.5	3.3	0	1.2	4.7	0.45	10.6%
1	3.3	0	1.2	2.95	0.71	28.8%
1.5	3.3	0	1.2	2.36	0.89	40.7%
2	3.3	0	1.2	2.03	1.03	48.3%
3	3.3	0	1.2	1.64	1.28	57.3%
					范围	46.7%

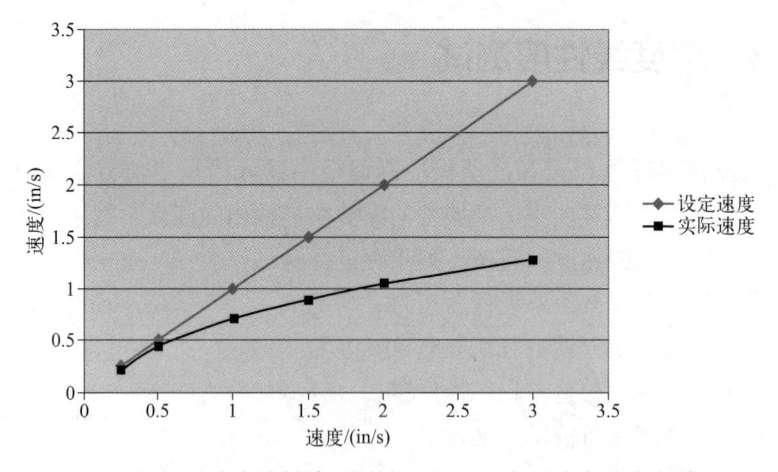

图8.4 速度线性度测试表和图形：实际速度响应欠佳

有这样一种情形：工艺人员提高了注塑机速度设定值，但是注射时间却没有变化。这很好地说明了注塑机无法达到此速度（时常留意是否存在压力限制）。

从该测试中可以学到的一点是：在使用百分比设定速度的注塑机上如何确定实际填充速度。如果注塑机只能用百分比设定速度，那么实用的方法是，找出百分比速度对应的实际速度或者压力。用曲线将这些数值记录下来，张贴在注塑机上，以便随时快速查阅任意设定值所对应的实际值。图8.5为实际螺杆速度和体积流动速率的关系图。

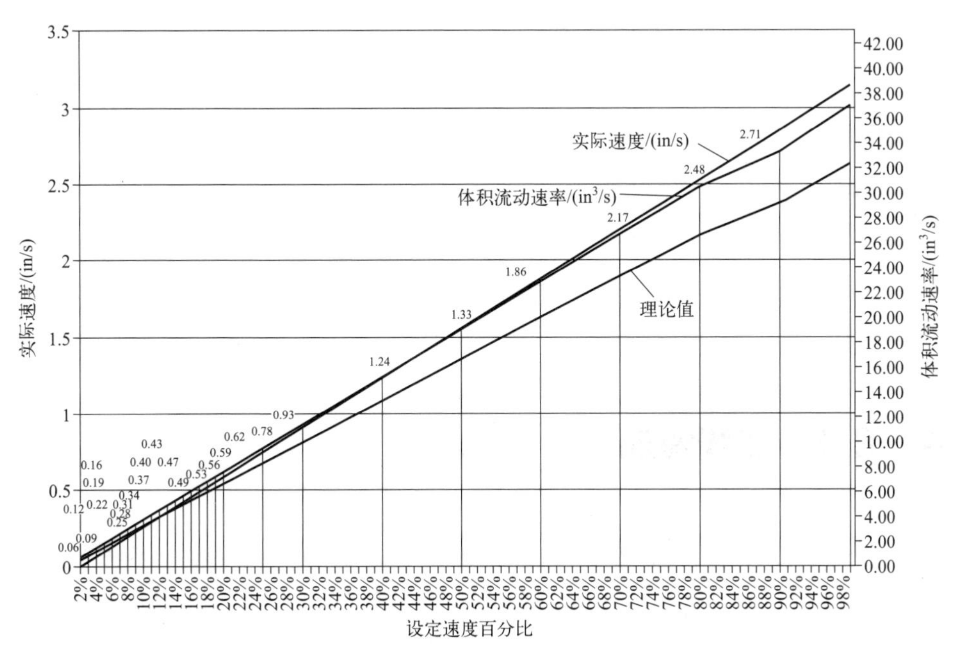

图8.5 注塑机设定速度百分比（%）与实际速度（in/s）以及体积流动速率的关系

有些注塑机在某段设定速度范围内偏差较大。典型的例子是使用百分比速度设定的注塑机，其设定速度从18%变化到19%，而注射时间却变化了25%！图8.6所示的注塑机速度控制存在“失效点”。如果不花时间进行线性度测试，那么这类问题将永远无解。车间的工艺人员可能意识到存在问题，但对事情真相却茫然无知。有的注塑机速度曲线图显示在某些百分比速度上会出现跳跃。有此速度曲线图在手，只需要根据图表进行确认即可。如果注塑机无需在这个特定的速度段运行，没有问题。然而，对此有所了解总是有好处的。

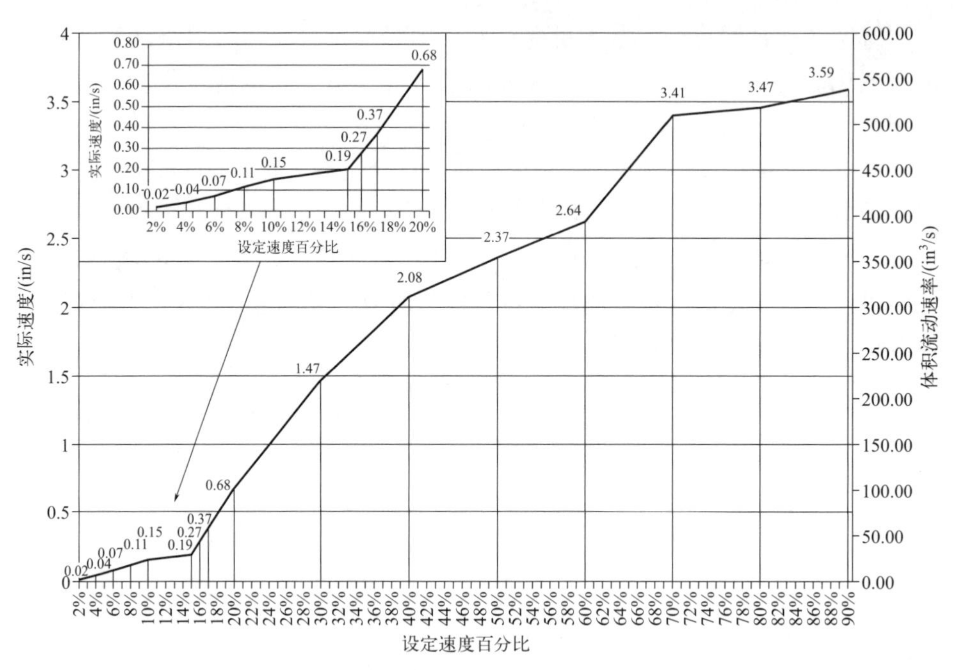

图8.6　非线性速度响应案例

8.4　曲线叠加

该测试要求连续注塑10模产品，将10次采集的数据在工艺监控系统里进行叠加。理想情况下，这10模产品采集的数据可完美重叠，犹如一条曲线。但如果注塑机性能不稳定，就能分辨出图中的每条曲线（对照图8.7和8.8中的差异）。

此方法能够揭示多种注塑机的怪异特性，需要进行维护保养并加以纠正。图8.9显示一台注塑机保压阶段出现了大幅压力波动。我们需要更多的信息来了解注塑机是否具有可靠的性能。

8.5　成型周期波动

工艺稳定运行一定时间后，就能对注塑机的稳定性有更深入的了解。其中许多因素随时间产生的波动均可进行检测，它们包括：

- 注射时间
- 射出量

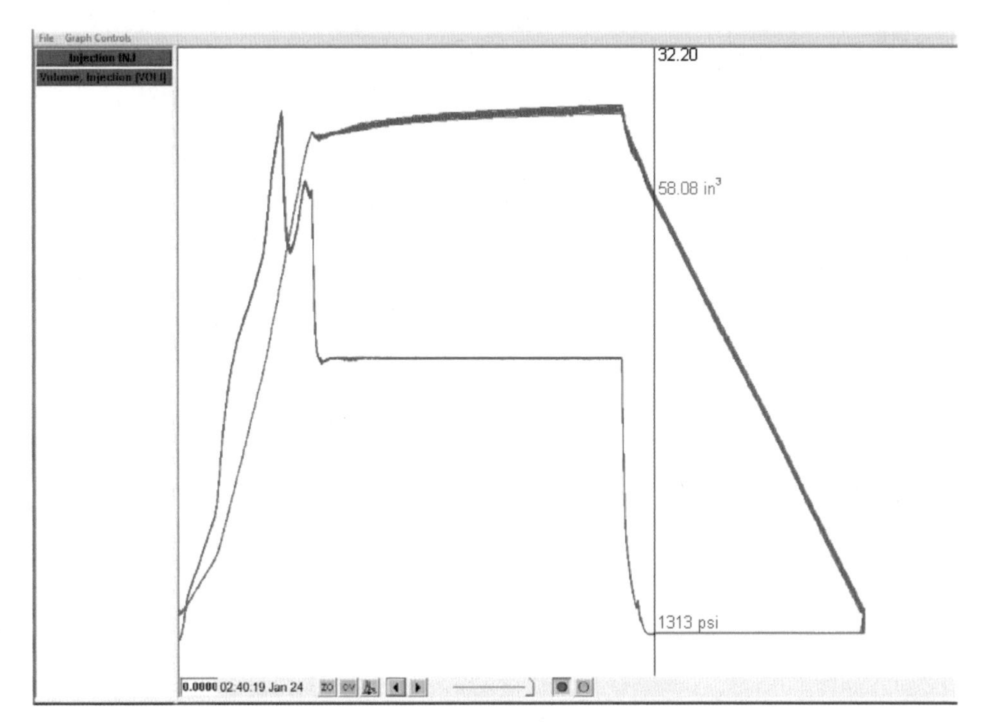

图8.7　eDART®曲线显示出良好的重复性

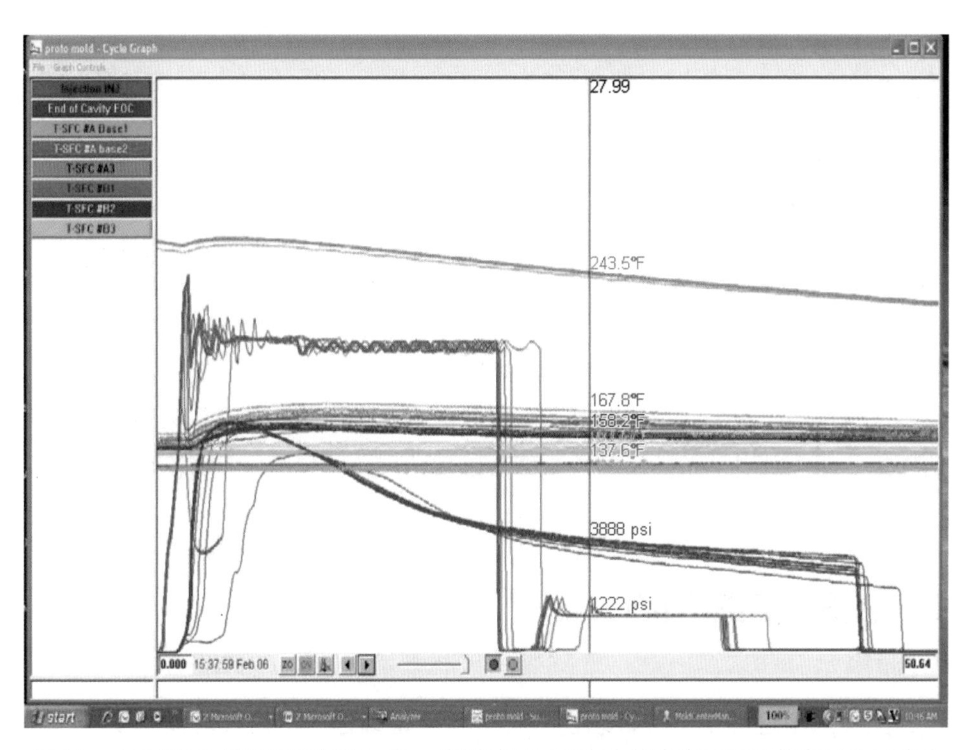

图8.8　eDART®曲线显示重复性不良，该测试预示量产中将会出现严重的产品质量波动

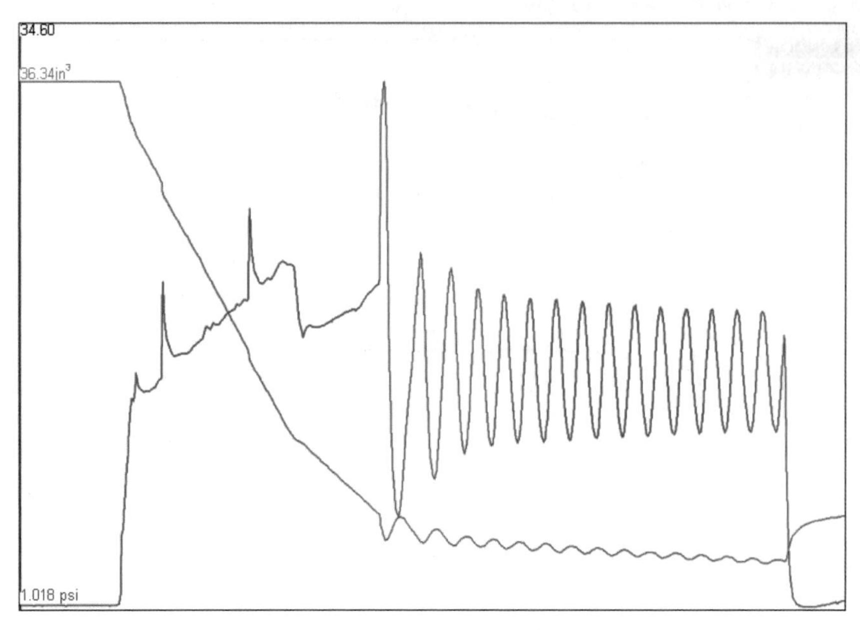

图8.9 RJG eDART®显示保压压力的大幅波动

- 切换位置
- 保压压力
- 模具开模位置
- 顶针顶出位置（对于机械手取产品重要）
- 塑化时间
- 其他

以上各工艺参数均应在一段时间内保持一致。除塑化时间外，所有参数波动应该在±1%以内，塑化时间则允许更大的波动（±5%）。这些关键参数中任何一个出现波动都代表注塑件质量将随时间出现变化，导致产品不合格。图8.10是一个保压压力波动导致产品尺寸变化的例子。

检查注塑机长期稳定性的方法有很多，其中最简单的是追踪某特定变量的实际值。第二种方法是利用工艺监测系统长期记录注塑机运行的数据。

8.6 保压切换

注塑成型过程中常常被忽视的一个要点是螺杆到达切换位置时发生的变化。在切换位置上，注塑机从压力充分条件下的速度控制切换为压力控制。注

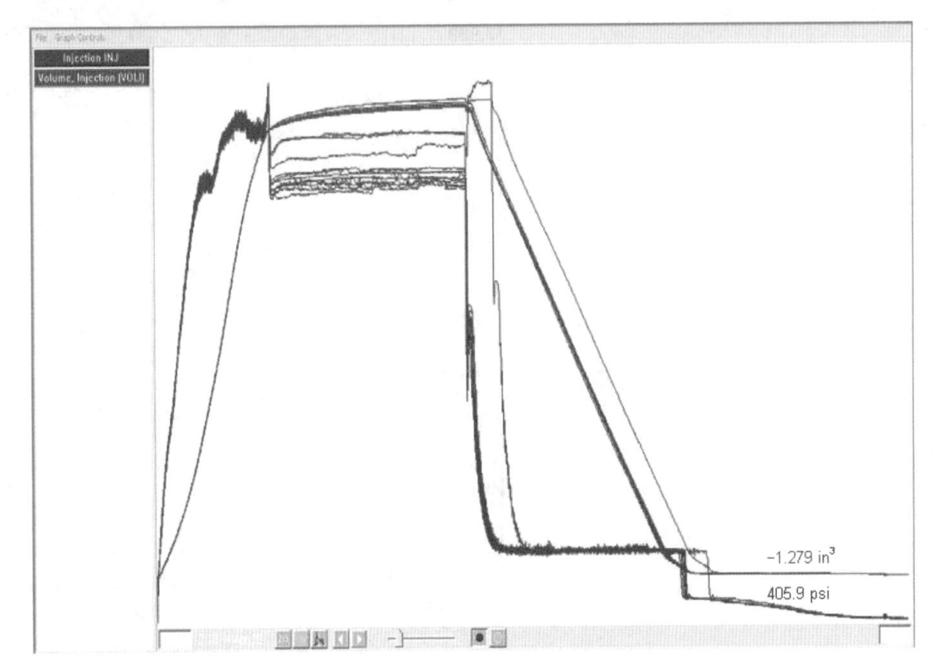

图8.10　10次注射的保压压力变化

塑机保压切换顺利与否对产品质量至关重要。而由于保压切换不当导致的缺陷包括：

- 缩痕
- 注射不足
- 飞边
- 表面光泽差异
- 粘模
- 尺寸问题
- 顶针印

影响保压切换的主要因素如下。

（1）填充量

如果注射阶段型腔填充量不足，注塑机将无法有效达到保压阶段设定的保压压力。

（2）保压速度设定

如果体积设定没有提供足够流量以达到设定压力，则不论称其为保压、补缩，或者称为保压阶段的流量或者速度，它们的影响都一样。注意不存在一个适用于所有模具的设定值。图8.11和图8.12分别显示了合理的和不合理的速度/压力切换案例。

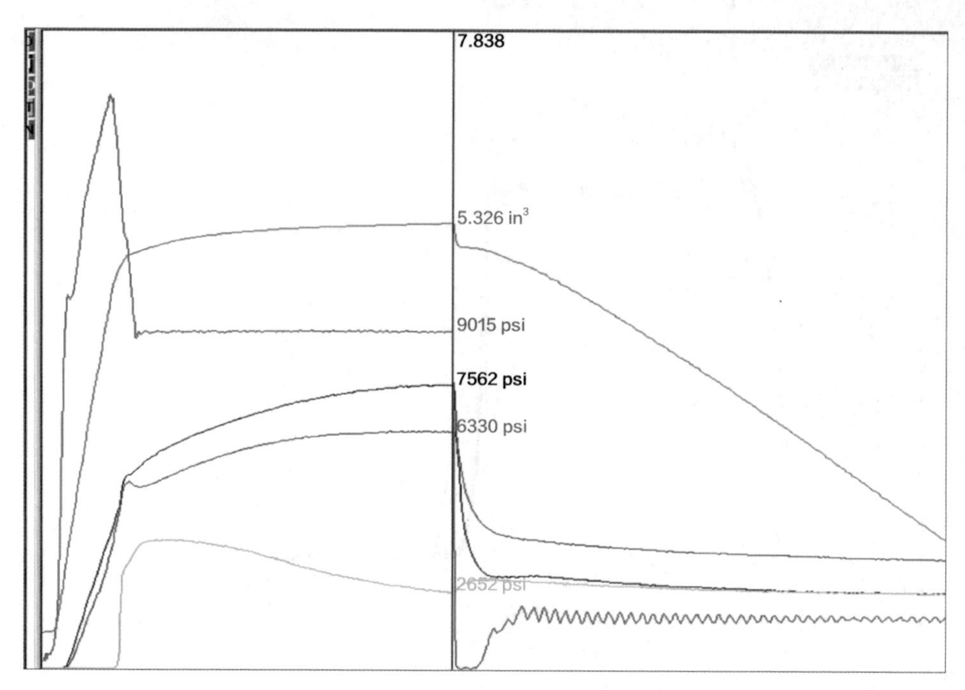

图8.11　速度与型腔压力的正常响应

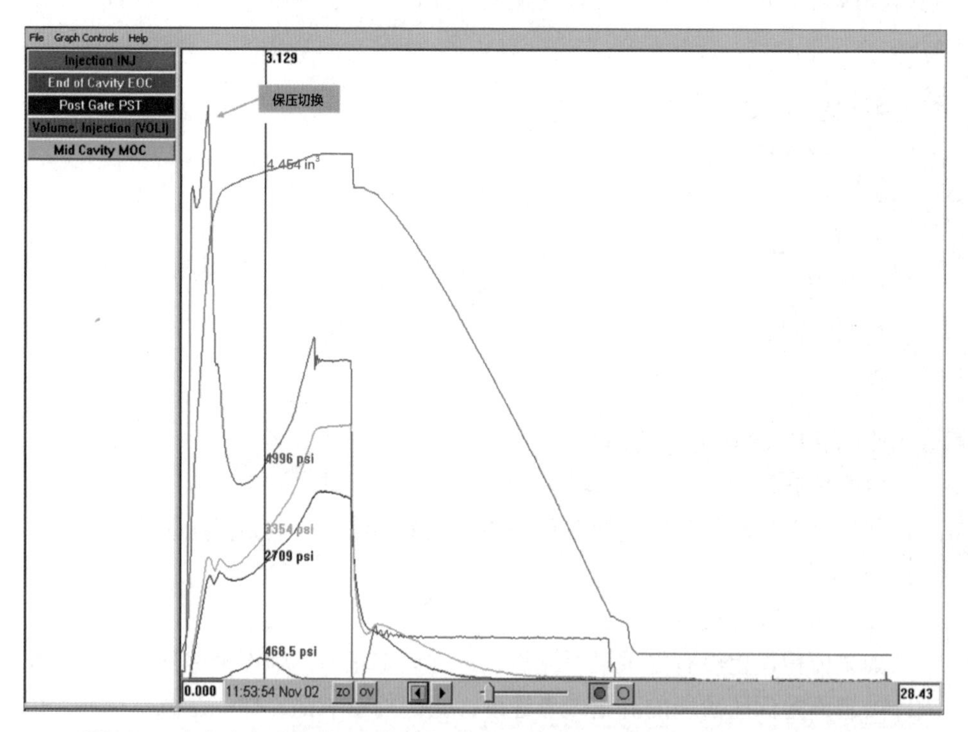

图8.12　速度向压力切换不当的后果，所有曲线数值在切换后均有所下降，这将产生尺寸不合格产品（RJG eDART®）

注塑机从速度控制切换到压力控制时，还存在压力阀响应问题。压力阀调节如果存在问题，也会影响注塑机的响应能力（图8.13）。有些注塑机控制器的后台页面可以进行调节，以确保阀门能够及时响应。

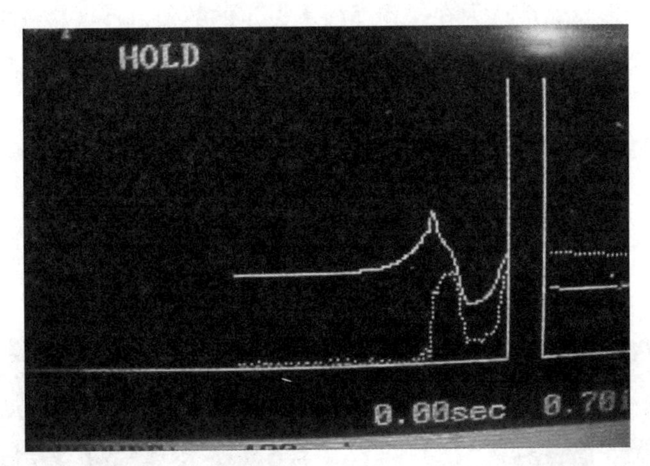

图8.13　注塑机控制屏上显示出速度对压力变化反应不佳（注意压力的峰和谷）

此问题并不仅局限于液压响应。电动注塑机保压速度设定也对工艺有显著影响（见图8.14）。RJG eDART® 屏幕显示了三个注塑周期内注塑机的压力、

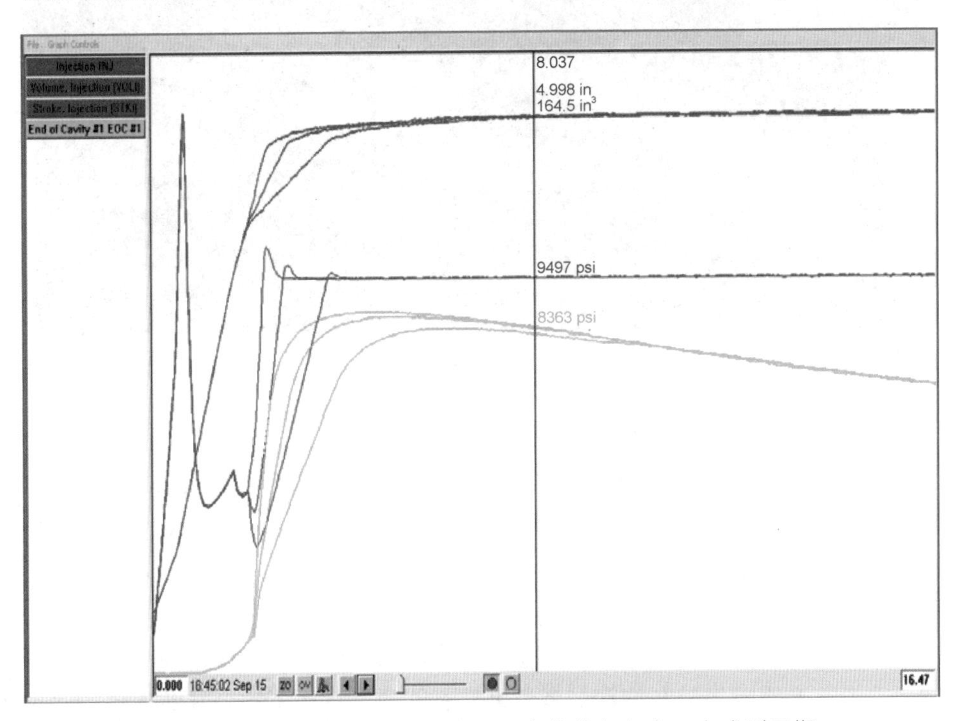

图8.14　注塑机的速度/压力响应。三套曲线各包含三个成型周期，曲线上响应最迅速的是保压速度设置

速度和型腔压力曲线。三套曲线对应着三种不同的保压速度设定。此工艺中的切换实际发生在注塑机压力曲线的谷底，而非峰值。

注塑厂应当养成定期验证注塑机性能的习惯，即“指哪儿打哪儿”的能力。我们不应想当然地认为在操作面板上设定的数值，注塑机就能真正兑现，往往是许多关键参数设定后，实际值完全失准。一旦注塑机无法实现理想的设定值，就会导致各种缺陷。

由于注塑机控制器种类繁多，要让现场每位工艺人员掌握所有控制器的性能极具挑战。不同控制器的工艺设定方法不同，但结果也许相同。又如，注射阶段可以称为填充、推动，甚至速度单位可能是in/s、mm/s、cm/s、cm^3/s或者百分比。图8.15显示了多种注塑机控制器。

图8.15 注塑机控制器

检查注塑机控制系统的关键项目如下。

（1）压力。注塑机设定值与压力表和控制器上显示的压力值是否一致？如果不一致，哪个正确？可使用一只二级压力表或者带压力传感器的工艺监控系统检查实际压力值。确定注塑机上的压力表是否需要更换，或者压力输出是否需要校正。

如果保压压力不准确，会造成缺陷，背压也一样。应该评估整个注塑周期的压力值，看看哪里存在波动或者精确性有问题。背压不稳会导致熔体温度和黏度波动，对工艺影响也很大。

（2）温度。料筒和喷嘴的加热区是否均工作正常？检查那些不能达到理想温度的区段，温度不对表示注塑机加热有问题。还要检查不同区段的电流是否均衡，无论100%还是0输出都不正常。正常工作的加热区会周期性地切断和接通电流。单个加热圈可以使用一种叫作“安培夹”的仪器验证是否有电流通过。如果没有，此加热圈可能已经烧坏。另外一个可能发生的问题是当两根热电偶互相接反时，一个区加热，而控制该区加热器的热电偶却因为接在另一个区，不能测量其温度，控制器会持续输送电流到该区。图8.16所示的是一个喷嘴加热圈失效的红外线照片。

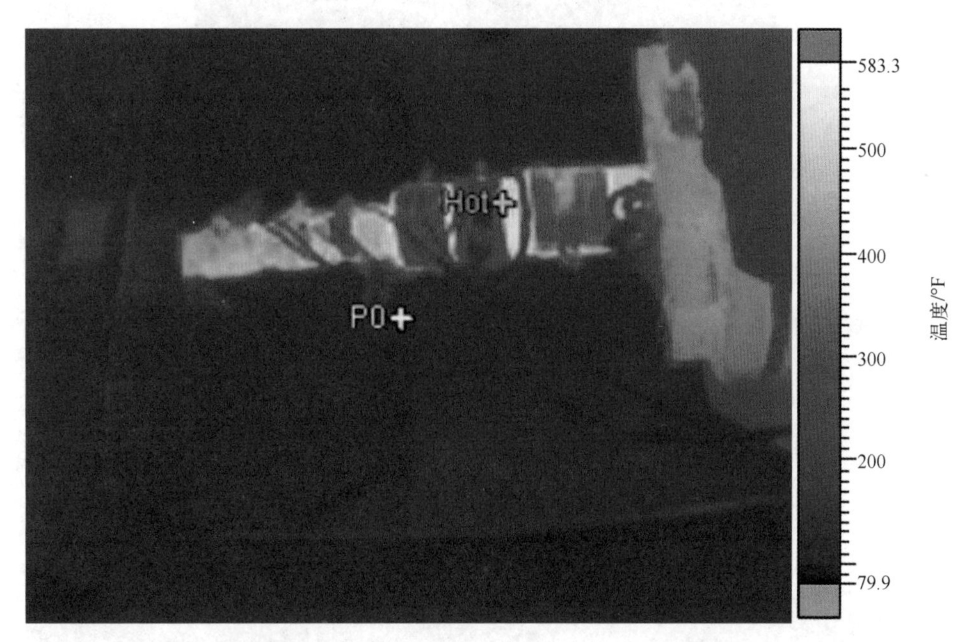

图8.16 红外成像仪显示加长喷嘴上有加热圈失效

（3）确认热电偶全部插入热电偶孔中。同时检查加热圈是否与料筒贴紧。加热圈和料筒之间存在的间隙会影响热传导效率，见图8.17。

（4）如果某加热区温度高于设定温度，可能是注塑机的比例积分微分（PID）调节功能出现了问题，或者料筒内材料发生了过度剪切。如果一个区段由于失控而出现过热，应尝试在该区段进行PID周期调节，如果还不能解决问题，则有必要升高料筒设定温度，恢复注塑机对该区温度的控制。

（5）与热电偶相关的其他潜在担忧。如果热电偶类型用错（J型热电偶替代了K型，或者反过来）就无法准确读取温度。表8.1所示为注塑成型中常用的典型热电偶正负极颜色编码。

图8.17　喷嘴上完全就位的热电偶

表8.1　注塑成型中最常见的热电偶颜色编码

	减少（－）	增加（+）
类型J	红线	白线
类型K	红线	黄线

（6）位置控制。注塑机能以何种精度到达设定位置，需要随时观察。如果注塑机显示射出量或者切换位置发生波动，那么注射阶段的仅填充重量将会受到影响。

如果注塑机每次开模的位置发生变化，将会影响机械手取出产品。如果需要频繁调节锁模位置或者机械手位置，说明模具开模位置可能在发生变化。应确保开模设定包含足够的减速缓冲，以避免注塑机开模时出现骤停。

应验证顶出行程具有重复性，因为这会影响机械手抓取产品。如果模具需要顶针板完全顶出，斜顶才能完全脱离倒扣，那么顶出距离的变化可能导致产品黏附斜顶。

应牢记注塑机应该“指哪儿打哪儿”，包括日复一日的每次注射。注塑机性能是成功进行注塑作业的关键之一。如果离开注塑机性能的清晰构图，解决注塑问题将面临巨大的挑战，其结果无异于盲人摸象。

8.7　注塑机档案

为每台注塑机建立可靠的档案资料非常重要，其中包括：

- 模板尺寸
- 顶出形式
- 格林柱间距
- 螺杆类型
- 螺杆长径比
- 螺杆压缩比
- 螺杆直径
- 增强比
- 锁模力
- 注射量
- 最大填充速度
- 最大射出压力

为了随时获得注塑机的这些信息，可以制作一个标牌固定在注塑机上。图 8.18 便是一个示例。

注塑机#15	
螺杆直径/mm	80
峰值压力/psi	31000
注射量（GPPS）/oz	51
螺杆类型	混合
增强比	15.5:1
长径比*L/D*	20:1
体积流动速率峰值/（in^3/s）	44

图8.18　注塑机数据标牌示例

（1oz=28.34g）

品质一致的注塑产品离不开可重复的工艺，而可重复的工艺需要一台具有重复性的注塑机。应避免注塑机带病工作，否则工艺窗口会变得越来越窄，产品会出现报废和PPM不断上升等问题。

如果一套模具需在多台注塑机上进行验证，需要考虑注塑机性能能否满足模具的成型要求。例如，某套模具在两台注塑机上验证，第一阶段速度（填充速度）的设定不得高于两台注塑机所能达到的速度。我们根据注塑机详细情况的记录能够进行快速分析，确定指定注塑机能否完成该项工作。

参考文献

[1] Bozzelli J., Groleau R., and Ward N. “The Machine Audit: A Systematic Evaluation of Injection Molding Machines: How to Tell a Good Machine—Old or New” Antec 1993.
[2] Doyle K., “Know Your Machine” , Plastics Technology, May 2014.
[3] Bozzelli J., “Know the Basics of Machine Evaluation, Part 1” , Plastics Technology, June 2010.

第9章 材料干燥

9.1 概述

在注塑之前去除塑料中的水分对注塑成型很关键。塑料粒子中的水分在高温注塑过程中将变为气体。这些气体包裹在塑料熔体中，随着塑料熔体进入模具，并在熔体泄压后形成气泡，接触模腔表面后便留下料花痕迹。吸湿性材料如ABS、PC、尼龙、TPU、聚酯、纤维素塑料以及PC/ABS都会从环境中吸收水分，因而需要进行干燥处理。

有些非吸湿性材料在加入含填充物和抗冲击改性剂的添加剂后，也需要干燥。还有一种情况是非吸湿性材料被水浸透（例如因房屋漏水造成），在成型前也需要干燥。

材料供应商会推荐吸湿性材料的干燥温度和时间。按照这些要求对材料进行充分干燥处理，注塑成型才能顺利（参看下述干燥要求）。

9.2 干燥的关键

有效的干燥处理需要下列条件：

- 正确的温度
- 干燥的空气（干风）
- 流动空气
- 干燥时间

充分干燥的关键是满足上述四个条件。如果温度要求不满足，即使干燥4h也毫无意义。正常的除湿烘料机可提供−40°F（−40℃）的空气露点。一定的温度能将塑料粒子中的水分蒸出，而低露点的空气能够带走水分，并让更多塑料粒子暴露在热风中。图9.1为一干燥料斗。

图9.1　干燥料斗

干燥不彻底往往都与上述四个关键参数设置不当有关。

9.2.1　温度

干燥温度过低可能是下列原因造成的。

（1）干燥温度设定过低。应按照材料供应商推荐的干燥温度设定烘料机温度。如果温度设定过低，水分难以从塑料颗粒中释放，导致干燥不充分。

（2）烘料机热电偶或者热电阻（RTD）安装位置不当。测量温度应在料斗进风口处进行。如果测量的是料斗出风口处温度，空气接触塑料前会出现温度降。如果控制的是出风口而非进风口温度，那么温度设定必须考虑此温度降。为了提高效率，在干燥器出风口和进风口之间使用隔热风管，可以限制热量损失。

（3）加热器如烧坏会导致烘料机无法达到设定温度。如果烘料机出现低温报警，应检查加热器，必要时更换。

谨记并非温度越高干燥速度就越快。如果材料干燥温度过高，塑料粒子可能会粘在一起甚至熔化，导致结块，无法顺利通过料斗进入料筒。料斗内塑料粒子一旦结块，可能需要数小时的辛苦工作才能清除。

9.2.2 干风

由于水分是通过加热材料释放的，而这些水分必须被尽快带走。吹过干燥料斗的干风能带走塑料中的水分。没有干风，水分子不会散去，塑料就无法干燥。

空气的干燥程度是通过其露点来衡量的，露点是空气中水分凝结成露的温度。露点在−20℉到−40℉（−28.9℃至−40℃）之间的空气才能起到干燥作用。

达不到理想露点的常见原因如下。

（1）干燥剂不合适，干燥剂老化或干燥剂被污染，污染源有塑料粉末或者回流空气中未过滤干净的异物。由于干燥剂会变质，可使用露点测试仪测定使用后能否降低露点。一些烘料机上也配有露点测量仪，或使用手提式测量设备。

（2）对于拥有多张除湿床的干燥机，必须验证每张除湿床内的露点，你可能会发现有的达标了，有的却没达标。这意味着需要一段时间持续监控露点，方法是采购一只图表记录仪连接在露点测量仪上。另一个方法是将数据监控系统与露点测量仪连接，如RJG公司的eDART系统。

（3）回风温度太高。为了获得最佳的干燥效果，回流空气温度应在120～150℉（48.9～65.6℃）之间。干燥温度设定高于180℉（82.2℃）时，回流空气温度偏高，无法获得良好的除湿效果，此时需要采用后置风冷器冷却回风。还要记得回流气管不要隔热，这样空气再回流到干燥机能够自然冷却。

（4）如再生加热器烧坏，无法正常工作，热风露点将升高，无法提供足够热量去除干燥剂中吸收的水分。

（5）应确保干燥管道中无泄漏、无小孔，否则周边环境中的水分会被吸入干燥料斗。

案例分析：用RJG公司的eDART®设备监控干燥机

将露点计的输出端连接到0 ~ 10V模拟输入模块。也可以使用RJG的露点计直接连接到eDART®系统上，这样就无须模拟输入模块。

在要收集温度数据的位置安装热电偶，然后将热电偶连接到RJG的Quad Temp模块上。使用者可以测量料斗进风口温度、干燥机出风口温度，甚至可能是再生加热区的温度。

有了这些信息，就可以借助固定式eDART®设备建立一套全天候露点监控系统了。

检查干燥剂

要验证干燥剂是否仍然有效，请进行以下实验：从干燥剂罐中取出干燥剂，在400°F（204.4℃）的烘箱中干燥2h（放置在适当的容器中）。让干燥剂冷却至室温，然后将一些水倒入装有干燥剂的容器中。如果干燥剂仍有活性，吸湿时会发生剧烈的放热反应（需小心处理！），可观察到有蒸汽溢出，并伴随着温度的显著升高。如果干燥剂没有活性，就没有反应，温度也不会升高。

无活性的干燥剂应及时更换，否则将无法获得理想的露点。

9.2.3 流动空气

空气流动不良可能由下列原因导致：

（1）过滤器堵塞，阻碍了空气流动：干燥机的过滤器必须保持清洁。没有过滤器时禁止使用干燥机，否则会污染干燥剂床，造成露点难以达到。

（2）进气管被弯折时，空气流动会受限。应确认所有管道没有弯折且没有漏孔。

（3）干燥机容量太小，与料斗不匹配：干燥机容量用每分钟通过的气流立方数（CFM）度量。如果干燥机相对于料斗容量不够，将无法提供足够的气流来有效处理所有材料。

（4）鼓风机烧坏就无法提供气流，应时常进行检查。应确认干燥机接线是否正负极接反，导致鼓风机反转。

（5）先进的干燥机在空气流量不足时会报警。不要养成屏蔽设备报警器的坏习惯，报警是在提示存在故障。

9.2.4 干燥时间

干燥时间不足的原因如下：

（1）干燥时间不足就匆忙开机，这是工厂制度问题。工艺人员在开机生产之前必须确定材料干燥时间足够。

（2）料斗中材料即将见底才开始加料。如果料斗中存料过少，会有材料干燥时间不足。这是另一个工厂制度问题。加料人员应及时加料。

（3）材料流动。注塑专家约翰·博泽利（John Bozzelli）做过的多项研究表明，某些干燥机结构会引起材料的所谓“鼠洞式流动”，即料斗中心的粒子比外侧下落得更快。这是料斗结构设计的问题，它会影响塑料粒子在料斗内的存留时间。该现象可以这样重现：在装满料粒的料斗上层再铺一层不同颜色的粒子作为跟踪标记。然后从料斗出口开始放料，观察标记颜色材料流出出料口的时间。

（4）材料供应商提供的干燥时间一般没有考虑材料极度潮湿的情况，如材料放置的开口容器长时间暴露在潮湿环境中。这时就需要延长干燥时间，确保材料充分干燥。

干燥时间过长对一些材料会产生不良影响。容易过度干燥的例子有尼龙这类材料。如果尼龙中水分含量过低，会引起黏度上升（水分在材料中的作用好比塑化剂），而黏度的变化可能导致压力受限，影响型腔填充。有些例子里的材料干燥时间远超推荐值，材料便发生氧化，材料的物理性能遭到破坏。所以一定要尽量避免材料干燥时间过长；降低干燥温度设定既能保持材料的干燥状态，又能避免过度干燥。

■ 9.3 水分分析

注塑生产前可以使用水分分析仪对材料进行含水量检测。常用的水分分析仪有两类，所采用的方法各不相同。

（1）Carl Fischer滴定法　该方法依赖精密的分析设备，配以化学试剂进行分析。此测试方法能提供塑料中的真实含水量。

（2）失重法　该方法使用高精度天平称量材料测试前的重量。测试材料加热后，其中的水分得以蒸发，仪器（图9.2）根据重量损失计算材料中的水分含量。此方法虽然更方便，但却不太准确，因为还有其他物质也会从材料中释放出来，包括材料中的残留单体分子以及低分子量添加剂。

每家注塑厂都应评估选择什么样的水分分析仪更合适。Carl Fisher滴定法能提供更精确的结果，但是成本较高，这是一种实验室里使用的设备，操作和保养都需要特别技能（图9.3）。

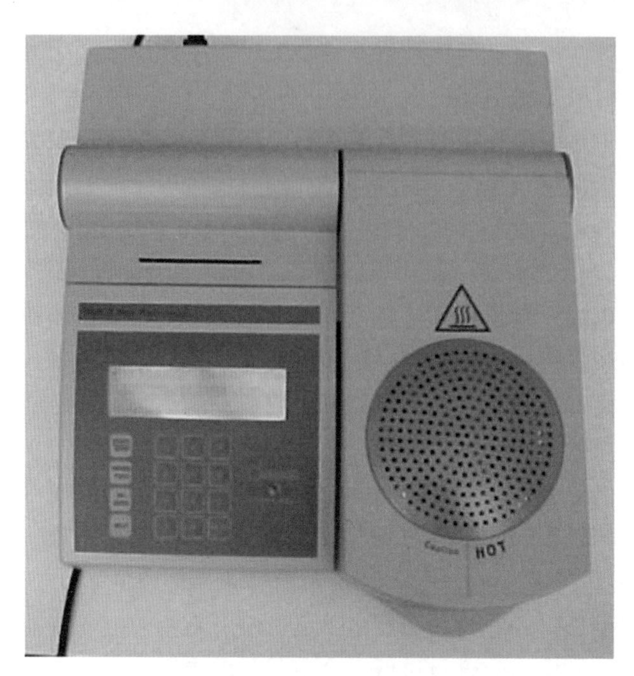

图9.2　失重水分测定仪

SARTORIUS

Mark 3 HP Moisture Analyzer
Control SN: 25753067
Module 1: 25753054
Operator:
Program 2: ABS-Starex MP
UNITS: Moisture
MODE: Standard Start Delay: 9 sec
TEMP1: 130C　　　　TIME1: 8.0
TEMP2: Off　　　　TIME2: Off
SLOPE: 0.010% / 2.5 min actual
STANDBY: 130C EQUILIBRATE: Off
IDEAL WT: 50.0 grams LOCK:Off
Elapsed time: 08:20
RESULT 01/30/2017 10:12 PM
0.009 %M
Initial Weight = 50.1996 grams
Final Weight = 50.1953 grams
Weight Loss = 0.0043 grams

图9.3　水分分析仪的打印输出验证材料是否干燥

9.4 材料输送

塑料干燥后，其状态也会发生变化。一旦干燥的塑料暴露在湿润的空气中，就会像海绵一样开始吸收水分。多数材料只要暴露在含水分的空气中15min以上就会变得湿度过高而无法进行有效注塑。为了避免含水率过高而导致料花出现，应确保在材料输送到注塑机的过程中，尽量避免停留在烘料器之外。有几种不同方法可以达到这个目的。

（1）使用小注射量的单射料斗（见图9.4）这种料斗能保持暴露在外面的材料尽量少。按照一射的料量设定接近开关。

图9.4 单射型料斗

（2）注塑机的下料口上加装干燥料斗（见图9.5）可消除从干燥机到注塑机下料口之间的所有外部材料输送环节。当干燥料斗容积较小时尤其方便。而当容积更大时，换料时料斗的清洁工作并不轻松。

在处理一些吸湿性极大的材料时，材料的储存方式将影响干燥时间。尼龙储存在开放的容器中，并放置在热湿的环境中可能需要10h或者更长时间才能充分干燥，而储存在密封袋子中则只需要2～4h干燥时间。材料输送通道包

图9.5　安装在注塑机上的干燥料斗

装袋开口要尽量小，插入吸料管后要尽量密封，避免与外部空气接触。

将供应商提供的干燥时间作为平均值考虑。当干燥非常潮湿的材料时，要延长干燥时间。

9.5　材料问题

正如第9.1节中提到过的，材料类型对干燥工艺有很大影响。每种材料都有不同的吸湿率、最大含水量以及达到最佳干燥效果所需要的特定温度。

非吸湿性材料中的添加剂也会吸收水分，因此在注塑前也需要干燥。许多矿物填充的聚丙烯（PP）需要2h的干燥，以去除填充物表面的水分。

那些对水分极度敏感的材料允许暴露在潮湿空气中的时间极短。聚氨酯（TPU）是其中最敏感的材料。研究表明，TPU离开烘料斗5min吸收的水分，就足以让它的含水量高得无法进行正常注塑成型。所以应尽量减少材料干燥后在料斗外暴露的时间。

料花并非材料干燥不充分注射后的唯一缺陷。有一些材料在注塑时的含水量过高会发生水解，导致其物理性能下降，产品失效。还有一些材料如TPU或聚酯注射时如含水量过高，就会变黏并且强度下降，因此首先出现的迹象可能是产品粘模，或者在顶出过程中开裂。

当塑料水解时，其分子量将会降低，导致塑料物理性能降低，进而影响注塑件的性能。水解是一个不可逆的过程，一旦材料湿态成型时发生过水解，产品只能丢弃，否则会导致加工和产品性能的缺陷。

参考文献

[1] Bozzelli J., “Bozzelli’ s Guide To Specifying A Dryer”, Plastics Technology, April 2014.

第10章 清料

10.1 清料产生的影响

当更换塑料种类或颜色时，需要清洗料筒。如果料筒清洗不当，会导致持续产生废品。注塑厂应建立更换材料或颜色的正确操作流程。

材料更换不当会导致以下缺陷:

- 色纹
- 污染
- 产品脱层
- 料花
- 黑纹
- 黑点
- 起雾
- 热嘴堵塞

合理安排生产有利于材料更换。一个有益的提示：尽量在固定的注塑机上使用同类同色材料生产。将工艺温度接近的材料安排在同一台机器生产，可减少等待料筒降温时间，也减少了停机时间。另外，如果更换材料颜色，尽量先浅色后深色。图10.1显示了由黑色渐渐过渡到灰色的清料过程。出现了材料降解，说明清料前该注塑机曾停机等待了很久。

10.2 清料流程

以下是简单的清料流程:

（1）停机前确认要用的新材料品种正确，已经干燥待用。

（2）计算剩余射数，并确保材料足够，然后停止旧料供给。

图10.1 清洗降解材料

（3）放净料斗中剩余的塑料。

（4）完成生产数量后，射座后退离开模具。

（5）不断进行储料、注射，将料筒内残料清空。采用较高的注射速度，可以缩短清料时间。

（6）清洗包括料斗在内的所有供料线上的残料。

（7）如有清洗料，此时可以开始供料。按照清洗料的使用指导确定用量、背压以及其他操作。

（8）开启螺杆旋转和前送，将清洗料完全清出料筒。由低到高变更背压和注塑速度，增加清料过程中的搅动效果。

（9）清除所有料斗和供料线中的清洗料。确认所有可能藏料的地方均已清洁，如磁性抽屉的边缘。

（10）向注塑机供新料。

（11）螺杆旋转并前送，用新料清洗料筒。当所有残料颜色消失后，便可以开始注射。

（12）如果使用的是热流道模具，应在正常清料温度上提高30～50℉（16.6～27.7℃），以改善清料效果。并使用热流道专用清洗料来加速分流道清洗。

（13）注塑机喷嘴和机头常存有残料，需要多次射出才能清洗干净。将喷嘴和机头拆下清洗更迅速，不应仅依赖注射清料。

■ 10.3 清洗料

市面上有许多商用清洗料可供选择。有些清洗料靠摩擦作用进行清洗，另一些靠化学反应完成，还有一些是两者结合。经验表明应对它们的性价比进行认真评估。为了评估所使用清洗料的价值，可尝试下列步骤：

（1）按正常程序进行清料操作。记录从使用旧材料生产的最后一个合格品到新材料的第一个合格品所耗费的时间，以及换色操作所消耗的材料。最后记录整个换色过程产生的废品数。

（2）第一步完成后，使用待评估的清洗料，做与第一步同样的工作。记录换料所耗费的时间、清洗料使用量、材料使用量、换料过程产生的废品数。

（3）计算。即使清洗料价格较为昂贵，但也可能降低换料操作的总成本。

由于清洗料并不便宜，故应在熟悉正确的清料程序后恰当使用。否则，可能会导致昂贵清洗料的浪费，同时还会损害清洗料的名声。

第11章 热流道

11.1 热流道的优点

随着技术的发展，近年来热流道的应用日益广泛。热流道具有以下优点：

（1）代替主流道和冷流道，在不允许使用回料的情况下，可以节约材料成本。当然热流道的使用本身会增加前期的模具成本，因此在使用前应论证所节约的成本是否可以抵消增加的热流道费用。

（2）可使用有轻微残料的开放式浇口或阀针浇口进行填充，这样就淘汰了三板模冷流道结构，实现两板模结构。

（3）当产品位于模具中心时，允许浇口位于产品的外侧进胶。

（4）当大尺寸产品上出现汇合线或熔接线时，可以通过热流道的顺序阀来控制塑料的流动，从而控制流动方式和改变熔接线位置。

（5）采用多点热嘴注塑可降低注射压力。

（6）可避免采用较长冷流道造成的压力损失，扩大成型工艺窗口。

11.2 加热器和热电偶

可以把热流道想象成是注塑机喷嘴的延伸。采用热流道的目的是为了保持塑料从喷嘴流至型腔的通道中呈熔融状态。制作热流道的钢件中应正确配置加热器和热电偶，从而维持流道内的熔融塑料处于合适的温度，热电偶是其中最关键的组件。热电偶将测量的组件温度信息发送给温控箱，而温控箱则通过调节加热器的电流，维持所需的设定温度。所以在多数情况下，一旦出现过热或温度异常，热电偶往往是问题发生的根源，而非加热器。加热器就像一盏灯泡，它要么工作，要么就是烧坏了，但有时它看上去在正常工作，却无法升温。如果热电偶松动了，没有牢牢固定在钢板上，它读取的温度可能是环境温度。这将导致温控箱向加热器传输过大的电流，造成过热。当热电偶和加热器未连接到正确的加热区段时，也会发生过热。新型热流道温控箱能够判断加热器和热电偶是否匹配。

11.3 滞留区

对目前大多数热流道来说，流道中的滞留区都不会成为障碍。而热流道中引起产品外观缺陷最频繁的区域往往是热嘴头，其中嘴头形式和隔热帽是主因。另一个需关注的是热流道主浇口孔径大小和热嘴孔径大小；为避免材料滞留，它们的尺寸应该是1∶1的。

11.4 热嘴头

热嘴头的设计总体分三种形式，每种形式又有多个变化。这三种形式分别是低残留浇口（译者注：又称热点式浇口）、直通式浇口（译者注：又称大水口浇口）和阀针浇口。

（1）低残留浇口通常被直接置于产品表面，其残留料头极小。也可以用于热转冷方式，可减少浇口拉丝现象。这种浇口形式会增加注射压力（压力损失大）并会在注塑多种颜色产品时引起色差缺陷。由于浇口的体积和截面积很小，浇口很容易堵塞。

（2）直通式浇口几乎没有滞留区域，一般很少产生换色和变色的问题。但是即使一些新型设计已经考虑到增设隔热间隙，这种大水口浇口也会产生问题。大多数系统都提供了通常所说的换色帽来填满这些间隙。

（3）阀针浇口通常也被直接置于产品表面，产品上几乎看不到残料痕迹。采用多点阀针浇口可以控制开启顺序。由于浇口可以独立关闭，所以可以用来控制流动前沿和熔接线的位置。当阀针浇口换色时，以前的颜色可能会粘在阀针上并被持续地带出。循环打开和关闭阀针能帮助清除旧的材料或颜色。

11.5 流涎、拉丝和主流道粘模

热嘴或主浇道流涎通常是由于缺少冷却或接触散热面造成的。多年来，嘴头设计已经融合了隔热间隙以及与模具接触面最小化的优化措施，以防止热嘴材料冻结和热传导至型腔。但是对于某些材料，增加与模腔的接触表面，加上在热嘴周围排布冷却水路，反而可以防止流涎、拉丝和主流道粘模。

11.6 冻结

在嘴头附近出现塑料冻结通常是由于热量不足或热嘴尺寸过小。对于某些材料，尤其是尼龙类半结晶聚合物，嘴头的温度控制很关键。这就是我们希望嘴头和模芯接触面越小越好的原因。许多热流道供应商使用不同的嘴头设计来增加浇口处的温度控制能力。低残留嘴头有一个尖头嵌件，通常称为分流梭，旨在保持浇口处的温度，防止冻结。此分流梭相对于浇口的位置至关重要，应遵循制造商规范要求。

11.7 热嘴孔径

热嘴孔径取决于所使用的材料、壁厚和热嘴形式。在解决压力不当、浇口残料明显、流涎、冻结和其他引起报废的缺陷时，对采用的热嘴孔径大小应保持开放态度。

为确保所有因素之间的平衡优化，应仔细分析，合理选择热嘴孔径。采用模流分析软件可以预测塑料熔体的填充、保压情况，从而优化浇口设计。也可向材料供应商和热流道制造商咨询有关热嘴孔径的建议。

案例分析

这是一个产品表面出现料花缺陷而报废的案例，最后通过调整热嘴孔径解决了问题。该产品上有四个低残留热嘴，热嘴中心都配有分流梭。许多人只考虑到热嘴孔径，而忽略了分流梭占据的空间。本案例中的热嘴孔径为0.050in（1.27mm），热嘴中央的分流梭直径为0.025in（0.0635mm）。分流梭头部占据了热嘴孔25%的截面积和体积。为了得到合格产品，我们必须提高注射速度，但却难以避免料花的出现。考虑到分流梭占据的截面积，我们将孔径增加至0.060in（1.52mm），截面积和体积则增加了55%。这样我们便有了调整注射速度的空间，成功地消除了因剪切引起的料花缺陷。

11.8 漏料

热流道漏料是导致模具无法使用的一个主要因素。为了减少热流道漏料问题的发生，一个重大的改进是将热嘴通过螺纹与分流板连接，而不仅仅依靠堆叠高度、密封圈和模板上的螺栓将热流道固定在一起。一些模具厂家曾抱怨说，维护保养中，要拆下热嘴相当困难。螺纹磨损和其他次生问题也相当棘手。改进的螺纹设计和涂层舒缓了模具制造商的担忧。因此，从热流道的大方向来看，这些措施对于模具维护来说还是向好的。

多年来观察到的另一漏料原因是模板的支撑问题，近来并不常见。如果模板因安装热流道避空的区域过多，型腔压力就会导致模板变形，从而导致漏料。

11.9 区段和接线

热流道通常用数字标识区段，各区段由加热器和热电偶独立控制。每个区段的电缆应加上标注，这样排除缺陷时更为方便，尤其是涉及多区段时，无须排查接线是否正确。热流道接线示意图应设置在模具的操作侧，显示每个区段、位置和加热器功率。

电源插头和热电偶插头的连接方式也应按区段标识。例如，1区的加热器引线应连接到1区的电源插头上，而热电偶也应连接到1区的热电偶插头上。从加热器上引出的两根电线是相同的，但在热电偶上却不同。热电偶有正极和负极，必须正确连接到插头上，否则无法正常工作。与汽车中的电池类似，虽然并不复杂，但如果接反了就无法工作。此外，热电偶有不同类型，带有红白线的J型热电偶最常见。正极线带磁性，典型的J型热电偶白线是正极，红线是负极。如果搞不清哪根是正极线，用磁铁就可确定。应确保热流道控制器使用合适的热电偶。使用热电偶时，应谨慎添加延长线，除非有足够的经验和正确的方法。对于加热器和热电偶，任何延长连接线都必须绝缘。

11.10 热流道缺陷排除

从注塑机上卸下模具进行维修之前，可采取一些措施排除热流道缺陷。首先可尝试更换电缆和温控箱。多年经验表明，温控箱或电缆通常是问题的根源。此外，出现缺陷时，温控箱显示某个区段已达到设定温度，事实可能未必如此。也要检查线缆插头中的插针，常常插头是插在插座里，但插针并未完全接触。

用高温计测量热嘴和流道内的温度，高温计可配直径为0.040～0.060in、带护套的热电偶。对于阀针浇口，回退阀针，将热电偶伸入热嘴的内部流道里（注意：应采取安全预防措施，包括佩戴面罩，移开注射单元，防止测量时熔料从嘴头喷出）。应确保探测头接触到热流道内部的钢件，并在钢体上来回移动，获取精确温度读数。如果探针只在热嘴熔融塑料内测温，读数可能不准，因为熔料会包裹在探头表层，影响读数精度。如果发现热电偶测出的温度不准确，可以选择大多数温控箱都提供的功率百分比进行调节。假如需要匹配某个功率相同的加热器区段，可以通过功率百分比进行调节，直到与匹配区段的电流（安培）输出相同。还需要考虑的是，当注塑产品时，电流输出会发生变动，因为高温塑料通过热流道内部时会释放热量，因而减少电流需求，加热器不必满负荷工作。如果某区段的温度高于温控箱的设定温度，很有可能是热电偶出了问题。如热电偶松动或没有与热流道或热嘴的钢体紧密接触，它读取的仅为空气温度，于是温控箱上的显示温度比实际热流道温度低，接着温控箱会加大供给加热器电流，使得实际温度远高于温控箱上的设定温度。

无论其质量如何，加热器在大多数情况下好像一只灯泡。但在极少数电线线股断裂受损的情况下，加热器便无法满足升温到设定温度所需要的电流。可以使用万用表的欧姆挡来检查加热器的功能是否正常。如果已知加热器的电压和功率，就可以计算加热器的电阻值。用电压的平方除以功率就得到电阻值。例如，如果有一只1000W、240V的加热器，其电阻值应为57.6Ω（即240×240/1000）。

热流道系统里如果出现渗水会有很多麻烦。如今的大多数热流道设计都不会因渗水引起加热器的重大故障，同样情况下旧式加热器可能已经烧毁。如今大多数只需排出渗水，并吹干系统，就可以重新运行了。反映系统渗水的一个迹象是某几个区段的温度难以达到设定温度。

第12章 型腔平衡

型腔平衡度是衡量多型腔模具填充均衡性的指标。图12.1为一副一模八腔模具中有四腔填充不平衡的状况。图12.2为模流分析软件Moldflow预测的填充模式。在成型过程的所有阶段（填充、保压、冷却）中，所有型腔都应有相同的工艺条件。许多缺陷与型腔不平衡直接相关，它们包括:

- 短射
- 飞边
- 缩印
- 烧焦
- 空洞
- 尺寸偏差
- 翘曲
- 粘模
- 光泽不均

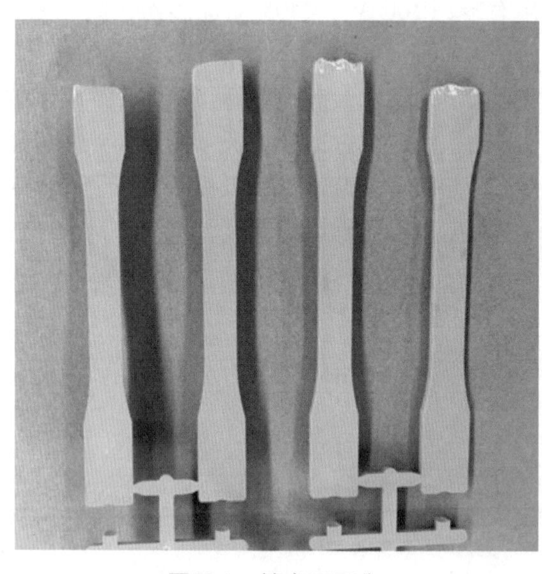

图12.1 填充不平衡

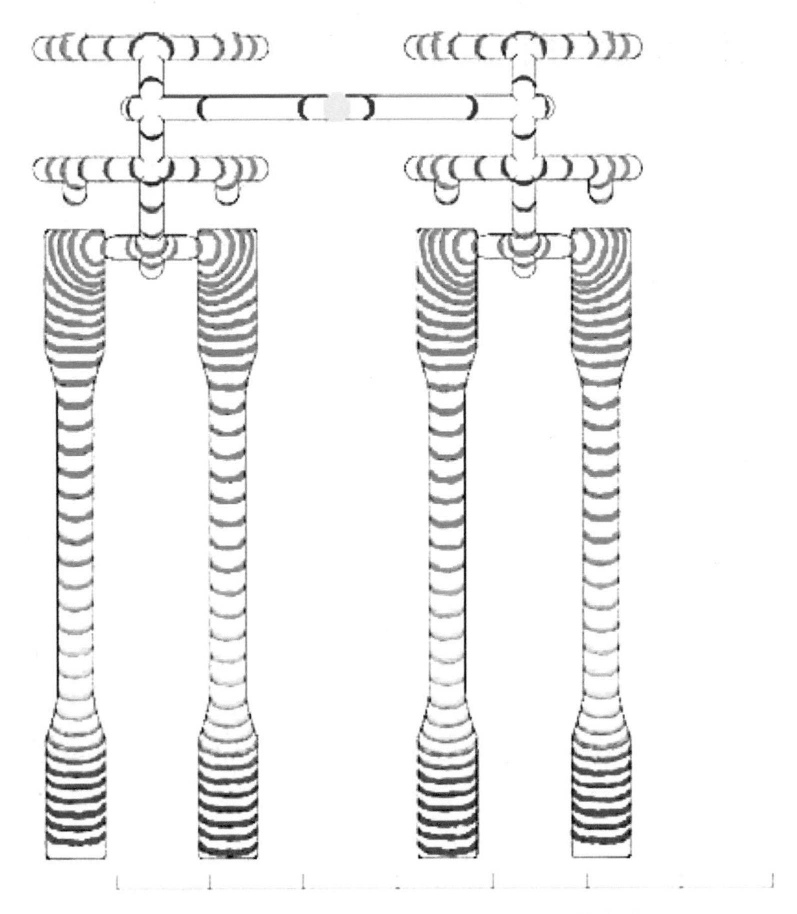

图12.2　图12.1中拉伸样条Moldflow填充等值线图

单腔模具生产成本较高。只要废料没有多得让人望而却步，多腔模具通常有较大的成本优势。

在模具设计过程中，应确保多腔模具中每个型腔都经历相同的工艺条件。如果某型腔的填充滞后于其他型腔，则该型腔内塑料经历的工艺条件就会发生变化，从而会生产出不同的产品。这里的相同可进一步延伸到每个型腔内的所有注塑条件（填充、补缩、保压、浇口冻结、剪切、冷却等）。

所有型腔必须保证下列条件相同：

- 流动长度
- 流道直径
- 剪切
- 冷却
- 排气
- 锁模力

12.1 流动长度

流道平衡对于任何多型腔模具都必不可缺。在传统的流道系统中，材料从注塑机喷嘴到每个型腔的线性流动长度相同。到达每个型腔的流动长度都应刻意设计成完全相同的。图12.3所示为一套传统八腔模具的流道系统。虽然到达每个腔的流动长度相等，但填充仍不平衡（见第12.3节）。

12.2 流道直径

与流动长度一样，当塑料熔体从主流道流到每个型腔时，流道的直径也应相同。鱼骨式流道系统中，流道直径会根据离入口的距离长短进行调整。这种流道布置方法肯定会造成型腔中工艺条件的不同。

通过调整流道直径来解决不平衡会引起其他问题。一旦流道直径发生变化，整个流动路径的状况都会发生变化，从而导致压力降、剪切速率和冷却效果发生变化。这些差异将导致型腔填充速率、型腔压力和型腔冷却的差异。应确保所有流动路径都具有相同的流道直径。

12.3 剪切

即使流道系统在流动长度和直径上都取得了自然平衡，具有8腔或更多腔数的模具仍有可能填充不平衡。关于导致这种不平衡的原因，在注塑行业从业多年的人士可能听过各种各样的解释。8腔模具的4个内侧型腔通常会比4个外侧型腔填充更快。这种结果往往被归咎于模板中心区域变形、模具中心附近的熔体或模具温度较高或注塑机模板变形以及其他原因。

20世纪90年代初期，约翰·博蒙特（John Beaumont）揭示了多腔模不平衡的根本原因[1]。他通过试验认识到，由于塑料熔体在流道中是分层流动（见图12.4），熔体中的高剪切层会流向模具的特定区域。约翰·博蒙特先生成立的博蒙特公司解开了模具填充博蒙特效应的背后之谜。他们还开发了一项名为MeltFlipper®的专利技术。MeltFlipper®技术的基本前提是在熔体流通过流道系统时应进行翻转，从而使高剪切材料和低剪切材料均匀分布到所有型腔。有关

MeltFlipper®的更多信息，请联系博蒙特公司（Beaumont Inc.）[2]。关于剪切不平衡的精确解释可以在汉斯出版社（Hanser）出版的约翰·博蒙特所著的《流道和浇口设计手册》（Runner and Gating Design Handbook）一书中找到。

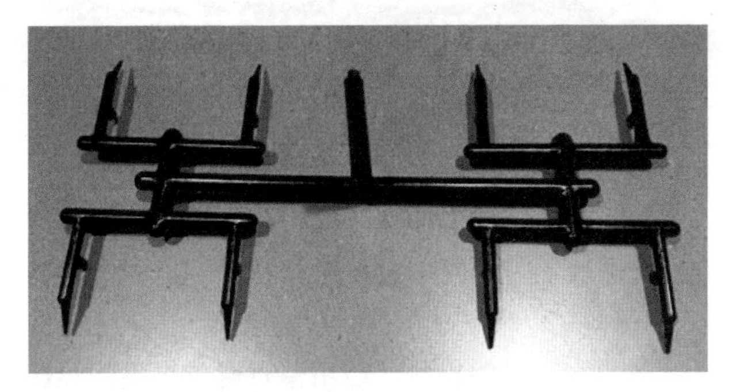

图12.3 传统的8腔流道导致填充不平衡

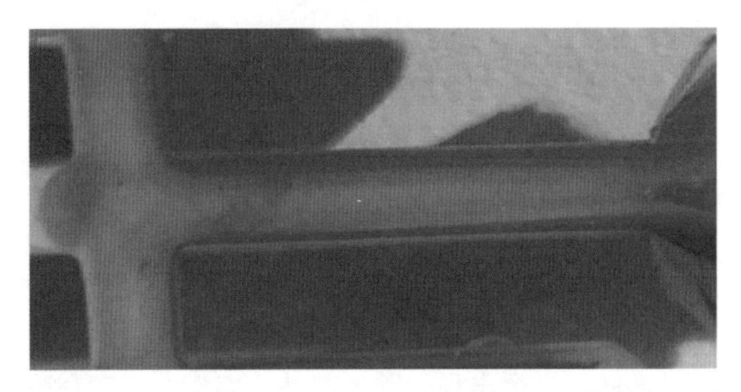

图12.4 一个8腔流道系统，注意深色示踪物的分层流动

有许多实验性的流道设计都试图解决剪切不平衡的问题。如果模具有足够空间，轮辐状流道排布（图12.5）是防止剪切不平衡的绝佳选择。图12.6是一

图12.5 8腔模具的轮辐状流道排布

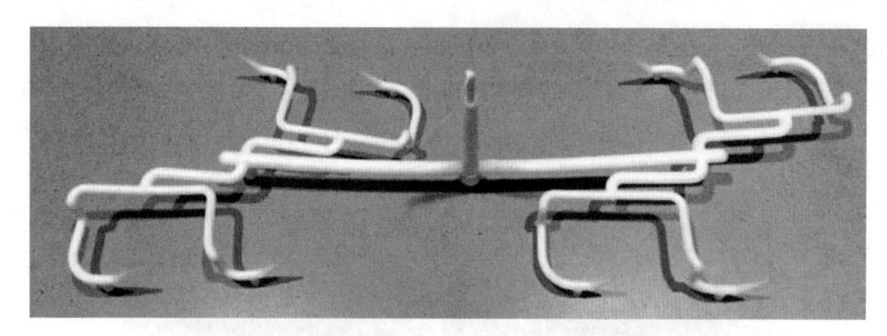

图12.6 最小化剪切诱导的填充失衡尝试未果

个尝试消除8腔模具上剪切差异的失败案例。

改善填充不平衡的另一种方式是采用热流道系统，该系统允许分组管理模腔。换句话说，对于一副8腔模具，使用带有两个热嘴的热流道，将模具型腔分成独立的两组，每组4个型腔。有证据表明热流道仍会出现剪切不平衡问题，但一般不严重。

12.4 冷却

如果模具缺乏有效冷却，型腔温度可能会出现差异。而模具冷却水路如存在不一致，随时间推移同样会出现问题。此外，如果水路存在跳接现象，型腔温度的变化也会导致产品差异。因此，确保模具每次注塑过程中冷却一致非常重要，这可通过合理布局水路堵头和调整进出水温度轻易完成。应该为每个模具配全水路图，并且成为每次模具生产的标准。应及时更换流量过低的流量仪，它会导致水流不足，无法提供足够的冷却。

可使用测温仪和表面探针测量型腔表面温度，同时比对型腔间是否存在冷却差异。验证冷却效果是否一致的另一方法是用热成像仪拍摄照片，检查产品顶出后的表面温度。

有效冷却的一些经验法则：

（1）从模具中心进水，这里是塑料熔体通过主流道进入模具的位置，也是热负荷最大的区域。

（2）模具表面温差应控制在10°F（5.5℃）❶或更小范围内。在工艺开发过

❶【译者注】摄氏温度和华氏温度的换算关系为：摄氏度（℃）=（华氏度（°F）−32）÷1.8
而温差的换算关系为：摄氏温差（℃）=华氏温差（℃）÷1.8
例如：−40°F换算成摄氏温度：[（−40°F）−32]÷1.8=−40℃
10°F温差=10°F÷1.8=5.5℃

程中记录表面温度的分布情况，供将来缺陷排除用。

（3）所有回路进水和出水温度之间的差值最大不应超过4℉（2.2℃）[3]。如果温差过大，则应缩短冷却回路，或者采用容量更大的水泵来增加水流量。

12.5　排气

所有型腔的排气槽必须一致，以确保它们的排气条件相同。如果某型腔的排气差于其他型腔，那该型腔更容易出现烧焦或短射缺陷。此外，还要检查流道排气状况，确保它们都完全相同。有关排气的具体细节，请参见第七章。

12.6　锁模力

如果锁模力在模具上分布不均衡，模具各处的排气也难以均匀。造成锁模力不均的原因有：模具支撑不足、注塑机模板变形、模板平行度差甚至是模板生锈等。要解决这些问题离不开稳健的模具设计方案和充分的模具保养。

12.7　多型腔平衡测试

多型腔平衡测试的操作并不难。只需先进行仅填充注射，让填充最快的型腔稍有短射，然后对所有型腔的产品进行称重，确定最重和最轻产品的型腔号。型腔填充不平衡度可由以下公式计算：

$$\text{不平衡度}=\frac{\text{型腔最大重量}-\text{型腔最小重量}}{\text{型腔最大重量}}\times 100\% \tag{12.1}$$

根据对不同成型产品要求的差异，型腔填充不平衡的行业标准应小于3%～5%。如果型腔不平衡度高于3%～5%，则必须进行处理，这样所有型腔才能生产出一致的产品。图12.7是型腔平衡度测试的表格。

型腔平衡也取决于各个型腔是否完全相同。如果型腔的加工存在壁厚或者其他差异，模具也会产生不平衡。此外，家族模具天生就不平衡，它会增加成型过程中几乎所有挑战，应当尽量避免使用。

型腔号	型腔重量	平衡度/%
1	112	97.4
2	114	99.1
3	114	99.1
4	115	100.0

型腔不平衡度：	2.6%

$$\frac{\text{型腔最大重量}-\text{型腔最小重量}}{\text{型腔最大重量}}\times 100\%$$

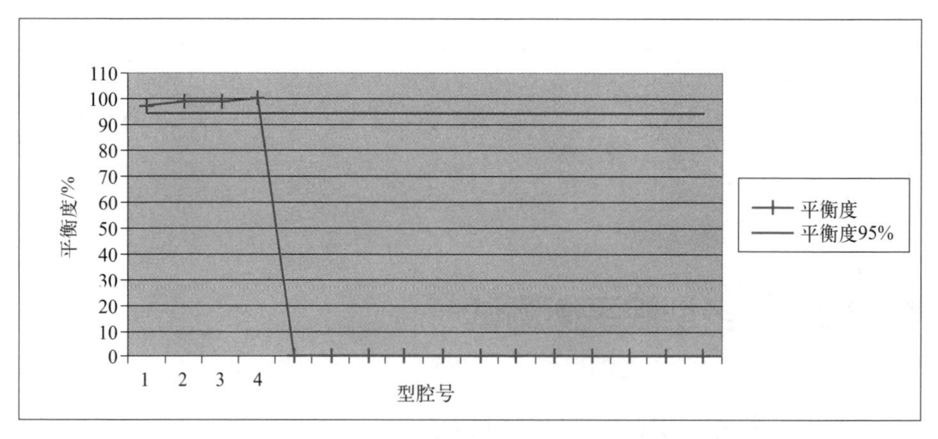

图12.7 型腔平衡记录表

■ 12.8 人为的平衡

当模具出现型腔不平衡时，首先要解决不平衡问题，使所有型腔都处于相同的工艺条件下。人们时常会尝试一些头痛医头的手段，例如调整浇口尺寸或修改热嘴温度，试图让模具填充取得平衡。然而，通过这些调整，仅注射阶段貌似取得了“平衡”，但型腔压力和浇口冻结却又出现了差异，于是各型腔的产品还是有所不同。

案例分析：浇口锥度的不平衡

对于潜伏浇口和牛角浇口设计来说，很重要的一点是导向开口处锥形部分的容积和锥度。如果各型腔浇口的锥度不一致，注射压力会产生变化并导致填充不平衡。相关的一个案例是一副两腔潜浇口模具。该模具有一左一右两个产品，它们呈完全镜像，因此型腔尺寸没有差异，但产品却明显出现了不平衡。尽管短射型腔的浇口孔径和另一个型腔相同，现在还是被人为扩大了（注意浇口尺寸应完全相同）。浇口孔径扩大后，浇口处的材料容积增加了 50%，产品仍然不平衡。很显然方向不对！通过仔细检查发现，潜伏浇口的锥度两腔略有不同，不细看很难察觉。加大短射型腔浇口处的锥度和另一腔相同，立刻出现了巨大变化！短射型腔现在竟然比另一型腔填充更快。

对于 D 型潜伏式浇口，流动限制方程没有考虑浇口锥度，因为没有像标准潜伏式浇口那样逐渐变细的锥度。

在多腔模具的型腔中安装压力传感器，可以更好地了解整个注塑过程对型腔不平衡和塑料熔体所经历的温度、压力等条件差异的影响。我们的目标是希望看到型腔注射时间、峰值压力和压力积分等参数具有一致性。

家族模具是具有不同尺寸、形状和体积型腔的模具。常有客户为了节省成本，喜欢将不同的型腔混在同一套模具中。这种混装的家族模具会导致型腔不平衡。如果型腔填充体积不同，其注射时间就不同，每个型腔中塑料熔体所经受的温度、压力等工艺条件也必然不同。

即使用模流分析软件尝试为所有型腔建立均匀填充条件，家族模具也总是不平衡的。即使所有型腔的注射时间相同，填充速率、浇口冻结时间和冷却仍然会产生差异。

最好的解决方案是避免使用家族模具。如果无法避免，应该懂得工艺窗口将受到严重制约。可以预见各型腔间的产品尺寸会出现差异，在某些型腔出现短射时，其他型腔则出现飞边。家族模具永远是成本和质量之间的折中方法，长远来看，最终成本可能会高于最初节省的模具成本。

参考文献

[1] Beaumont J. “Runner and Gating Design Handbook”, 2nd Ed., (2007) Hanser, Munich.
[2] Beaumont Technologies Inc. 1524 E.10th st. Erie, PA 16511 Tel (814)899-6390 http://www.beaumontinc.com.
[3] RJG Inc. Master Molder Manual.

第13章 型腔监控设备

型腔监控设备是一种应用于注塑成型的先进装置，组件中通常包括压力传感器和温度传感器。本章将介绍型腔监控设备的基础概念。本书中许多案例应用了来自型腔监控设备的数据。如果想对该类设备有一个完整的理解，可以考虑学习科学注塑和注塑监控设备的专业课程。

13.1 型腔压力技术

20世纪60年代，罗德·格罗里奥（Rod Groleau）进行了一系列关于型腔压力的研究并发表了题为“注塑件尺寸控制报告”的论文。1969年，格罗里奥与他人共同创立了工艺控制有限公司（Control Process Inc.），生产业内首款应变片式型腔压力传感器及监测系统。1989年，格罗里奥创立了RJG科技公司，开始为注塑模具行业供应型腔压力传感器和监控设备[1]。

型腔压力传感器在模具行业掀起了一场革命。通过型腔监控设备可以了解模具内部发生的状态变化。如果没有型腔监控设备就无法了解注塑机参数设定与实际产品质量之间的关系，而型腔压力传感器填补了这一空白。一直以来模具就像一个封闭的“黑匣子”，有了监控设备人们就可以了解匣子里面究竟发生了什么。

多年来，型腔压力监控技术走过了漫长的发展道路。很难想象，不久之前将数据储存在纸带上还是项时髦的技术。随着技术的发展，以计算机为基础的检测系统出现了，但它需要使用前的仔细校准和对设备的深入了解才能正确设置。目前的监测设备采用了自动校准和即插即用的智能传感器，使型腔压力监测变得易如反掌。

图13.1是一只压力传感器。传感器有着不同的负载等级、电缆长度和工作原理，包括应变片式和压电式。

图13.1　RJG纽扣式型腔压力传感器

型腔压力传感器通常安装在顶针底部，型腔压力通过顶针传递到传感器。另一种方法是在型腔表面安装压力传感器，这两种情况都可以通过传感器读取模腔内熔体的压力数据。如果安装传感器的顶针较长且周围支撑不足，顶针受压弯曲会导致保压结束后，型腔压力仍有小幅上升（这也可以作为模具变形的指征）。

在网络上可以搜索出各式各样的型腔压力传感器生产商，他们有RJG、Priamus和Kistler等。必须在模具加工前确定传感器品牌、型号和尺寸。

通过型腔压力监控设备可以获取模具内部的信息，包括：

- 全周期型腔压力
- 实际注射时间
- 塑料填充速率
- 型腔平衡度
- 材料黏度波动
- 浇口冻结
- 补缩速率
- 型腔压力损失
- 冷却速率
- 模具或锁模板变形
- 阀针浇口控制

- 工艺切换
- 注塑机性能

通过收集每一模的上述数据并设置报警条件，在产品脱模前就能判断产品的质量是否合格。图13.2为来自RJG公司eDART监控系统中的数据。其中的曲线显示了注塑机系统压力、螺杆位置和型腔压力。

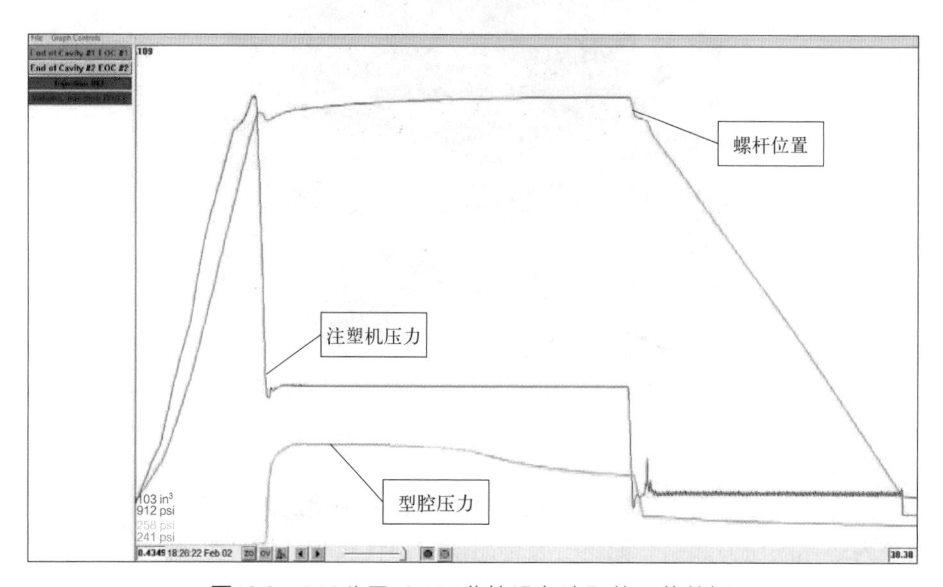

图13.2 RJG公司eDART监控设备读取的工艺数据

阅读压力曲线的注意点如下：

（1）从左往右看数据，注射开始位置在左下角。

（2）时间沿水平轴从左到右递增。

（3）纵轴位移因传感器类型而异，其数值可能是压力、螺杆位置、温度或者采集的其他数据，同样左下角是数据的零点。

（4）左上角颜色代码说明了曲线的颜色代表的参数。

（5）在图13.2中，注射阶段压力从零爬升到切换压力。而在设定的保压时间段内，保压压力呈现出图中平坦的直线。

（6）屏幕右下角那条水平的注塑机压力曲线，代表螺杆处于计量阶段。

（7）注塑机压力和螺杆位移在注塑周期开始就一路攀升，而型腔压力从切换位置才开始上升。这表明该型腔压力传感器位于填充的末端；如果它位于浇口附近，压力在注射阶段就会上升。

型腔压力传感器通常位于浇口区域内（近浇口）或尽可能接近填充末端（填充末端）。就工艺监测而言，填充末端的传感器采集的数据反映了整个工艺过程以及型腔是否填充完毕的信息。而工艺控制则利用近浇口处的传感器信号确定从补缩到保压的切换点。有了近浇口处和填充末端传感器，我们可以得到整个型腔塑料压力变化的准确图像。以下是传感器可以提供的一些关键信息：

（1）近浇口传感器显示了从动态注射压力到静态保压压力切换过程中存在一个明显的波峰（见图13.3）。图中两条较高压力的型腔曲线是近浇口传感器（见标注）。注意它们是如何在周期的早期开始上升，并在压力切换时改变斜率。斜率的变化点表明了填满型腔和到达型腔压力峰值的位置。

（2）近浇口传感器为判断浇口是否冻结提供了有效信息。如果浇口已经冻结，补缩进型腔的塑料熔体产生的压力将持续传递至传感器，直到保压结束。如果浇口尚未冻结，塑料熔体将通过浇口回流。而一旦撤掉保压，型腔压力会急剧下降。在图13.3中，当保压结束时，浇口传感器曲线立即下降。这说明浇口并未完全冻结。用近浇口传感器确定浇口冻结时间，只需要适当增加保压时间，直到近浇口型腔压力传感器曲线斜率不再发生变化为止。这种方法比传统浇口冻结实验更便捷，后者是通过测量产品重量来确定保压时间的。

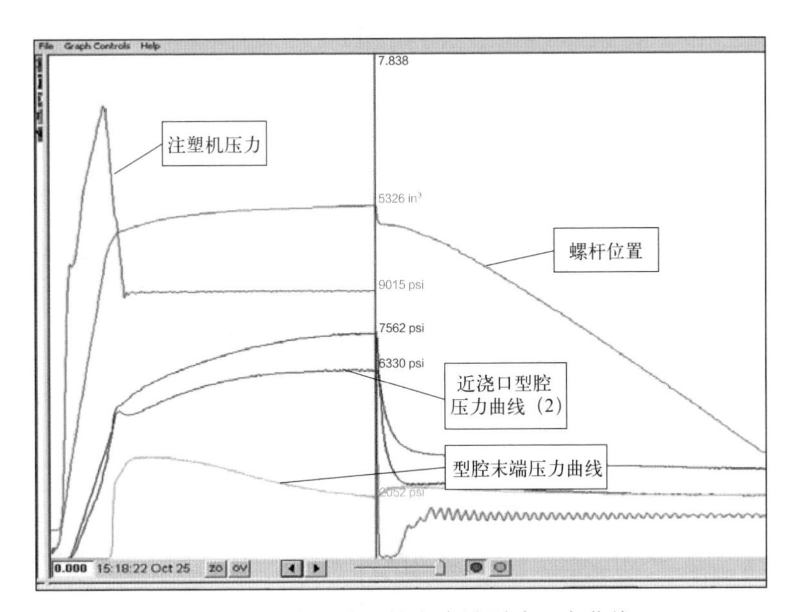

图13.3　近浇口端和填充末端型腔压力曲线

（3）近浇口传感器精准测量了流道系统和浇口引起的压力损失，注射压力和近浇口端压力的差异便是流道上的所有压力损失。

（4）填充末端传感器给出了整个流动过程的压力降，即从注塑机到填充末端的压力降，见图13.4。

（5）从近浇口端压力上升点到填充末端压力上升点之间的时间就是型腔填

充的真实时间，也是塑料熔体流经型腔的真实时间。

（6）型腔压力的峰值点显示了塑料开始补缩的时间点。注意在图13.3中，近浇口传感器的值在整个保压阶段持续上升，然而末端传感器在切换后就出现压力峰值了。这显示了型腔补缩压力过大可能会导致模具变形。另外，该特定模具在整个注塑周期中自始至终有两个热嘴是处于开放状态的。

（7）通过型腔压力曲线上升的斜率，我们可以了解型腔的补缩速率。压力上升越慢，补缩速率就越小。

（8）型腔压力达到峰值后便开始下降，压力曲线下降的斜率反映了塑料冷却速率的指标，塑料在模具中冷却和收缩是压力下降的原因。压力下降越快，冷却速率越快。

（9）多腔模具中的传感器可以帮助我们了解型腔间的平衡状态，包括每个

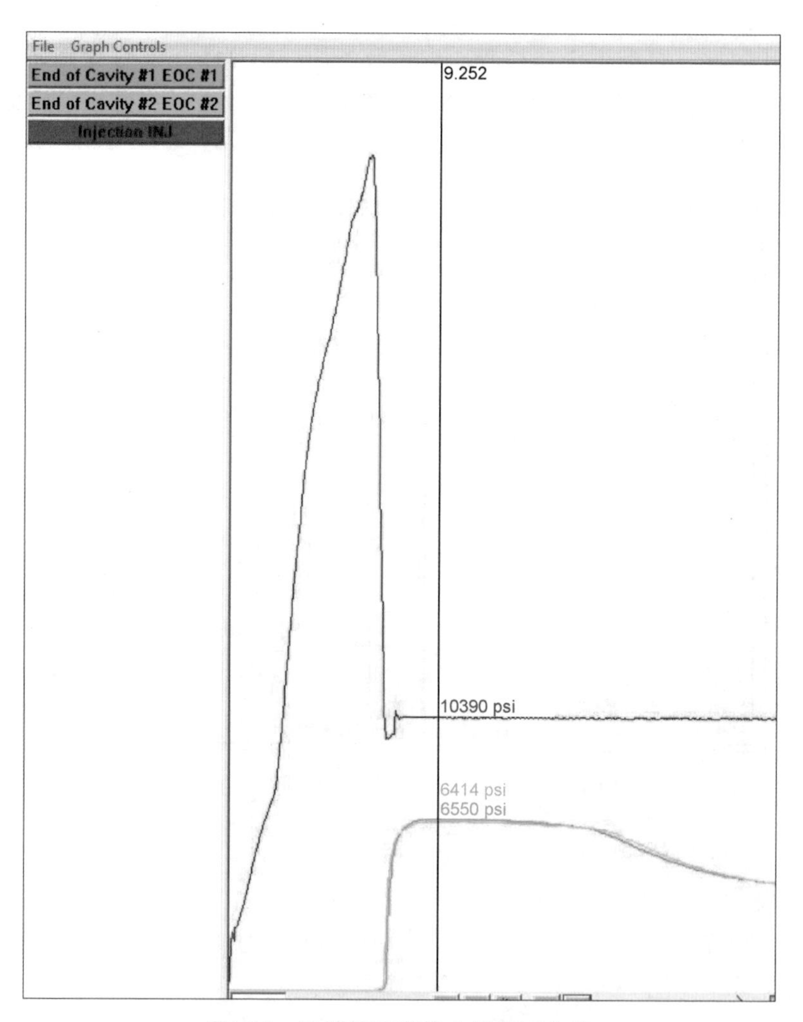

图13.4 注塑机和型腔末端的压力降

型腔工艺平衡状态，而不局限于型腔平衡测试中的填充平衡。

在图13.4中，注塑机注射压力（10390psi）和两个填充末端传感器（6550psi和6414psi）之间的压力降很容易确定。如果没有型腔压力传感器，这些数据将无法获得。这里还有一点方便的是可以看出两个型腔末端的填充、补缩和冷却都完全一致。根据数据，我们很容易确定从注塑机喷嘴到型腔末端大约有4000psi的压力降。

通过型腔监控系统也很容易发现工艺上存在的问题，图13.5显示的工艺中，由于螺杆熔料不良，造成塑化时间增加。而下一模即恢复了正常，只是型腔末端压力发生了一些变化。对此可以设立警报范围，一旦工艺超出设定的窗口便进行自动分拣。图13.5显示了三只型腔压力传感器：两只在型腔末端，一只在浇口附近。

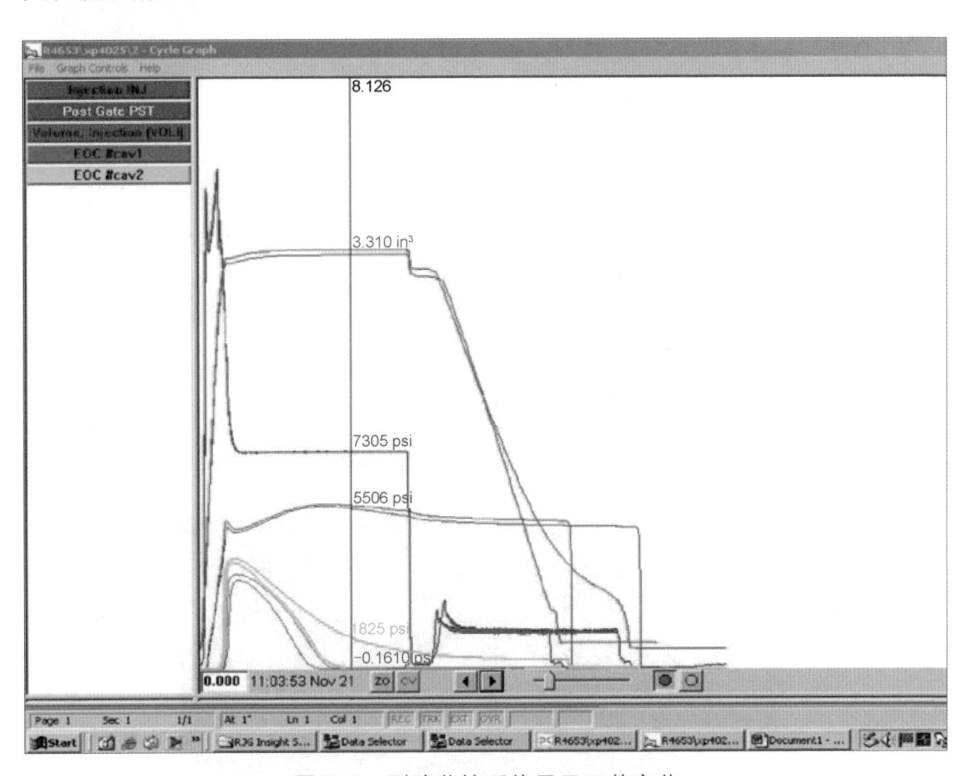

图13.5 型腔监控系统显示工艺变化

使用工艺监控器很容易发现工艺上发生的变化。图13.6中注射速度发生了变化，在所有的曲线上都观察到这个变化。当然这种变化在注塑机上也很容易观察到，但在工艺监控器上除了能检测到变化和它对型腔压力的影响，还能清楚地记录变化发生的准确时间（有助于减少“我不知道是谁做了更改”这种借口）。

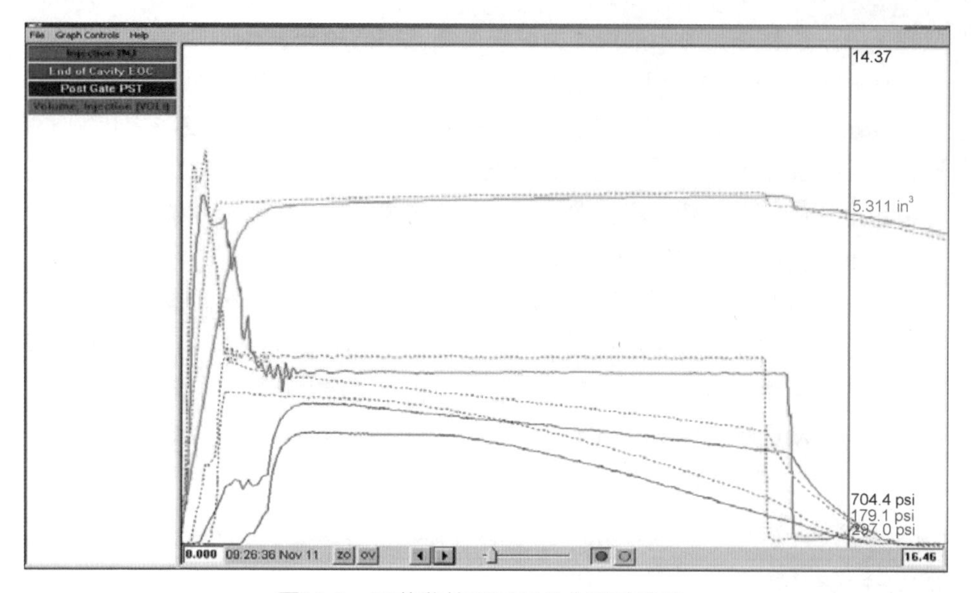

图13.6　工艺监控器显示注射速度变化

■ 13.2　型腔热电偶

热电偶是另一种采集型腔温度数据的手段，通常设置于模具表面的非A级区域。它们会布置在型腔表面，直接接触产品并留有痕迹，这在产品的动模侧表面通常不成问题。图13.7为直径1.5mm的模内热电偶。

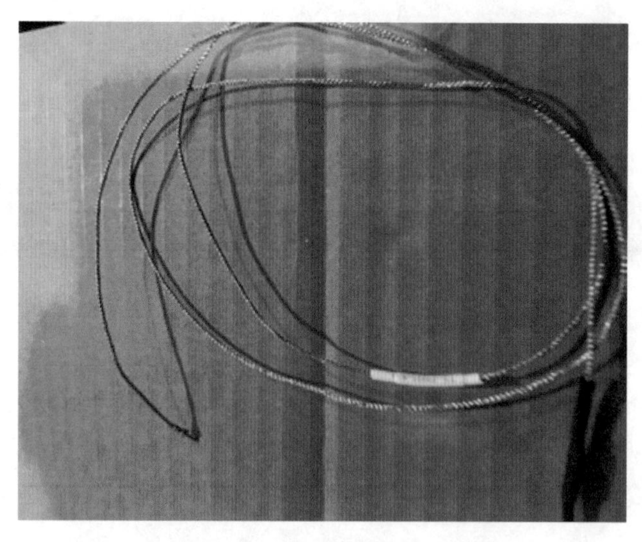

图13.7　直径1.5mm的模内热电偶

从型腔热电偶获得的数据不如型腔压力数据那么详细。热电偶能提供的数据有:

（1）模具型腔的实际温度;

（2）填充到热电偶位置的实际时间;

（3）熔体温度或冷却速率的变化。

型腔热电偶的优点是响应速度极快，因此在设置阀针浇口的开闭控制时非常有用。通过在型腔中布置足够的热电偶，可以对顺序控制阀针浇口实现非常精准的控制，也就是只有当塑料熔体流到型腔的特定位置，阀针浇口才会开启。设备可以基于给定热电偶温度上升之后设置延时开启，这是一种重复性用于设置顺序阀针浇口开启的方法。

图 13.8 中显示了各种传感器的工艺数据，包括型腔温度、型腔压力、注塑机压力和螺杆位置。注意模具温度曲线在塑料熔体接触到热电偶之前一直为水平线。一旦塑料熔体接触热电偶，温度便迅速上升。在本案例中，由于温度在实现切换后立刻上升，热电偶应该非常接近型腔末端。用这种方法很容易检测短射，因为如果型腔末端热电偶没有检测到温度上升，则说明没有塑料熔体到达，因此出现了短射。

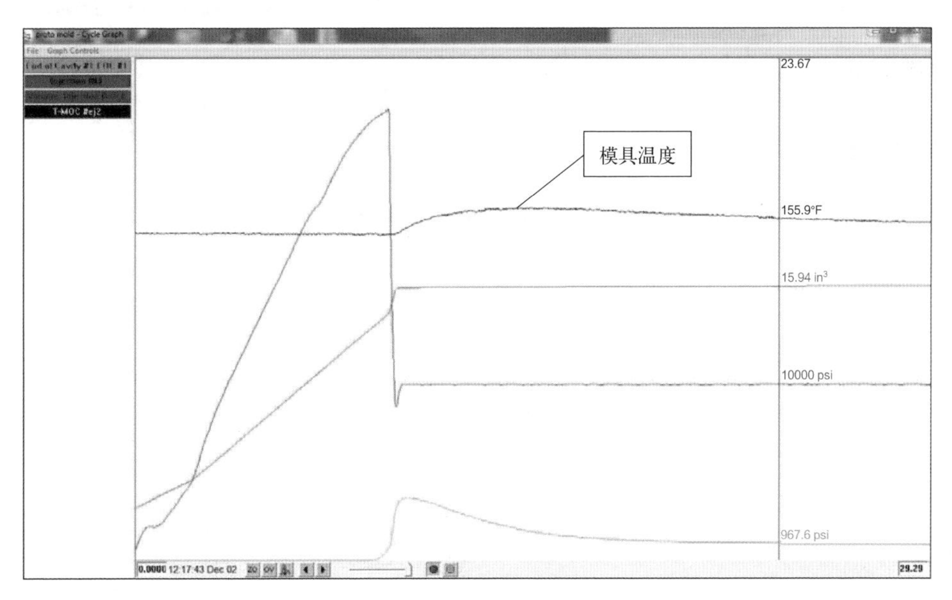

图13.8 工艺监测数据显示型腔温度、型腔压力、注塑机压力和螺杆位置

图 13.9 描述了热电偶的一种不常见的应用。在此特殊情况下，热流道分流板的不同部位都安装了热电偶，用来测量整块分流板的温度变化。首先发现的是，尽管所有热流道区段温度都设置在 510℉（266℃），但是光标处的实际温度变化范围却为 483 ～ 522℉（251 ～ 272℃）。另外还注意到每条曲线随着时

间都存在大幅波动。在本案例中，产品的某个区域发现了烧焦和料花缺陷。热电偶安装后便检测到了温度的大幅波动。模具运行时个别特定区段的温度变化甚至超过了200°F（111℃）。这个异常的发现表明实际温度变化与热流道控制器上的读数毫无关联，但与烧焦和料花引起的报废却息息相关。更热流道控制器后，问题便得到了解决。如果没利用工艺监控设备，这个问题很难得到解决，因为没有人会怀疑热流道控制器出了问题。

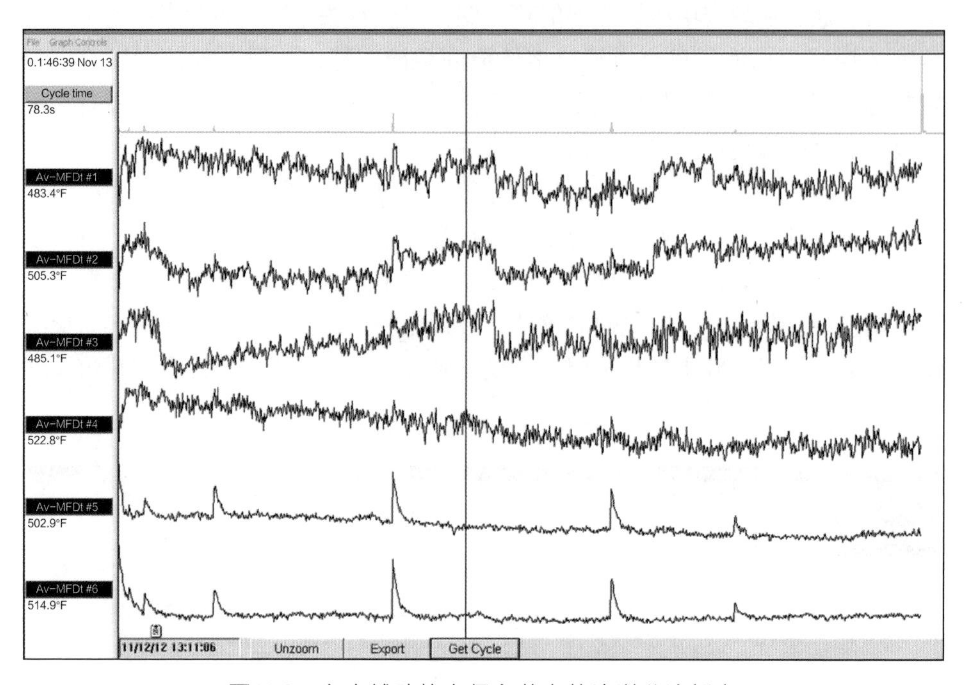

图13.9 六个辅助热电偶安装在热流道分流板上

另一个可从模内热电偶获得的有用数据是模具的实际温度。如果模具内没有安装热电偶，检查模具温度最好的方法是停机，用高温计检查模腔表面温度。但一旦注塑机停下，模具的实际温度就开始下降。有了热电偶，可以随时测量模具的真实温度，同时确定各模次的温度稳定性（图13.10是20模次内出现的温度上升）。

■ 13.3 工艺档案

使用工艺监控系统的一大好处是它能够记录并永久保存所有模次的工艺数据。当现场出现故障或者产品缺陷时，用这些数据进行回顾是大有裨益

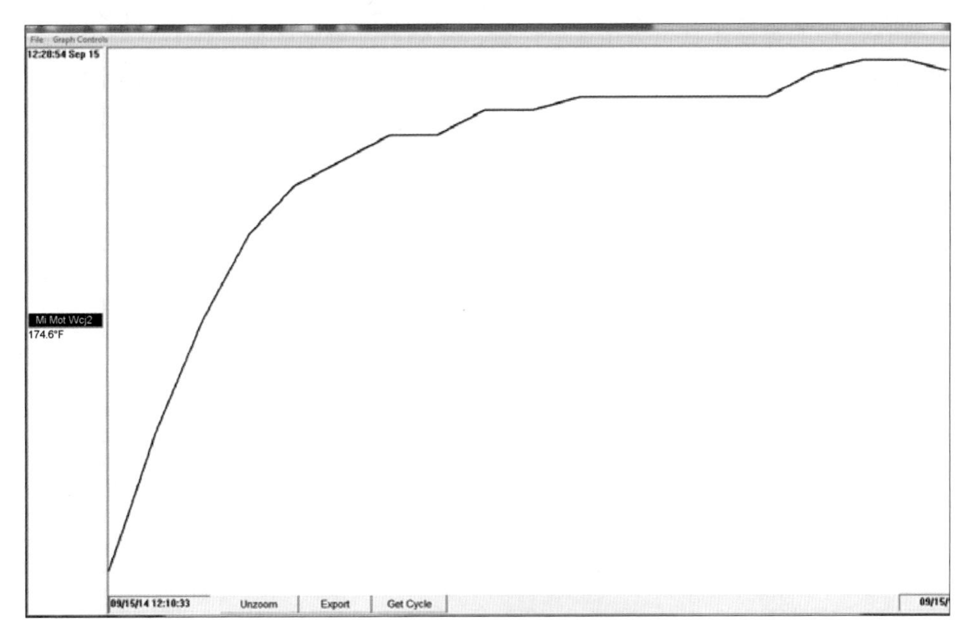

图13.10　连续20模的热电偶测量数据

的。为了保证很好的数据吻合性，应打印带有特定模次参考信息的标签，并贴在产品上。

一些注塑车间要求工艺工程师从注塑机或辅助设备上记录数百条工艺设置参数。但使用模内数据采集系统可以更全面、更精炼地收集更多数据。于是关注的重点应更多地放在检查自动工艺报警和分拣功能是否开启并正常工作上。

试问，是每班用手工记录工艺条件有效，还是让自动工艺监控系统监控每射产品更有效?

■ 13.4　工艺控制

模内传感器系统可以用于工艺控制，型腔压力传感器和型腔热电偶均在此范畴内。四种典型的工艺控制方法如下:

- 三阶段工艺
- 阀针浇口控制
- 气辅控制
- 模温控制单元（TCU）

在分段成型工艺的三阶段工艺中，注射阶段采用速度控制，用位置切换。

在保压阶段的补缩步骤也采用速度控制，直到产品补缩的型腔压力达到设定的切换压力。到达型腔切换压力之后注塑机切换到压力控制的保压阶段。根据设定的保压时间，保压阶段通常将持续到浇口冻结才结束。该方法用一个给定的速度控制产品补缩，工艺可控，并且模具始终补缩到相同的压力。工艺监控系统将型腔数据切换成信号输出给注塑机进行保压切换。RJG科技公司有专门针对三阶段工艺的培训和设备。

根据塑料流到传感器或热电偶的时间，工艺监控系统启动阀针浇口的开合。阀针浇口开合的控制方法重复性很好，它不是通过常规的螺杆位置而是根据塑料在模具中的流动位置来进行阀针控制的。应用这项技术完成的顺序阀针浇口控制，可消除成型中产生料花、流痕或其他工艺缺陷和不一致性的隐患。

模内监控设备可根据模具中塑料的流动位置启动气体辅助溢料控制。即热电偶或型腔压力传感器可以从型腔内部提供直接反馈，为打开溢料口提供更准确的时间。与工艺监控系统相连接的输出设备根据监控系统的反馈来触发溢料口开启，从而实现稳定的成型。

型腔热电偶（或热敏电阻）还可用于为模温机（TCU）提供实际模具温度数据。大多数模温机是根据出水温度来设定控制的。为了获得更准确的温度，模温机也可以用模具温度作为控制点。这将补偿以下波动带来的变化：

- 流量变化
- 水管结垢
- 由于熔体温度升高或周期时间缩短带来的热量输入变化

13.5 其他监控选项

工艺监控系统可处理任何0～10V的输入信号，借此可实现对成型工艺或环境的多方面监控。可考虑的选择包括：

（1）干燥机的监控。使用模拟输入设备可将干燥机的温度和露点输入工艺监控设备。这是测试干燥机性能的有效方法。

（2）熔体温度。流动熔体温度检测装置是一种理想的工艺监测装置。在喷嘴处安装一个测量熔体温度的热电偶，可以实现在成型过程中测量实际熔体温度。但熔流中高温高压的恶劣环境会大幅缩短热电偶的使用寿命。

（3）模具中冷却水流量。水流量是决定冷却速率的关键因素之一。通过对水流量的监控也可实现对若干相关工艺参数的持续监测。图13.11为一个数字流量计。如果购买了输出功能，该装置也可连接工艺监控设备。

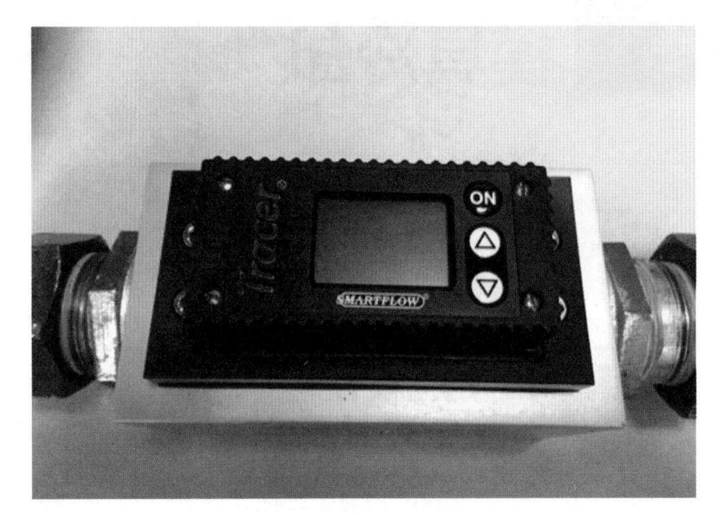

图13.11　数字流量计

（4）许多辅助设备的工艺参数输出均可作为输入反馈到工艺监控设备中去。只要能提供0 ～ 10V 输出信号的设备都可以通过输入模块进行监控，所有的线性运动也可以用线性位移传感器加以监测。

参考文献

[1] https://www.rjginc.com

第14章 模具冷却

14.1 模具冷却的重要性

注塑成型本质上是一个热交换的热力学过程。模具作为一个热交换器将热量从熔融塑料中移除。如果模具无法起到高效热交换器的作用，整个成型周期将受到限制。

只有模具将塑料熔体散发的热量迅速带走，产品才会冷却。

模具应尽可能均匀冷却。如果模具中存在高温热点，说明模具的冷却能力不足，最终会影响成型周期。

在大多数成型工艺中，冷却时间至少占整个成型时间的50%以上，甚至高达80%，见图14.1。应记住塑料熔体一旦接触型腔表面就开始冷却，冷却效率的优化会带来成型周期的优化。

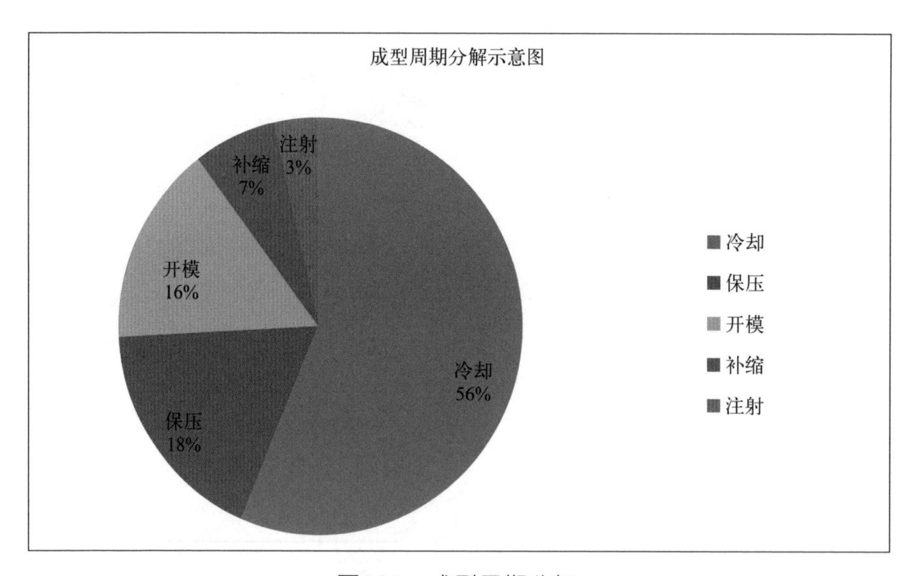

图14.1 成型周期分解

14.2　冷却水流量

优化冷却的关键因素之一是确保冷却管道中水流处于紊流状态。紊流比层流更有利于热量传递。要确保模温机（TCU）的功率充足，能为模具提供充足的水流量。如果水流量不足，形成的层流无法像紊流一样有效地传递热量。

为注塑机更换模温机时应注意安全。许多模具厂有各种不同功率的模温机。如果一台7马力（hp, 1hp=745.7W）的模温机换成3马力（hp）的，水流量便会下降一个等级。容量过小的模温机还会引起各种成型缺陷。因此，应清楚标记工厂中所有的模温机参数，以确保更换模温机时功率正确。

确定水流是否为紊流的方法是计算雷诺数（Re）。公式（14.1）是雷诺数计算公式。根据水管尺寸和冷却液温度，从一些图表中可迅速找出实现紊流所需的最小流量。可为那些关注冷却的工艺员提供这些图表，省去他们手动计算的麻烦。较高的流速可以改善冷却能力，但也存在一个收益递减的临界点，这时花费在产生高流量上的成本高于带走额外热量的收益。有趣的是，在这个公式中，较低的水温需要较高的流量才能实现紊流。另外要关注的是，添加防冻剂后，水量需要翻倍才能确保紊流。在一些案例中，降低了水温却得不到紊流，这反而限制了模具的冷却能力。

$$Re=(3160\times Q)/(D\times n) \tag{14.1}$$

式中，Re为雷诺数；Q为流动速率；D为水路直径；n为冷却介质的运动黏度。为达到紊流，Re应高于5000。

14.3　文档

为了在注塑成型中提供可重复的冷却工艺条件，需要记录以下各项：

（1）水路布局　每次模具运行时，水路必须按照相同的方式连接，否则模具的冷却能力会受到影响。必须清楚记录水路布局，包括进/出水位置，以及串联回路的位置和数量。在模具上用硬管串联回路是个不错的方式，可提供一致的水路连接。

（2）水流量　模具上所有冷却回路的流量应记录在案。注意应该在所有回路开通的情况下检查流量。有人只开放单条冷却管道检查流量，而不是打开模温机控制的所有管道，结果所有水流汇聚到这一根开放的管道，导致检测值很高。

（3）进出水温度 应检查每个回路入口和出口处的水温。包括RJG公司和约翰·博泽利（John Bozzelli）先生在内的专家们倡导的行业标准是：进出口水温相差不应超过4℉（2.2℃）。如果超过这个值，则应将该串联回路分成多个回路，缩短回路长度。

（4）模具温度 在模具开始运行后，应检查模具表面的实际温度。暂停模具运行，用表面温度计快速检查模具温度。在模具示意图上记下温度检测的位置。应避免用探头接触并划伤“A”级表面，最好是测量型腔周边的表面温度，避免损坏型腔表面。

（5）产品顶出温度 应检查产品从模具中顶出时的温度。可使用表面探头、红外温度枪或者更先进的红外热成像相机。根据产品顶出温度测量可得到产品上热点的分布图。如果热点随着时间的推移发生了变化，表明冷却能力降低了。在一些案例中，温度检测可非常清楚地表明出现了水管堵塞，整副模具的冷却性能在降低。

（6）模温机功率 有了模具所使用模温机功率的记录，在缺陷排除过程中查验使用的设备是否合适将更为方便。

■ 14.4 模具冷却技术

模具材料对模具冷却能力有很大的影响。考虑到钢材或合金材料有相对较强的冷却能力和耐磨性，它们都可用来制作模具。铜基合金的传热速度比钢材快得多，但当使用的材料含玻纤时，必须有保护涂层。另外，淬硬钢比P-20等钢材的导热性差。硬化后的H-13比P-20导热率低15%～20%，所以在设计模具时必须考虑材料的这些特性。通常选择模具材料时首先考虑钢材的耐磨性，但是冷却效率也应考虑在内。

型芯和镶件材料的选择也很重要。一般没必要在每个镶件的细小结构中排布水路。在狭小的区域内喷水管是非常有效的冷却部件。当空间受限时，喷水管是一种经常被忽视的冷却解决方案。尽管难得会有地方用到ISO标准冷却管，但它们的冷却效果远不如将水路引入该区域。如果工厂的水质没有得到适当调制，细小喷水管很容易造成堵塞。一旦出现水路堵塞，所有模具的冷却管道都会受到影响，成型周期会大打折扣。如果水质出现了问题，应挖根求源找到根本原因，并加以妥善处理。

使用高流量喷水管来代替传统的黄铜喷水管可以使水更好地流动。采用喷水管时常被忽视的是管内径横截面积、内外径之间的截面积以及水管截面积之间的匹配关系。这就是为什么我们总是建议使用高流量不锈钢喷水管而不是普通的黄铜喷水管的原因之一。例如，对于直径为0.125in（3.2mm）的喷水管，大流量管的内径为0.109in（2.8mm），而黄铜管的内径最多为0.069in（1.8mm）。因此，高流量管的横截面积增加了150%，也就是说流量增加了150%。这就是为什么我们从不使用标准黄铜管，因为它会降低单位时间内的水流量。

我们还应考虑喷水管直径和水路横截面积的关系，设计的喷水管直径应该合适才行。假设主管直径为0.250in（6.4mm），有人就以为要用直径减半为0.125in（3.2mm）的喷水管，但却没有考虑到截面积关系。

很多案例表明，创意水路设计大幅改进了模具的冷却能力。在实际应用中，直径细至0.060in（1.5mm）的水路已成功应用于冷却困难的部位。在一个案例中，通过添加数条0.060in的水路，模具周期时间从40s减少到了17s。图14.2所示为一根细小冷却管插入空间极其狭小的超薄型芯里。冷却管的外径仅为0.005in（0.13mm），内径也只有0.002in（0.05mm）！

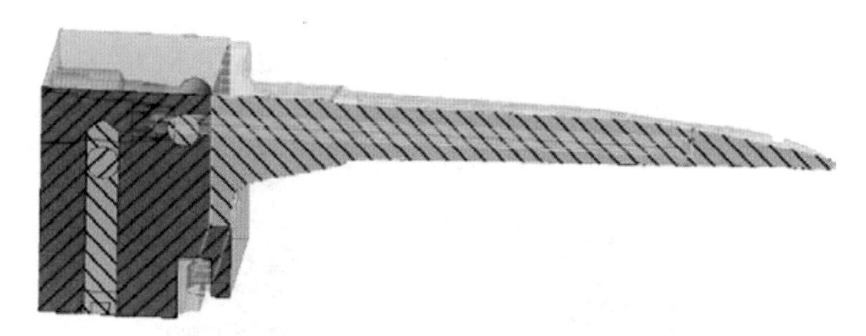

图14.2 超薄型芯中的极细冷却管

14.5 增材制造工艺

增材制造（或称3D打印）已经成为模具冷却领域的游戏规则改变者。增材制造已被成功地运用在随形冷却水路的加工上，可在过去无法想象的区域实现有效冷却。如图14.3所示，很明显，这样的冷却通道在正常情况下是不可能用直通钻孔和打堵头的方式来实现的。增材制造技术可以将水路加工成曲线状，随着产品轮廓布置。

增材制造技术已发展到可以直接使用金属激光烧结（DMLS）打印H-13钢的阶段，所制造的模芯坚固耐用。次章制造公司（Next Chapter Manufacturing）曾报道，通过在模具斜顶上添加随形冷却水路节省了38%的成型周期。增材制造已经来到了颠覆传统的高光时刻，它常常可以带来快速和

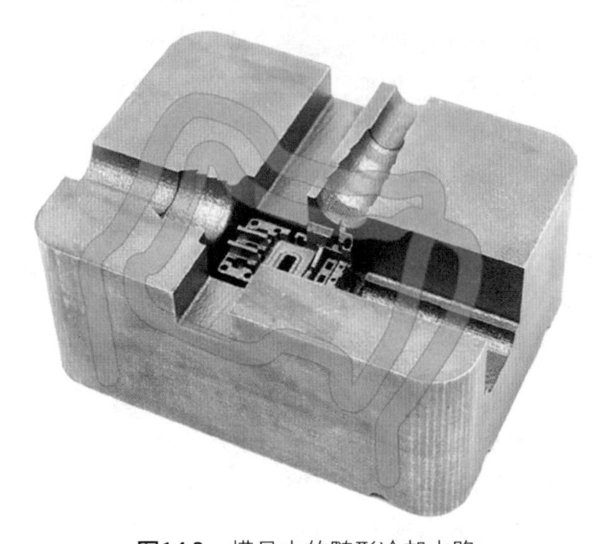

图14.3　模具中的随形冷却水路

图片由杰森·墨菲（Jason Murphy）提供，来自 Next Chapter Manufacturing

卓越的解决方案。增材制造随形冷却的复杂性完全超越个人想象力。图 14.4 展示了一个更复杂的型芯随形冷却案例。

图14.4　复杂型芯随形冷却

图片由杰森·墨菲（Jason Murphy）提供，来自 Next Chapter Manufacturing

增材制造技术给冷却带来的另一项令人印象深刻的进步是如图 14.5 所示的零件。这是一个完全被随形冷却水路包围的浇口套。由于浇口套通常冷却时间最长，这种水路直接通过浇口套的循环方式能够大幅缩短成型周期时间，并快速获得投资回报。

如果在模具设计中已知某个位置会出现热点，可以考虑利用随形冷却技术将冷却水送到更贴近热点的关键位置。

图14.5 随形冷却的浇口套

图片由杰森·墨菲（Jason Murphy）提供，Next Chapter Manufacturing

■ 14.6 其他冷却问题

保证模具有较强冷却能力的一个重要因素是冷却管路内不能有矿物污垢。一旦冷却管路结垢，它会像隔热层一样降低模具的冷却能力。应对冷却水进行适当处理，以减少结垢的可能性，否则模具运行一段时间后，其冷却能力会逐步降低。可以通过酸洗系统清除模垢，该系统将酸溶液加入冷却管道中循环流动，可消除结垢的矿物质。图14.6显示了结垢堵塞水管的情形。

图14.6 冷却水管中的严重结垢

应通过有效的水处理措施对工厂的冷却水进行调制。硬水通常含有钙和镁，含有这两种元素的物质都易形成污垢，从而堵塞水管，导致冷却能力下降。

第15章 黑斑或褐斑

■ 15.1 缺陷描述

黑斑或褐斑（图15.1）是指注塑件上出现的降解塑料或黑色污染斑点，该类缺陷在白色或透明注塑件上尤为明显。

别称：积碳。

误判：材料污染。

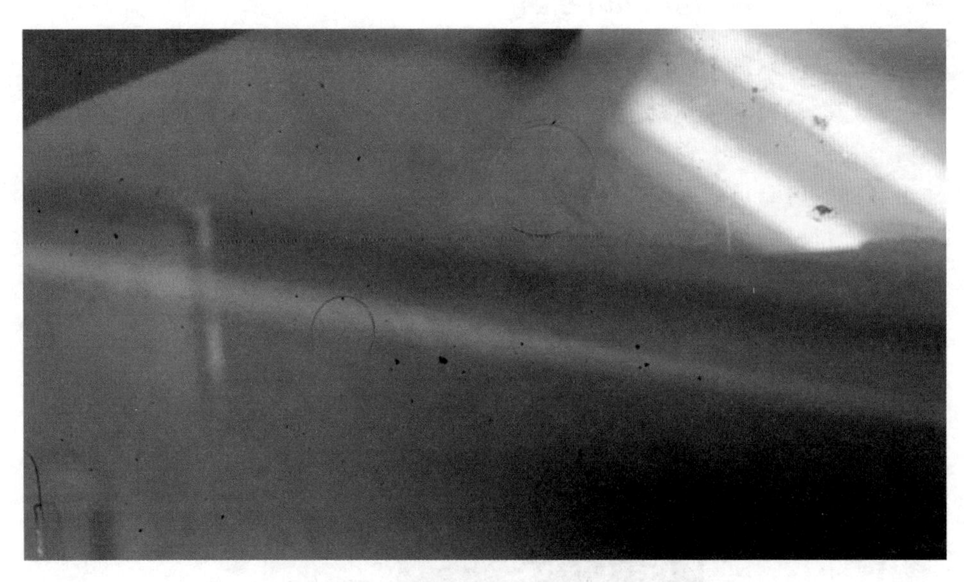

图15.1 黑斑

■ 15.2 缺陷分析

黑斑缺陷分析如表15.1所示。

表15.1 黑斑缺陷分析

成型工艺	模具	注塑机	材料
注塑机停机不当	磨损面的粉屑	螺杆、料筒和止逆阀存在滞留区域	材料污染
熔体温度过高	热流道温度	料筒加热控制	材料错误
滞留时间过长	热流道材料滞留		回料粉末

■ 15.3 缺陷排除

黑斑通常是材料在某个区域严重降解的信号。解决此类缺陷的方法主要是关注材料处于注塑温度的时间，以及影响熔体温度和滞留时间的因素。

15.3.1 成型工艺

黑斑或褐斑通常是塑料已降解到碳化状态的信号。最常见的情况是塑料熔体在特定温度下滞留时间太长。导致产品黑斑的成型工艺方面因素有：

- 注塑机停机不当
- 熔体温度过高
- 滞留时间过长

15.3.1.1 注塑机停机不当

对于大多数材料而言，停机前的清料很关键。如果某一种材料在熔融温度下滞留时间过长，就会发生降解。不同的材料对温度的敏感性也不一样，例如聚丙烯非常稳定，而PVC则很容易降解并生成碳化物质。在注塑机停机前，应采用适当的清洗材料（可以是一种市售的混合物或性能稳定的材料，如聚丙烯）清洗注塑机，同时还应为所有材料建立标准化的停机程序。

以透明聚碳酸酯（PC）为例，注塑结束后，正确的停机程序是降低料筒温度，而不是完全关闭加热圈。通过保留部分余热可以消除透明PC降温和升温阶段的滞留时间。

案例分析：停机前清理聚碳酸酯

在这个案例中，用一台700吨注塑机来注塑透明PC的垃圾箱。在以往的生产过程中，黑斑是产生废品的主要原因。在经过无数次工艺更改实验后发现，每当工作结束时将注塑机设置在300℉（149℃）保温，停机程序中规定此工艺步骤后，黑斑就不再出现了。

15.3.1.2 熔体温度过高

熔体温度过高是造成黑斑的一个重要原因。如果塑料实际熔体温度高于推荐熔体温度，它就可能发生降解。黑斑是材料长期处于较高温度下发生严重降解导致的。处理黑斑时，通常应检查塑料在高温下的滞留时间。温度越高材料降解越快。

15.3.1.3 滞留时间过长

塑料熔体在高温下时间过长会产生黑斑。通常情况下塑料熔体在料筒中移动时间超过滞留时间，就可能出现黑斑。黑斑通常是由时间和温度因素造成的，所以要重点评估材料整个加热过程。

15.3.2 模具

导致产品黑斑的模具方面因素有：

- 来自模具磨损或插穿面的碎屑
- 热流道温度
- 热流道材料滞留

15.3.2.1 来自模具磨损或插穿面的碎屑

有时黑斑并不是全部来自材料降解。出现黑斑时一个很容易被忽视的原因是模具磨损表面产生的碎屑。很多时候，精定位、耐磨块或插穿面上产生的金属粉屑掉入型腔，注塑浅色的产品时表面就会产生黑斑。这类黑斑的源头大多在型腔上侧，此区域的碎屑更容易落入型腔。

保持模具清洁是避免发生这种缺陷的关键。已磨损的表面应保持清洁，如果已检查到存在金属“粉屑”，就说明模具已经存在很大的问题。

使用补偿式模温机时应小心谨慎。如果模具的动定模两侧运行温度不同，不同的热膨胀会引起插穿面或楔紧块过度磨损。特别对于较大的模具，这种膨胀差异尤其明显，磨损产生的金属碎屑会掉落型腔，形成黑斑。

如果发现有较大的金属碎屑剥落，则必须对模具进行仔细的检查。这些金属碎屑的出现通常表明模具某些部位已损坏或磨损速度异常。对异常彻查可避免模具损坏带来的昂贵代价。应特别关注模具上容易出现磨损的位置，这些部位可使用铜制耐磨块。

15.3.2.2 热流道温度

与熔体温度过高类似，热流道温度过高常常并非导致黑斑的根本原因，但却可能是一个促成因素。如果热流道温度设置过高或由于某种原因导致材料过热，材料可能发生降解。塑料在热流道分流板中的停留时间通常比在料筒里短得多，但如果分流板设计不当，塑料的停留时间可达数模之久。

应确认模具的热流道温度设置正确，且运行温度也达到了设定值。还应检查热流道控制器的电流，确定各区段控制正常。如果发现某区段的电流没有循环变化，则表明该区域接线不正确。如果某区段电流持续不断，则可能是两个区段的热电偶接反了，导致控制器向该区段持续输出功率但温度却不见上升。

15.3.2.3 热流道材料滞留

熔体流中任何的塑料滞留都可能导致材料降解。在热流道分流板装配错位的区域，都存在材料滞留的隐患。常出现问题的位置有：拐角处特别是90°拐角处、热嘴与分流板之间存在错位的地方、喷嘴孔径小于主浇道开口尺寸的位置。

在热流道的设计和选择的时候，相关问题都应该提前考虑。如果热流道分流板制作好后发现存在死角，纠正起来很麻烦。

热流道分流板上安装的热嘴尺寸要正确，如果热嘴孔径小于主浇道开口孔径，就会出现缝隙或滞留点而导致黑斑。在工艺开发过程中应采用正确的热嘴尺寸，并一直延续到后续的注塑生产中。

15.3.3 注塑机

导致产品黑斑的注塑机方面因素有：

- 螺杆、料筒或止逆阀存在滞留区域
- 料筒加热控制
- 设备性能欠佳

15.3.3.1 螺杆、料筒和止逆阀存在滞留区域

产生黑斑的一个原因是料筒、螺杆、法兰或喷嘴上局部位置材料滞留时间过长。造成滞留最常见的两个原因是部件损坏和喷嘴错位。

当料筒、法兰、喷嘴接头或喷嘴之间存在错位时，通常会发生材料滞留（见图15.2）。要确保注塑机的所有末端部件装配面均一致。一旦因其中出现缝

隙或滞留区，滞留的材料过一段时间就会降解，甚至变为严重积碳。积碳随着时间推移会脱落混入熔体流中，生产出带黑斑的产品（图 15.3 为螺杆头部轻微积碳的案例）。应使用相同内径的部件，消除材料滞留的风险。

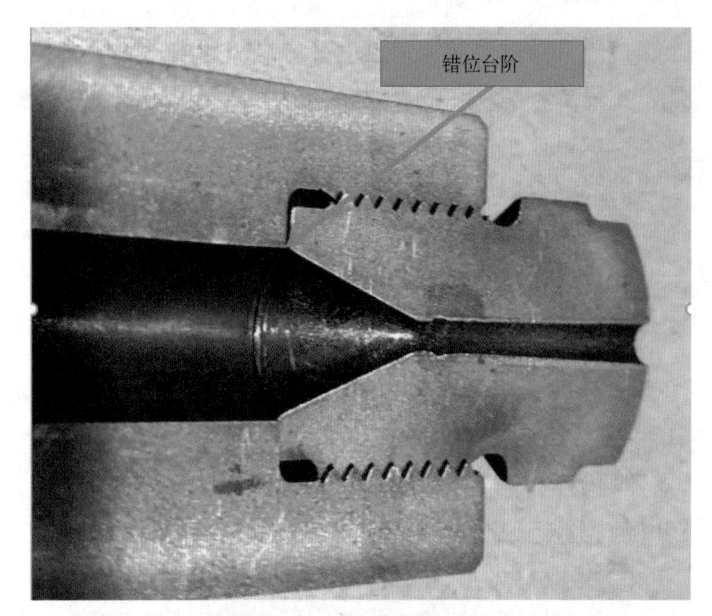

图15.2 热嘴和热嘴头错位

图15.3 止逆阀上的轻微积碳

与错位相似，螺杆和料筒部件损坏会使材料长时间滞留而导致降解，增加出现黑斑的风险，如螺杆磨损造成的缺口会截留材料并产生黑斑。当持续出现黑斑缺陷时，需要检查熔料输送系统的所有部件是否存在错位、过度磨损和损坏。以上任何一个原因都会引发积碳。排除缺陷的方法是更换部件。

15.3.3.2　料筒加热控制

注塑机料筒的加热控制应工作正常，这样料筒和喷嘴就不会过热。检查料筒或喷嘴是否过热的有效方法是使用红外热成像相机（见图 15.4）。请注意，出现黑斑时通常已是降解后期，而出现棕色流痕和料花时，问题尚在早期。

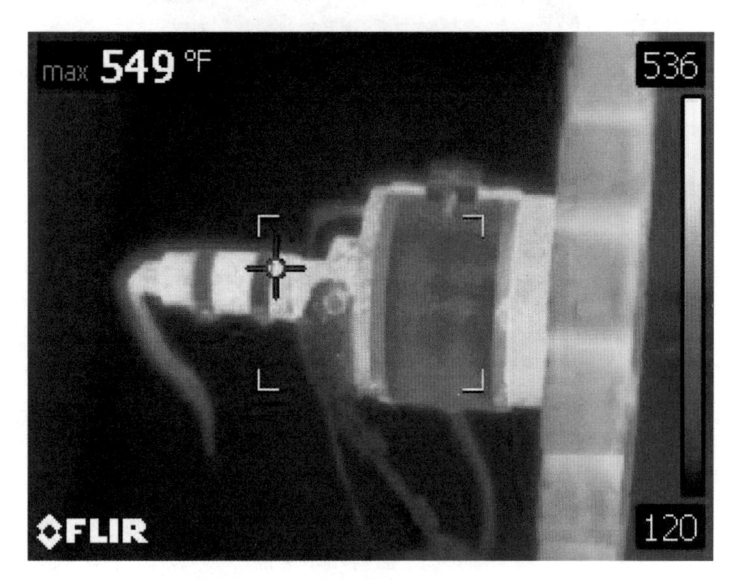

图15.4　喷嘴的红外热成像照片

15.3.3.3　注塑机性能

注塑机必须在设定的参数范围内运行。有关注塑机性能的更多信息，请参阅第八章。

15.3.4　材料

导致产品黑斑的材料方面因素有:

- 材料污染
- 材料差错
- 回料粉末

15.3.4.1　材料污染

在注塑过程中，材料可能会被其他塑料、污垢、纸板等各种物质污染。这些污染物可能本身就呈黑色，或在熔体工作温度下烧焦而产生黑斑。发生材料污染的情形有多种，包括粉碎不良、混料、料斗或加料器清洗不当、工厂环境差等。许多材料污染问题可以通过设立明确的标准和操作程序来解决。例如打扫料斗，给盛料箱上盖（见图15.5）。图15.6显示了本色粉碎料中存在黑色污染物。

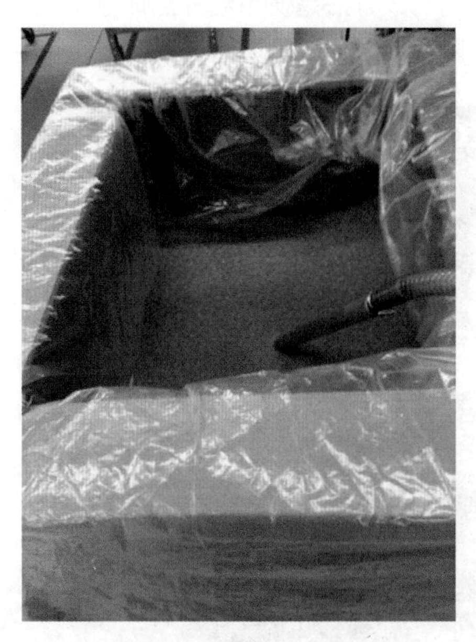

图15.5 盛料箱未上盖

图15.6 粉碎料的污染

15.3.4.2 材料差错

如果把错误的材料输入注塑机时，注塑中就会发生许多问题，包括黑斑缺陷。比如材料一旦过热就会降解导致黑斑。应确保任何时候都不能用错材料。

15.3.4.3　回料粉末

当塑料料头和报废品进入粉碎机时，会出现不均匀的粉碎颗粒或粉末（见图15.7）。这些粉末一旦混入料筒中就有提早熔化的倾向，容易发生降解。

粉末是由于粉碎机刀片经长时间切割钝化而造成的。粉碎机维护时应该检查刀片的锋利程度，粉碎后材料的筛目是否符合推荐规格。

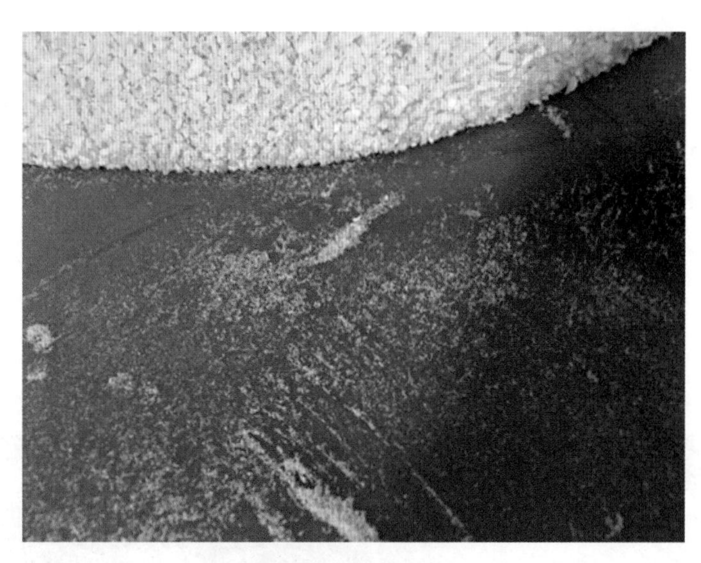

图15.7　回料粉尘

第16章 晕斑

16.1 缺陷描述

晕斑是一种常见的、出现在产品浇口附近的外观缺陷，使外观暗淡或变色。有时产品壁厚变化处也会出现晕斑，晕斑缺陷如图16.1所示。

别称：浇口泛白、浇口剪切、光晕。

误判：喷射、流痕线、流痕。

图16.1 晕斑

16.2 缺陷分析

晕斑缺陷分析如表16.1所示。

表16.1 晕斑缺陷分析

成型工艺	模具	注塑机	材料
注射速度	浇口结构	喷嘴	
喷嘴温度	热流道热嘴温度	注塑机性能	
模具温度	冷料井		
熔体温度	浇口位置		

16.3 缺陷排除

晕斑经常出现在浇口附近区域，由浇口向外呈不均匀发散状，与周边塑料的颜色或光泽均有较大区别。晕斑同样会出现在产品壁厚变化的区域。在排除晕斑时需注意喷射也会产生类似晕斑的现象。

16.3.1 成型工艺

导致产品晕斑的成型工艺方面因素有:

- 注射速度
- 喷嘴温度
- 模具温度
- 熔体温度

16.3.1.1 注射速度

注射速度太快是产品产生晕斑的最常见原因。在降低注射速度之前需确认模具设计尤其是浇口尺寸是否合理，具体见16.3.2节的模具问题。如果避开与模具设计相关的根本原因去解决晕斑缺陷，可能会带来其他缺陷，特别是短射。高速填充的优点在于既能保持一致的黏度又能降低成型周期。应避免用工艺迁就模具问题!

无论晕斑位于浇口附近还是浇口下游的产品部位（如壁厚变化处），改善晕斑的通常做法是调整注射速度。正常情况下，降低速度会改善晕斑。有时采用多段注射，慢速通过晕斑区域是较好的解决方案。但多段注射会使工艺变得更复杂，后续进行工艺匹配难度较大。

在调整注射速度时，应对设定值进行较大的调整，查看是否产生明显效果。通常情况下，将初始速度改变50%就可以确定其影响。而有时只需微调注射速度就可以消除晕斑。

如果晕斑出现在通过浇口后的区域，如壁厚变化的位置，有必要将该区域的注射速度进行分段。为确定从哪里开始分段应进行短射试验，以便找到正确位置来调整速度。寻找该位置的步骤如下：

（1）将补缩和保压压力设置为零或注塑机压力最小值。

（2）将注塑机的切换位置调整到一个较大的设定点。

（3）观察短射产品，分段位置应该比仅填充产品（95% ～ 98%）填充更少。

（4）如果短射不在晕斑位置继续完成步骤（2）和（3），直到短射达到晕斑区域。

（5）步骤（4）的位置就是应进行速度调整的位置，需在该位置放慢注射速度。

（6）如果可能，在晕斑区域后再增加一段较快的注射速度。

（7）恢复保压切换位置的原始值，短射并检查是否仍然填充到95% ～ 98%，如果需要，微调保压切换位置到产品95% ～ 98%。因为速度越慢产品短射越严重。

（8）恢复补缩和保压压力原设置。

（9）验证产品是否改善。为了解决问题，可能需要对分段速度的各段位置以及晕斑区域的速度进行微调。

16.3.1.2 喷嘴温度

喷嘴温度设置不当会导致产品浇口处晕斑，通常情况下，先注射到模具中的材料会产生晕斑，因为这段材料是每射之间停留在喷嘴附近的材料。一般来说，喷嘴温度应设置为材料的熔融温度。

提高或降低喷嘴温度都可能会降低晕斑的严重程度。可尝试降低喷嘴温度并检查产品，如果晕斑改善，生产一段时间观察问题是否解决。如果恶化，尝试将喷嘴温度提高。

如果改善喷嘴温度有效，但随着时间的推移温度还是出现波动，则需确认喷嘴温度是否持续受控。观察喷嘴加热区段控制器的温度变化，是在持续加热还是根本没有加热。同时检查喷嘴加热圈，确保其长度与喷嘴匹配，连接牢固，功率正确，并且工作正常。

16.3.1.3 模具温度

模具温度会影响先期进入型腔的塑料。模具温度过低和过高都会导致产品浇口处晕斑，验证时要兼顾这两个极端。产品浇口处晕斑是一种不同寻常的现象，此现象会被型腔的温度强化，温度过低或过高都会导致先期通过浇口的塑料成型不良。

应验证工艺参数是否与文档记录的设定值相符。在工艺开发过程中，应尝试降低和提高模具温度，以避开产生晕斑的温度段。

ABS、PC/ABS或TPO这些材料模温较高，这样产品浇口附近的表面会更美观。在某些情况下，较低的模具温度对含有橡胶抗冲击改性剂的材料的形态影响较大。

16.3.1.4 熔体温度

与模具温度相似，熔体温度也会影响塑料通过浇口后的初始成型质量。

熔体温度应按工艺参数设定。如果熔体温度设置正确，可尝试升高或降低材料的熔体温度，确定温度对晕斑的影响。熔体温度的变化可能会影响材料的晕斑。如果晕斑有所改善，可进行长时间工艺验证，以确保工艺调整是长期有效的。

熔体温度过高会导致浇口内部聚集材料释放的气体，使晕斑产生。此外，高熔体温度也会导致浇口内较早成型的材料降解，使产品表面遭到破坏。

16.3.2 模具

导致产品晕斑的模具方面因素有:

- 浇口几何形状
- 热流道热嘴温度
- 冷料井
- 浇口位置

16.3.2.1 浇口几何形状

浇口设计不当常常会引起晕斑。如果浇口长度较长，会使产品上晕斑加重。浇口长度通常应保持在最大0.030in（0.762mm）和最小0.005in（0.127mm）的范围内。

浇口与A级模具表面的段差可能会导致晕斑。如果浇口与模具表面不平齐，就会有一个回流区，对熔体流动产生干扰。如果可能，将浇口到A级表面的段差控制在最小，有助于改善晕斑。

由于宽浇口可以通过更多的料流，故可尝试拓宽浇口，浇口晕斑可能会减轻。浇口厚度也可能对晕斑有影响。然而，不要以为加厚浇口就能消除晕斑。浇口厚度对晕斑的作用是双向的。有时候，薄浇口反而能改善晕斑。图16.2显示了典型的浇口晕斑。

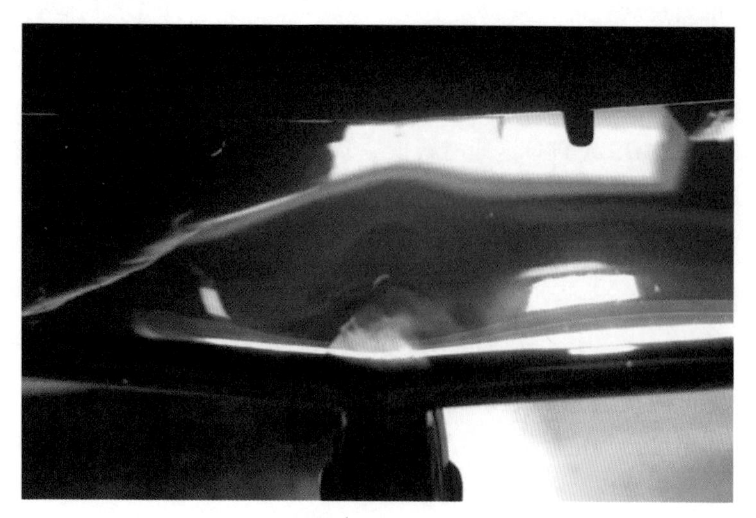

图16.2 浇口晕斑

当使用热流道系统时，要检查热嘴的孔径是否会限制材料流动，导致缺陷的出现，而人们常常会忽视这点。

在极少数情况下，流道的几何结构会导致浇口晕斑（见下面的案例分析）。

案例分析：流道几何形状

这是一个聚丙烯（PP）产品的案例。当浇口冻结后螺杆塑化过程中出现了晕斑缺陷。理论上，较粗的流道会借助熔体压力突破已封闭的浇口，产生晕斑。这里的流道直径为0.375in（9.525mm），长约3in（76.2mm）。将整圆形流道烧焊一半成为半圆形流道，晕斑缺陷改善了，而注射压力却没有增加，也没有引起其他缺陷。再在现有的半圆流道中烧焊出一根直立的筋条，再次运行模具时，晕斑消失了，注射压力也只有小幅增加。较细的流道可以防止螺杆塑化时熔体突破已冻结的浇口。这虽不是一个常见的晕斑案例，但它说明了有时必须通过STOP流程来检查整体情况。

另外要考虑到，当塑料进入型腔前经过浇口内的尖锐边缘时会引起晕斑缺陷。打磨这些浇口处尖角可以降低此处的剪切速率。当熔体通过浇口时，剪切速率的降低可以减少晕斑产生。

浇口平台长度是另一个必须解决的问题。浇口平台长度是指浇口收窄到最细点时，型腔和流道之间的距离。浇口平台过长会导致晕斑缺陷。浇口平台长度应尽量减小，避免过早地限制熔体流动，以及通过浇口的压力降增加。正常的行业标准推荐为0.030in（0.762mm）。

16.3.2.2 热流道热嘴温度

如果热流道热嘴头和热嘴体的温度不同，浇口处可能会出现类似晕斑的缺陷。应尽量减少实际熔体温度和热流道系统设定点之间的差异。

如果使用热流道系统，请确认热流道温度是否设置正确。尝试调整热嘴温度，并确定对晕斑的影响。再次强调，应将热流道温度设置得与实际熔体温度一致。

在评估热流道系统时，要确认加热器和热电偶数量足够，位置正确。还要确认加热器和热电偶安装正确并已拧紧，这样结果才能准确。

应确认热流道区段的读数正确。检查是否有不受热电偶控制的区段，哪里会缺失精确的闭环温度控制。检查热流道区段的电流，以确定加热正常。需要对热嘴上的热电偶位置进行检查，以了解热嘴温度的实际测量位置。

16.3.2.3 冷料井

冷料井位于模具浇注系统主浇道的末端。冷料井的作用是存储喷嘴前端的冷料。如果没有设计冷料井或者冷料井设计不当，喷嘴前端的冷料就无法有效截存。图16.3为冷料井存储冷料的实例。冷料实际上是粘在喷嘴头的残留材料。如果冷料注射进浇口就会出现流动缺陷，看上去就像是晕斑。因此浇注系统必须有一个冷料井，以防止冷料进入模具。使用STOP分析方法可避免冷料井过小就用工艺迁就模具的情况发生。

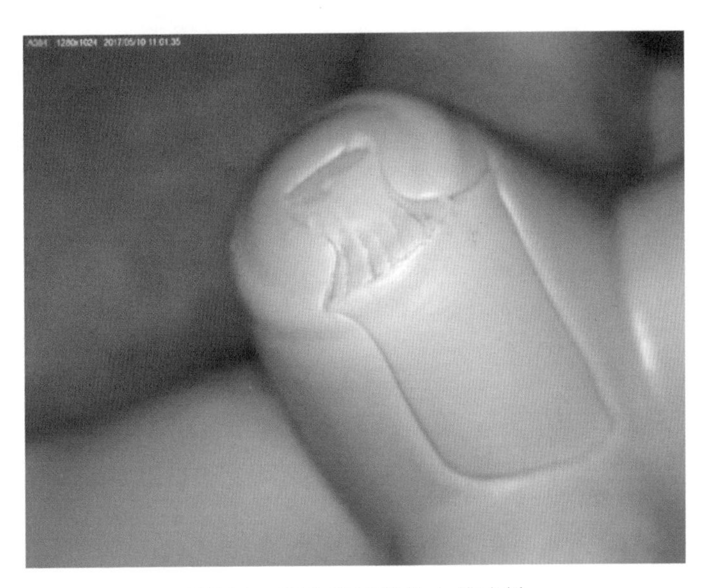

图16.3 截存在冷料井中的冷料

16.3.2.4 浇口位置

把浇口直接设置在A级表面会给外观质量带来很多挑战。应尽量将浇口位置设置在非A级外观面上。要做到这点，应将浇口放置在产品的凸台、筋条、侧壁或其他细小特征处，以形成良好的熔体前沿，然后才抵达A级外观面。

通常，当把牛角浇口直接设置在A级外观的后面时，晕斑环会很明显，严重的情况下甚至看起来像靶心。这种设计常会导致生产合格产品的工艺窗口很狭窄。将浇口设计在一个合理区域可以获得更宽的工艺窗口，同时减少各种缺陷。

16.3.3 注塑机

导致产品晕斑的注塑机方面因素有：

- 喷嘴
- 注塑机性能

16.3.3.1 喷嘴

确认注塑机喷嘴安装正确。喷嘴长度、型号、喷嘴头类型、喷嘴头孔径和加热圈都应符合已记录的工艺。一些工艺员会认为记录这些信息是多余的，但在注塑缺陷排除中，往往不拘小节最后会浪费大量时间。完整的文档将使4M缺陷排除工作变得更加容易。

确认所有的喷嘴组件都符合标准要求。可使用喷嘴孔针规来验证喷嘴头孔径是否正确。检查喷嘴是否被加热圈完全包裹。另一个要检查的项目是喷嘴热电偶，确保它正确安装在喷嘴内。热电偶松动将给出错误的温度读数，并导致喷嘴在错误的温度下运行。验证喷嘴头类型是否正确，特别是全锥度的混合喷嘴头或尼龙喷嘴头。

注意沿喷嘴长度上的温度差异，有时喷嘴后部的热电偶不能精准测量实际温度，可使用小直径的浸入式热电偶，方便在排除缺陷时检测喷嘴不同位置的温度差异。

16.3.3.2 注塑机性能

为了避免晕斑，确保注塑机所有参数达到设定点很重要。详细信息见第八章设备性能。

16.3.4 材料

有些材料比较容易产生晕斑，例如PC/ABS类混合料。有些业内专家认为混合材料会发生形态分离。高分辨率的放大显示PC和ABS之间存在的相位分离和排列现象容易引发晕斑。放大后的晕斑呈皱纹状，如图16.4所示。

TPO是另一种容易产生晕斑的材料。填充物和橡胶混合的TPO材料似乎更容易在浇口附近产生晕斑。尝试不同等级的TPO有助于改善外观。如果确有必要更换材料，必须先与客户协商。

图16.4 放大的晕斑显示出皱纹特征

第17章 褐纹

■ 17.1 缺陷描述

褐纹是产品上出现的材料变色条纹，通常不完全是由于材料过热或滞留死点产生的。这些变色条纹可能不仅显示为棕色。图17.1是一个褐纹的案例。

别称：变色、条痕、降解。

误判：污染。

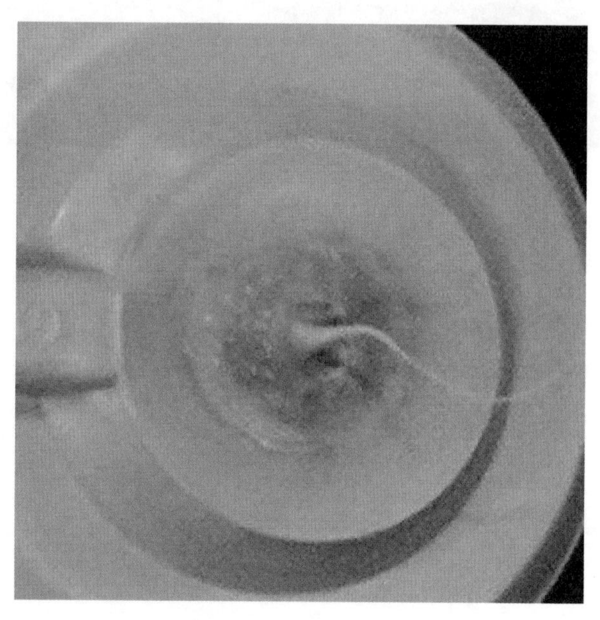

图17.1 浇口处褐纹

■ 17.2 缺陷分析

褐纹缺陷分析如表17.1所示。

表17.1 褐纹缺陷分析

成型工艺	模具	注塑机	材料
料筒温度	热电偶位置	加热圈	材料错误
热流道温度	分流板泄漏	热电偶	材料污染
滞留时间	润滑油	注塑机性能	色母
背压	型腔保护剂渗出	螺杆、料筒等滞留区域	
螺杆转速	热流道隔热帽开裂	螺杆设计	
	浇口套		

17.3 缺陷排除

褐纹通常是材料温度过高或在高温下滞留时间过长的一种表象。根据这种现象，需要检查材料在加工过程中的所有热源。同时，仔细查看材料可能滞留的潜在区域和在高温下的停留时间。

与许多常见缺陷一样，出现褐纹的位置就是问题发生的位置。如果褐纹发生在产品浇口区域，则表明该区域的熔体大概率出现了过热或滞留。

17.3.1 成型工艺

导致产品褐纹的成型工艺方面因素有:

- 料筒温度
- 热流道温度
- 滞留时间
- 背压
- 螺杆转速

17.3.1.1 料筒温度

料筒温度过高是产生褐纹或材料降解的最常见原因。每种塑料都有其能承受的极限温度，一旦超过就会发生降解。处理褐纹时，首先要检查料筒温度设置是否符合工艺规范（工艺表单或材料制造商的推荐值）。

在检查料筒各点温度设定值时，还要确保每个区段实际值与设定值保持一致，温度偏差控制在±5°F（±2.8℃）内。料筒加热区温度过高可能是控制器出现了问题（见第8.6.1节）或剪切发热，造成加热区段温度超过设定值。

17.3.1.2 热流道温度

如果模具有热流道系统，它作为料筒加热系统的延伸，温度必须控制在材料性能要求范围内。热流道温度应与料筒温度一起进行验证，以确保温度设置正确，不会超过标准温度。使用热流道系统时要注意，除了热流道分流板外，还有多个潜在的缺陷点，它们包括：

- 热流道控制器
- 热流道接线
- 热流道连接器插头

可能存在热流道控制器无法将区段温度维持在所需设定的温度的情况。

案例分析：热流道控制器

在本案例中，模具生产出大量带有褐纹和料花的废品。仔细观察废品可发现，废品呈批量出现。对模具和热流道进行了彻底检查，发现一切正常。但所有迹象都表明材料温度过高。为了进一步了解分流板内部发生的状况，我们额外增加了热电偶的数量，希望确定产生褐纹的产品末端究竟发生了什么变化？将这些外接热电偶连接到工艺监控系统上，记录分流板温度随时间的变化。对高报废时间段里的数据进行了分析，试图找出发生的变化。热电偶检测显示，在生产废品时，带有降解材料的产品末端出现材料降解且温度变化超过200℉（111℃），但在生产合格品时，该处的温度保持正常。

在这段时间内对热流道控制器的检查表明，控制区段的记录无任何异常。为了确定热流道控制器是否是问题的根源，我们换了一个控制器。使用新控制器后，再也没有出现过废品，所监测的热电偶温度也没有再发生变化。为了验证控制器是问题根本所在，我们用回了原来的控制器，结果高废品率和监控热电偶温度超差再次出现。

另一个可能出现问题的环节是热流道接线。应确保每个温控区段的电缆两端都正确连接到针脚上。换句话说，插头1上的针脚1必须连接到插头2上的针脚1。电缆线可以用新线进行替换，由此确认是否存在问题。如果更换电缆后问题解决了，那么就应检查原电缆插头间连接是否正确。

如图17.2所示的热流道插头与电缆末端的触针组装在一起，有些针可能会缩到插头里，导致与配合件连接时接触不良。此外，还要花些时间检查每个控制区段插头是否确实有触针。一个插头连接的区段数可能少于其总组数，例如，一个插头原本可控制8组加热区段，但只有其中6组有接线。

图17.2　典型热流道插头

17.3.1.3　滞留时间

塑料熔体在高温下停留时间过长，热降解的风险就会增加。塑料熔体在注塑机料筒内停留的时间称为滞留时间。材料的特性决定其最长允许滞留时间。与PVC和缩醛之类的材料相比，有些材料如聚乙烯和聚丙烯对于滞留时间的长短并不敏感。图17.3显示了塑料熔体由于高温下滞留时间过长导致的降解，如果这种材料被注射到模具中，产品就会出现褐纹和料花。

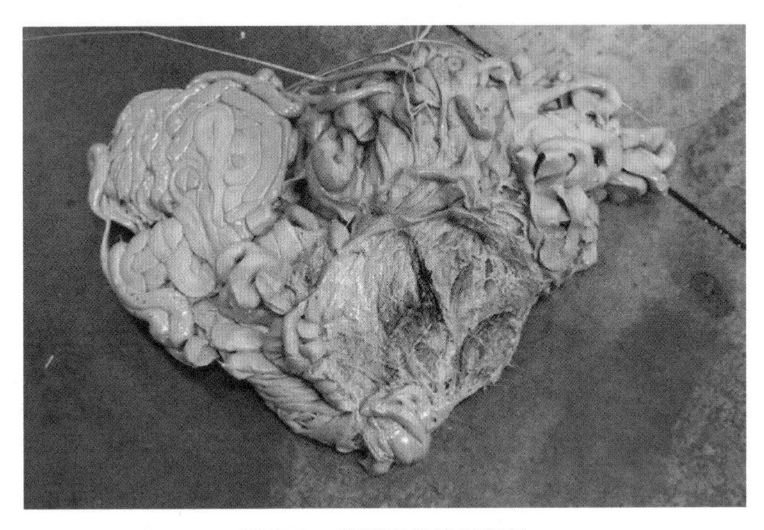

图17.3　清理出的降解塑料

检测熔体输送系统内真实滞留时间的最佳方法是在进料口投入另一种颜色的色母粒进行跟踪。添加跟踪颗粒后，模具继续生产产品，并对新颜色出现在产品上的时刻进行记录。

还可用一些粗略的方法来估算滞留时间，如计算射出重量与料筒容量。在注塑机上的料筒容量是以聚苯乙烯为基准的，它的密度为1.04g/cm³，如使用聚苯乙烯以外的材料，需要考虑密度的差异。还需理解固体密度与熔体密度是有区别的，这种区别会影响计算的准确性。同时，螺杆上残留的塑料也必须考虑在内，通常乘以一个系数（通常为40%）来实现。

17.3.1.4 背压

如果背压过大，材料可能会因降解导致褐纹。标准背压通常为1000～2000psi。有时需要增加背压来改善色母的混合效果，这会导致材料降解。因此使用高背压时需要进行评估。

17.3.1.5 螺杆转速

螺杆转速较高时会产生较大的剪切力并使塑料过热。理想的螺杆转速应使螺杆在开模前2～3s时停止转动。如果螺杆转速过快，塑料熔体会因剪切过热或滞留时间过长而导致褐纹。剪切是塑料熔化的关键驱动因素，过度剪切会导致塑料过热。

17.3.2 模具

导致产品褐纹的模具方面因素有:

- 热电偶的位置
- 分流道泄漏
- 润滑剂
- 模具保护剂渗出
- 热流道隔热帽开裂
- 浇口套

17.3.2.1 热电偶

热流道中的热电偶是保持合理温度的关键部件。如果热流道分流板没有配置足够数量的热电偶，那么分流板中的热量分布就不均匀。在长热嘴上热电偶分布合理也很重要。如果分流道或热嘴的整个长度上只配有一根热电偶，有些区域的实际温度很可能会高于设定值，这将导致材料过热和产生褐纹。要确保热电偶稳妥地安装在热电偶槽中，这样才能获得准确的温度读数。

17.3.2.2 分流板泄漏

如果热流道分流板或热嘴漏料，那么漏出的熔料便会嵌在某些区域，导致降解。这些降解物质会污染熔料流，造成褐纹。如果怀疑有泄漏，应打开模具，检查热流道分流板。热流道泄漏的一个迹象是料垫逐渐减少。如果发现料垫慢慢在消失，塑料便漏到了别的地方，要么漏到了喷嘴外面，要么漏过了止逆阀，或者漏进了热流道分流板中。如果模具内发生热流道泄漏，最后将导致加热器区域故障，这将需要大量的工作来修复。

17.3.2.3 润滑剂相关问题

有时，产品上的褐纹来自模具表面的油脂污染。用于润滑模具部件的油脂会出现在产品表面，呈现出褐纹。查找原因时，可以从褐纹追溯到模具上有油脂润滑的表面，如顶针、斜顶或滑块表面。在模具部件上油脂过多会导致大量产品报废，因此需谨慎，确保部件上油脂涂抹适量。要特别注意模具动模侧不要喷涂清洗剂，因为清洗剂会稀释油脂，导致油脂长时间驻留型腔。溶剂含量较高的模具保护剂也会导致油脂降解，容易渗入型腔。应注意始终保持模具清洁。

模具中导致产品上出现褐纹另一个因素是，有些模具保护剂会从镶件分型面中渗出，将污垢和铁锈带入模具型腔。如果这是产生褐纹的原因，产品上在模具镶拼位置还能看到拼缝线。对模具仔细检查会发现模架上镶件位置会留有暗线。这是喷涂模具清洁剂导致污垢从镶件中渗出的又一种情况。

案例分析：镶件渗油

该案例中褐纹出现在靠近镶件缝隙的部分。对于这个缺陷初步的判断是漏水，但检查模具后没有发现漏水迹象。在模具检查过程中，发现型腔表面存在油性物质。确定使用的湿性模具防锈剂渗入了镶件缝隙中，然后污染了产品。更换成干性防锈剂就解决了这个问题。

17.3.2.4 热流道隔热帽开裂

很多热流道为了隔离型腔与热流道的热量，在热嘴处有一个隔热间隙。如果这个间隙没有密封（大多数热流道制造商会提供密封件来填补间隙），材料就会被截留并降解导致褐纹。在换色时这个间隙也可能引发重大缺陷。

17.3.2.5 浇口套

如果模具上的浇口套损坏或与喷嘴头的半径不匹配，会引起材料泄漏，导致褐纹出现。检查浇口套便可查清是否存在损坏，如果有，可以重新进行加工以消除隐患。图17.4中可以看到喷嘴头和浇口套之间的泄漏，这种类型的泄漏会导致黑斑和褐纹污染。应注意喷嘴头和浇口套之间的泄漏垫入硬纸板起不到密封作用。

图17.4 喷嘴头和浇口套之间的泄漏

17.3.3 注塑机

导致产品褐纹的注塑机方面因素有：

- 加热圈
- 热电偶
- 注塑机性能
- 螺杆、料筒等滞留区域
- 螺杆设计

注塑机的温度控制是防止材料降解的关键。注塑机温度控制的三个主要组成部分是加热圈、热电偶和控制器，其中任何一个部分异常都可能导致材料过热和降解发生。

17.3.3.1 加热圈

注塑机温度控制的第一部分是注塑机上的加热圈。只有当所有加热段工作正常时，料筒的热量分布才能均匀。如果某个加热区段被烧毁，导致该区段温度失控，材料就可能降解。有些注塑机配有加热圈失效检测功能，可自动检测加热圈是否已烧坏。如果注塑机上没有自动检测功能，最好的检测方法是使用电流表来验证该区段是否有电流流过。如果加热圈已烧坏，就不会有电流通过。更换加热圈时，应确保其宽度和功率合适。此外，加热圈必须将料筒紧密包裹，如果出现松动，可能会导致加热不良。

17.3.3.2 热电偶

热电偶的功能是测量温度。如果热电偶无法提供准确信息，温度就不准。热电偶使用的主要问题是类型选择错误。如果注塑机应使用“J”型热电偶，就不能用“K”型代替。其次是热电偶在料筒或喷嘴上的安装孔中安装不到位，如安装深度不够，反馈的温度值偏低，控制器就会持续加热。

17.3.3.3 注塑机性能

参见第八章有关注塑机性能方面内容。

17.3.3.4 螺杆、料筒等滞留区域

褐纹和其他形式的降解可能来自螺杆、料筒、法兰、喷嘴或喷嘴头等滞留区域。如果材料在熔体状态下滞留在滞留区域，可能会降解并导致褐纹。要确保熔体流动通道尽可能平滑，否则会产生废品。导致喷嘴头滞留的其他因素包括喷嘴头或浇口套损坏，注射单元未对齐或未使用的喷嘴头半径不正确。

图17.5显示了喷嘴头与喷嘴的接触面，两者之间如存在任何间隙都会截留材料。当更换喷嘴头时，要清洁接触表面。另一个需要注意的因素是更换喷嘴头或喷嘴时使用了过多的防卡剂，它们可能渗入熔体流，造成褐纹。

图17.5 安装喷嘴和喷嘴头时接触面要清洁

案例分析：喷嘴头滞留

本案例中的ABS产品上出现了褐纹和料花缺陷。缺陷的位置稳定，似乎指向靠近料筒前部或热流道内部。检查发现，喷嘴头的尺寸过小，与热流道进口的结合处有一个台阶，此处容易残存熔料，滞留后发生分解。更换了一个孔径适合的喷嘴头后，缺陷就消除了。

17.3.3.5 螺杆设计

没有一种螺杆的几何形状能适用所有材料。对于剪切敏感的材料，高压缩比会导致材料因过度剪切而降解。螺杆的压缩比是指螺杆进料段螺槽深度与计量段螺槽深度之比。热塑性塑料的压缩比通常是（1.5：1）到（4.5：1）之间，而通用（GP）螺杆通常在（2.5：1）到（3：1）之间。剪切速率越高，剪切敏感材料越容易降解。许多无定形材料用低压缩比表现反而更好。

螺杆长径比（*L*/*D*）不当会引起材料降解，并导致褐纹。*L*/*D*是螺杆有效长度除以螺杆直径。较大*L*/*D*比代表渐进施加到材料上的剪切更大。虽然较大的*L*/*D*（大于20：1）产生渐进剪切更加平缓，但滞留时间也更长，有可能会导致褐纹。

有很多混炼部件可用于注塑螺杆，这些混炼部件有助于改善熔体的均匀性和色母混合效率，但同时也会导致过高的剪切，从而使材料发生降解造成褐纹。

案例分析：螺杆设计不当出现褐纹

在这个案例中，使用PC/ABS材料，添加了4%的色母，生产一切正常。但另一个螺杆制造商想在我们的工艺中评估他们的混炼螺杆。原来螺杆被更换后便出现了褐纹缺陷。用新螺杆进行的各种工艺调整都无济于事。约2周时间产生了大量废品，最终只得换回原螺杆，以避免出现更多的废品。对新螺杆检查后发现螺杆根部似乎出现过高温（钢表面变色），看来螺杆的混炼区产生过较大的剪切力。螺杆设计师有改变螺杆形状的想法，但他们已经没有机会了，没人愿意继续尝试“修理没毛病的东西”，注塑机继续使用原螺杆。

工艺人员应该了解如何选择注塑机的螺杆类型和关键参数，判断螺杆是否适合某种成型的塑料。词语“通用（GP）”只是相对而言，不可一概而论。

取出螺杆如果发现有残料和积碳区域，就表明存在导致褐纹（或黑斑和料花）的风险。图17.6为一根严重积碳导致成型缺陷的螺杆。

图17.6 螺纹根部的积碳

17.3.4 材料

导致产品褐纹的材料方面因素有:

- 材料错误
- 材料污染
- 色母

17.3.4.1 材料错误

如果将错误的材料倒入料斗，产品可能出现褐纹。不同材料的熔融和降解温度不同，一旦料筒温度设置过高，错用的材料便可能降解。某些材料在降解时会释放出有害物质，所以应确保生产过程使用正确的材料。

17.3.4.2 材料污染

塑料容易被污染。这些污染物包括其他塑料、污垢、纸板、食物等。这些污染物都能在熔融温度下燃烧，从而导致褐纹。通常这类污染的影响都是短暂的，例如有人不小心在装料纸箱里混入了异物。

粉碎回料的过程也可能造成污染。对于允许使用回料的场合，必须采取预防措施确保回料不被其他材料污染。可使用机器人料头夹，将废流道自动送入粉碎机，这样可以保证回料品质一致。有些注塑厂禁止使用人工进行回料处理，从而将污染的风险降至最低。

深色残留物通常会形成深色条纹。换料或换色过程中及时清料以及清洁是成功注塑的关键。要了解更多信息，请参阅关于清料的第十章。

17.3.4.3 色母

褐纹有时可以追溯到材料中使用的色母。如果用于色母的载体不能承受与基材塑料相同的工艺温度，载体树脂就会降解而产生褐纹。也可能色母与材料混合不均匀导致条纹，这种条纹看似材料降解引起。还应确认色母的添加比例是否合理，比例过高也会导致包括条纹在内的多种外观缺陷。

第18章 气泡

■ 18.1 缺陷描述

气泡是被困气体随熔融塑料注入型腔后在产品中形成的一种缺陷，如图18.1所示。

别称：气穴、鼓包。

误判：缩孔、未熔料。

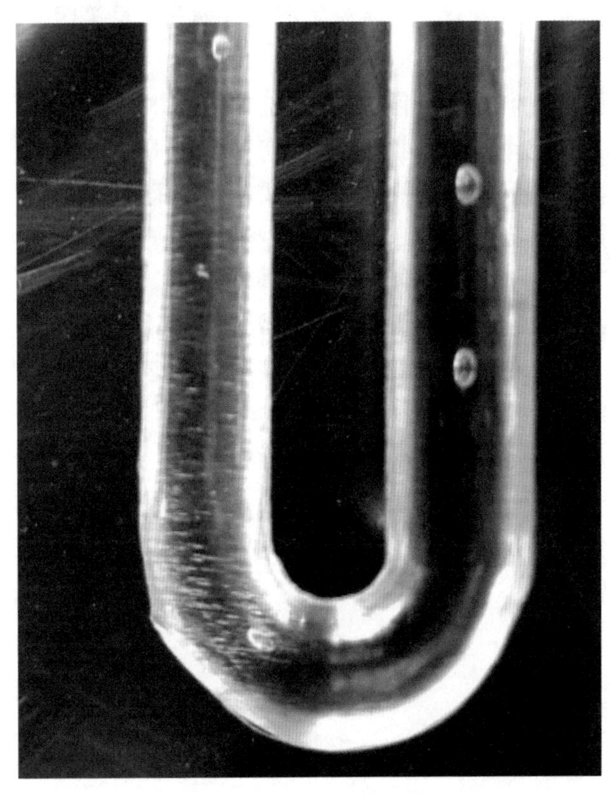

图18.1　气泡

18.2 缺陷分析

气泡缺陷分析如表18.1所示。

表18.1 气泡缺陷分析

成型工艺	模具	注塑机	材料
熔体温度过高	排气	注塑机性能	含水率
背压过低	热流道温度	进料口处开裂漏水	透明的材料
后松退过大	水路开裂	螺杆设计	污染
	文丘里效应		未熔化

18.3 缺陷排除

排除此缺陷的首要步骤是确认是气泡还是缩孔（见第四十五章）。不同缺陷解决的步骤有所不同。

气泡和缩孔的区别在于气泡是由熔体流中的气体形成的，而缩孔是由于塑性收缩而产生了真空。缩孔通常出现在没有完全保压的厚壁部分。可用热风枪慢慢加热缺陷区域来区分气泡和缩孔：如果缺陷是缩孔，塑料壁将会塌陷并显示出凹坑，但如果缺陷是气泡，由于气体受热膨胀，局部表面会鼓起。

以下是一些有助于区分气泡和缩孔的外观线索：

（1）如果缺陷只发生在产品的厚壁区域，它很可能是缩孔。

（2）气泡会遍布整个产品，同时表面伴随着料花出现。

（3）缩孔经常显示出壁厚表面塌陷。

（4）慢慢加热该区域，如果是气泡表面会鼓胀，而缩孔则会凹陷。

排查气泡时，进行连续短射对于分析很有好处。短射可以帮助确定气泡开始出现的具体位置。如果它只出现在特定的位置，往往可以根据气泡形成的起点找出根本原因。

18.3.1 成型工艺

注塑产品产生气泡缺陷的主要原因是塑料熔体中卷入了多余的气体。造成多余气体的原因包括：

- 熔体温度过高
- 背压过低
- 后松退过大

18.3.1.1 熔体温度过高

当塑料熔体过热时，塑料中某些成分降解会释放出气体。就像湿气一样，这些气体会形成气泡，由熔体流携带并注入模具型腔。解决气泡缺陷时，先检查熔体温度总不会错。如果熔体温度高于材料的推荐值，应及时核实以下几点：

（1）料筒温度设定值是否正确？验证设定值是否为材料供应商推荐值。

（2）料筒温度是否达到设定值？加热区段会因热电偶故障而产生过热现象，如热电偶与料筒钢材接触不良、热电偶损坏、加热区段接线倒反（区域1热电偶实际上接到了区域2）或者热电偶的位置距离加热区域太远。

（3）背压是否设置过高？熔化塑料所需的大部分热量来自螺杆背压引起的剪切。实际压力可通过增强比计算得出。确认背压设置正确，并记录正确的压力。

（4）螺杆转速是否过快？应确保螺杆转速设置正确，不宜过快。一般情况下，开模前2～3s螺杆应恢复到位。

通常情况下，熔体温度过高的根本原因是注塑机参数设置不正确或某些参数失控。熔体温度过高会引起很多缺陷，诸如料花、褐纹或黑斑等，或者是上述缺陷同时出现。

18.3.1.2 背压过低

背压设置过低，塑料熔体无法得到充分的压缩，熔体中会出现空隙，注入型腔后有可能产生气泡。大多数材料的标准背压设置在1000～2500psi之间。如果运行时背压低于1000psi，则应评估工艺，确定是否需要更改设置。

背压过低会造成熔体均匀性较差。通常，低背压用于对剪切敏感或含玻纤的材料。应确认背压设置与工艺文件相符。

有个常犯的错误，当我们清洗注塑机时，常降低背压以提高螺杆转速，但清洗完毕却忘记将背压恢复到设定值。由于这时背压过低，料筒里熔体之间的空气不易被挤出，熔体中会充满困气。因此，如果为了螺杆复位降低了背压，事后请务必恢复到设定值。

18.3.1.3 后松退过大

后松退是注塑机上的一个重要设置，有助于控制流涎和止逆阀阀座磨损。

但是，过度后松退会将空气吸进塑料熔体中，从而导致产品出现气泡。应检查后松退设置是否合理。评估是否可以在不带来其他风险的前提下降低后松退。应避免为提高产品质量，过度使用后松退。

如果已采用较大的后松退来控制流涎或拉丝问题，请检查喷嘴加热圈的实际温度，以确保不是温度不当引起的缺陷。在某些情况下，降低喷嘴温度可以带来后松退的减少，继而消除气泡和流涎等缺陷。

18.3.2 模具

产品产生气泡缺陷与模具相关的因素包括：

- 排气
- 热流道温度
- 水路开裂
- 文丘里效应

18.3.2.1 排气

因模具问题而产生气泡的常见原因是排气不足。如果气体被困在熔体流中，无法及时排出，就很容易产生气泡。关于排气的更多细节请参见第七章。

18.3.2.2 热流道温度

如果热流道设置或运行温度过高，材料可能在热流道分流板中降解而产生气体。这种气体会残存在塑料熔体中，并在注射过程中被带进模具。

确认热流道温度是否按照工艺表单正确设置，同样，热流道系统也应在设定温度运行。热流道某区段过热往往是由于热电偶安装不正确等原因造成的。如果热流道系统中有两个热电偶位置装反了，热流道控制器会不断增加电流，使该区段达到设定温度，其实热电偶读取的却是另一个位置的温度值。高端热流道控制器往往会内置许多功能，如热电偶损坏检测、互换热电偶检测和加热器熔断检测。

18.3.2.3 水路开裂

另一个导致气泡的原因是模具水路开裂，水分吸附在型腔表面，产生气泡。如果型腔表面有水滴，很明显是模具开裂了。然而，也有这样的情况，漏水只在模具合模锁紧后才能看到。因此当检查可疑的裂缝时，需要闭合模具，看看是否在锁模压力下裂缝才被撑开。一个修复模具裂纹的临时方法是使用逆流模温机，但模具冷却能力会受到影响。最终的解决办法当然是修复裂缝。在设计模具时要注意，形状过渡的位置如果太过尖锐非常容易产生裂纹。

水路开裂往往是由于模具设计不当。模具型腔转角处太尖锐会引起应力集中导致模具开裂。此外，如果水路布置得太接近型腔表面，出现的局部薄铁往往容易开裂。模具设计评审是生产满足量产要求模具的关键步骤。

18.3.2.4 文丘里效应

文丘里效应以乔瓦尼·巴蒂斯塔文丘里（Giovanni Battista Venturi）【意大利物理学家——译者注】的名字命名，是一种流动过程中出现的压差效应。在注塑成型中，有时我们会看到模具填充过程中，由于熔体中混入空气而出现类似于文丘里效应的现象。

该现象可能由模具的不同部位造成，如喷嘴头和浇口套之间的错位、热流道分流板中的错位或阀座异常，以及型腔与某些部件存在的间隙，如与顶针和镶件之间的间隙。如果气泡被携带到某特定区域，则表明该处的模具部件有问题。这类问题需要更深入的评估才能找到解决方案。为了确定错位区域，需要对模具进行拆卸并使用蓝丹配模。

18.3.3 注塑机

产品产生气泡缺陷与注塑机相关的因素包括：

- 注塑机性能
- 下料口开裂
- 螺杆设计

18.3.3.1 注塑机性能

请参阅第八章关于注塑机性能部分。

18.3.3.2 下料口开裂

如果注塑机下料口出现裂纹，冷却水会随塑料粒子进入料筒内。一旦塑料粒子含水分，遇热便形成蒸汽，蒸汽被困在熔化的塑料中，就会在产品中形成气泡。

为了检查下料口是否有裂纹，必须清空料筒并且将料斗从下料口移开。用检查镜检查下料口是否有水滴。如果检测到裂纹，则应立刻修复，以避免产品继续报废。检查下料口应十分谨慎，因为料筒内塑料在压力的作用下会从下料口喷出。图18.2所示为下料口检查镜。检查下料口时应使用防护面罩。千万不要裸眼向内探望或站在下料口的正上方。

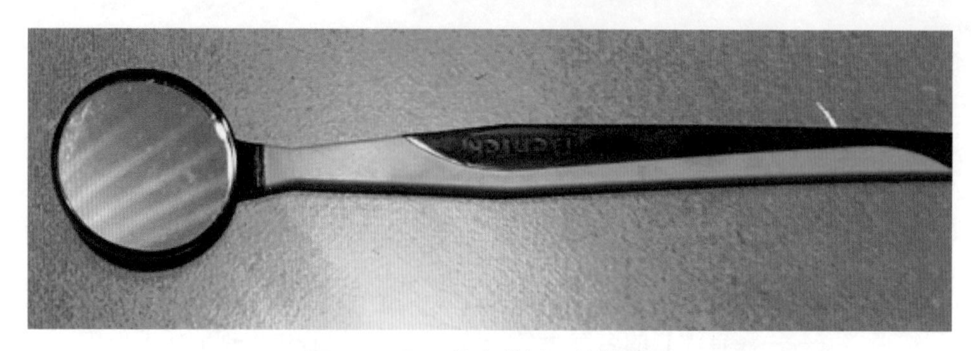

图18.2 用于检查进料口的检查镜

18.3.3.3 螺杆设计

如果材料成型过程中的注塑机螺杆选型错误，气体可能会混入熔体流。验证螺杆选型是否正确的关键参数是压缩比，即进料段螺槽深度与计量段螺槽深度之比。当加工如聚甲基丙烯酸甲酯（PMMA）、乙缩醛（Acetal）和尼龙等材料时，如果注塑机螺杆压缩比较小（如小于2.5），便会引发缺陷。请注意，大多数注塑机使用的中等螺杆压缩比介于2.5～3之间，多数情况下这已经足够了。用压缩比特别小的螺杆加工普通材料可能引发缺陷，它们一般仅用于如PVC等材料的成型。

18.3.4 材料

产品产生气泡缺陷与材料相关的因素包括：

- 材料含水率
- 透明材料
- 材料污染
- 未熔料

18.3.4.1 材料含水率

如果注塑时材料太湿，材料在料筒中加热时湿气会转化成气体，气体在熔料中会形成气泡并困在产品内，就会导致缺陷。因此所有吸湿材料在加工前必须充分干燥。

含水率过高是产品产生气泡的主要原因。当排除气泡缺陷时，首要检查材料的含水率（见关于干燥的第九章）。

18.3.4.2 透明材料

透明材料并不一定更容易产生气泡，但透明件上的气泡却很容易被发现。

如果注塑时有湿气，易吸湿的透明材料如聚碳酸酯（PC）、聚酯和聚甲基丙烯酸甲酯（PMMA）就很容易产生气泡缺陷。不透明材料注塑时可能产生气泡，但几乎不会被发现。基于这个事实，用不透明材料注塑的产品因气泡而报废的产品较少，但产品里很可能存在探测不到的气泡。一般来说，虽然不透明产品中看不到气泡，产品不会因气泡缺陷而报废，然而，它们却可能因为原因相似的料花缺陷而报废。

18.3.4.3 材料污染

如果成型材料被异物污染将产生不良反应。在许多情况下，如果熔点较低的材料污染了熔点较高的材料，低熔点的材料在熔化过程中会发生降解，从而产生挥发性气体。这些逸出的挥发物混入熔体流中，进而产生气泡。

避免材料污染的要点如下：

（1）确保容器盖好以减少污染机会。

（2）明确识别所有材料、添加剂，并且应避免粉碎废料时混料。

（3）引进新材料袋、纸箱或筒仓供料时，都应建立明确的作业指导。

被污染的材料会造成多种外观缺陷，同时也会降低材料的物理性能，导致产品最终无法使用。

18.3.4.4 未熔料

未熔料是指通过料筒时未被完全熔融的塑料粒子。它们有时会被误认为气泡，因为它们经常在产品上留下一个明显的隆起。如果怀疑有材料未熔化，可切开产品有气泡的区域，查看是否有颗粒堆积。

未熔粒子最容易出现在半结晶塑料中，其根本原因是没有足够的热量让塑料粒子熔融。通过增加背压，增加螺杆转速和使用高压缩比的螺杆有助于解决这个问题。通用螺杆的压缩比一般为（2.5 ～ 3）:1，这对半结晶材料而言未必合适。

案例分析：未熔塑料

在本案例中，加工热塑性聚烯烃弹性体（TPO）的注塑机螺杆压缩比过小。由于压缩比不足，塑料粒子无法完全熔化成均匀熔体，零件表面偶尔会出现未熔粒子，看上去很像一个气泡。切开有缺陷区域发现，它确实是未熔化的粒子。于是将螺杆从注塑机上拆下进行检查。图18.3显示未熔粒子不但穿过了螺杆压缩区，而且穿过了计量区。更换了一根压缩比更高的通用螺杆，新螺杆改善了熔化TPO的能力，但由于通用螺杆的压缩比对于半结晶材料来说仍然很低，故需要有较高的背压。

图18.3　螺杆表面未熔的塑料粒子

第19章 模垢

19.1 缺陷描述

模垢是塑料成型过程中气体挥发造成的缺陷。由于排气口附近的模垢降低了模具的排气能力，所以也会引起其他缺陷的出现，如料花等。如果模垢出现在模具的型腔里，就可能导致产品表面缺陷，如外观粗糙。图19.1显示了一套排气口有严重模垢的模具：注意型腔表面出现的锈斑和腐蚀。

别称：析出现象、瓦斯气体聚积。

误判：无。

图19.1 模垢导致钢材严重腐蚀

19.2 缺陷分析

模垢缺陷分析如表19.1所示。

表19.1 模垢缺陷分析

成型工艺	模具	注塑机	材料
熔体温度过高	排气槽	注塑机性能	回收料
过度剪切			含水率
			材料类型
			添加剂

■ 19.3 缺陷排除

模垢产生的根本原因是塑料加工过程中挥发的气体聚积在模具表面。要解决模垢问题，可以从以下两方面着手：

（1）什么导致了挥发物过量?

（2）挥发物能否顺畅地从排气槽排出?

19.3.1 成型工艺

导致成型过程中产生过量挥发物的成型工艺方面因素包括：

- 熔体温度过高
- 过度剪切

19.3.1.1 熔体温度过高

通常，产生模垢缺陷的根本原因是材料降解而释放出过量气体或挥发物。如果材料在过高的温度下成型，将产生过量气体，导致出现困气和模具表面污垢堆积。所以在解决模垢问题时，请先确认材料是否在成型过程中过热。应保证材料的实际熔体温度不超过供应商的推荐值，重要的是需测量实际熔体温度而不是仅仅依赖料筒温度设定值。

19.3.1.2 过度剪切

剪切为熔化塑料提供大量能量。但在成型过程中如果剪切过大，会导致熔体温度过高，材料降解。产生高剪切的关键因素包括：

- 背压
- 螺杆转速

- 注射速度

要验证这些因素的影响，请检查材料的熔体温度。通常是塑化过程中产生了高剪切，引起料筒加热区段温度过高，超过设定值。应检查料筒温度是否符合设定温度，如是则表明螺杆转速过快剪切过大。当熔体高速填充模具时，加工过程中产生的气体很难从排气槽排出，所以高速填充的模具需要更充足的排气槽。如果确认是注射速度过快导致出现模垢，应首先尝试增加额外的排气，而不是立即降低注射速度。较慢的注射速度会增加成型周期并增加产品生产成本（有关排气的更多详情，请参见第19.3.2节）。

注塑成型的一个要点是避免采用可能造成材料降解的工艺条件。剪切速率、温度和滞留时间是最有可能破坏材料的常规工艺条件。

19.3.2 模具

模垢主要与排气有关，如果模具没有充足的排气，塑料中的挥发物将被困在型腔中，这是模具表面产生模垢的一个潜在原因。图19.2为模垢示例，有不少黑色模垢已从型腔表面剥落。

图19.2 排气槽模垢，有黑色模垢从模具表面剥落

当模垢对产品或工艺产生不利影响时，应验证模具是否开有足够的排气槽并且都很通畅。很多时候，聚积物试图通过排气口逸出并大量堆积在排气口附近，进一步限制了模具的排气能力。为验证排气槽是否通畅，可以将蓝丹涂在排气槽

对侧模具表面上。如果排气槽通畅，排气槽位置不会出现蓝丹。排气槽深度也很重要。深度可以用深度千分尺测量，也可以填入腻子，然后测量排气槽位置的腻子厚度。如果发现排气槽太浅，应该由经验丰富的模具技工加深排气槽。

如果确认排气槽通畅，则需检查模具是否可以额外添加更多的排气槽。每隔几英寸布置一条半英寸宽的排气槽这种老套路已经不管用了。因为排气槽设置过多而引起缺陷的案例极其少见（除非排气槽太深造成飞边）。通常情况下，全周边开排气槽效果更好，气体可以更轻松地从模具中排出。如果不能开全周边排气，则增加排气槽宽度更为有效。常见的情况是在填充末端开一条0.5in宽的排气槽，但往往正对目标的概率不大。但如果开一条2in宽的排气槽，能覆盖填充末端的概率就会大为增加。

还有一个对模垢有很大影响的因素是排气槽长度。如果长度太长，排气槽不易保持清洁，会更快地被模垢堵塞。排气槽长度一般应在0.080in（2mm）以下。减少多余的排气槽长度常常可以改善模垢问题。如铣加工的排气道并未在靠近型腔时予以清角，排气槽长度应从铣刀中心算起。

金刚石铬镀层有助于改善聚碳酸酯（PC）材料的模垢问题，其他模具涂层也有助于减少模垢并改善模具清洁状态。

浇口位置设置不当会把气体引入难以排出的位置，造成困气。使用阀针浇口的模具，可调整工艺来改变原来的填充方式，将填充末端转移到可以顺利排气的区域。在流动前沿被逼到型腔中央的情况下，需要花费更多的时间和精力通过镶件、顶针和斜顶等部件充分排气。

在某些出现模垢的情况下，将排气槽接通抽真空装置可以提高模具整体排气能力，但分型面上应使用密封件来达到最佳效果。即使不加密封件，在排气道上增加抽真空也会起到良好效果。将抽真空管路连接到真空发生器上，使用合模开关启动抽真空功能，使挥发物从排气口中抽出。

19.3.3 注塑机

与注塑机相关的模垢问题主要是注塑机性能。

有关详细信息，请参阅第八章的注塑机性能。

19.3.4 材料

模垢与材料相关的因素包括：

- 回料

- 含水量
- 材料类型
- 添加剂

19.3.4.1 回料

使用回料可能引起模垢堆积，特别是回料降解或是含水分较高时进行注塑。任何在材料塑化过程中增加气体生成量的因素都会导致模垢缺陷。

也有使用回料帮助减少模垢的情形，这是由于一些引起模垢的组分经过加热后焚毁。例如低分子量树脂、脱模剂、残余单体或其他添加剂等物质在第一次通过注塑机后实际上已经减少了。回料对工艺会产生重大影响，判断是否存在影响的一个有效方法是使用一次100%的原始材料，然后评估缺陷是否有所改观。

回料可能会成为污染源。如果其他材料的废品或流道不慎落入粉碎机，将污染本批回料。受污染的回料因熔融温度不同可能产生降解，进而导致模垢。图19.3是一个回料受污染的案例。如果怀疑材料已被污染，可取少许材料摊平在桌子上，进行分类查找。

图19.3 被污染的回料含浅灰色物质

19.3.4.2 含水率

塑料在没有充分干燥的情况下加工时，水分会在注塑机的料筒中挥发，产生气体。熔化过程中产生的多余气体需要在模具填充时从模具中排出。模具上的排气槽可能不够，难以排除所有填充过程中带入的多余气体。当这些气体试图通过排气槽排出型腔时，气体产生的模垢就会留在排气槽内。因此，应确保材料在加工前充分干燥。有关材料干燥的更多细节，请参阅第九章。

19.3.4.3 材料类型

有一些材料更容易产生模垢，特别是宽规格材料。在某些情况下，这些材料的成分和单体没有完全参与反应，最终在熔化过程中挥发。挥发物通过模具排气槽排出，残留的副产品便生成了模垢。

尼龙中的己内酰胺就是如此。这种未反应的己内酰胺会在模具或产品表面形成白色物质。排气槽中的模垢会导致产品烧焦，而白色模垢又会在产品上产生外观缺陷。由于尼龙的含水率较大，而且黏度较低，因此挥发物在模具填充时很难充分排出。

聚碳酸酯是另一种在流动时容易形成模垢的材料。聚碳酸酯需要的排气槽深度比其他材料更深，这样才能充分排气。

ABS和聚苯醚（PPO）等材料也会产生液体状挥发物流到分型面上。

适当的排气是所有材料成功成型的关键。如果材料在成型过程中比正常情况时产生更多问题，需确认排气是否处于最佳状态。

当遇到模垢问题时，要注意型腔表面的侵蚀状况。有些材料和添加剂会释放腐蚀性挥发物，经过一段时间，这些挥发物会导致模具损坏。如果注塑具有腐蚀性的材料，如聚氯乙烯（PVC），则必须确保模具准备从注塑机上下模时喷涂酸中和剂。模具钢材生锈和腐蚀造成的损坏修复起来既耗时又昂贵。

19.3.4.4 添加剂

塑料加工过程中会使用多种添加剂，这些添加剂在加工过程中可能从材料中析出。可能导致在模具上产生模垢的添加剂包括：

- 阻燃剂
- 着色剂
- 润滑剂
- 脱模剂
- 紫外线稳定剂

有些案例中使用混合添加剂也会引起模垢问题。为了满足塑料的某些特殊性能，这些添加剂是必不可少的。如果某种材料持续带来缺陷，请先确认是否按流程操作，包括排气是否开设到了最大限度（见第七章关于排气）。

使用添加剂时，应验证添加比例是否符合要求。如果添加剂使用过量，那么在成型过程中将析出添加剂中的副产物。

一旦产生模垢，也可咨询材料供应商。材料供应商用无菌棉签采样模垢后，可送到实验室进行分析研究，确定模垢的具体化学成分。

案例分析：模垢

一副两腔模具在注塑一种异常坚韧的尼龙时，遇到了严重的模垢问题。每2小时必须停机清洗一次模具，以避免模垢堵塞排气槽，导致产品烧焦。通过增加分型面排气槽，问题得到了缓解，模具清洗的间隔变为每班一次（而非每班四次）。该材料的特性要求有较大的排气槽面积，以减轻副产物的聚积状况。但由于尼龙材料容易产生飞边，排气槽深度不能太深，故只能增加排气槽宽度，以实现更好的排气效果。

第20章 烧焦

20.1 缺陷描述

当模具在填充过程中产生的气体被困时，这些气体一旦遇到高压就可能被点燃，导致塑料燃烧。这种缺陷通常会在产品和模具表面出现黑色沉积物。图20.1为烧焦缺陷的案例。

别称：柴油机效应、困气。

误判：颜色漩纹、褐纹。

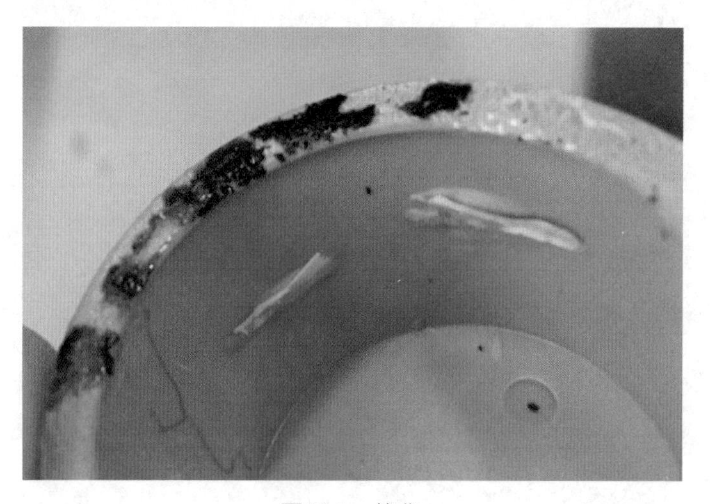

图20.1 烧焦

20.2 缺陷分析

烧焦缺陷分析如表20.1所示。

图20.1 烧焦缺陷分析

成型工艺	模具	注塑机	材料
注射速度过快	排气	注塑机上的模垢	含水率
熔体温度过高	模具污染	螺杆设计	材料种类
后松退距离过大		螺杆、料筒、喷嘴头部等损坏	

20.3 缺陷排除

烧焦是产品成型后产生的棕色或黑色变色区域，一般呈乌黑色（类似炭色）。

解决烧焦缺陷需要回答以下两个问题：

（1）气体从哪来？别忘了填充开始时，型腔里充满着空气。

（2）为什么气体没有从模具中逸出？

解决烧焦缺陷大多是解决排气相关的问题，不要用工艺调整迁就模具存在的质量问题！

20.3.1 成型工艺

如上所述，烧焦缺陷的根本原因是排气不良。用工艺调整解决烧焦问题应该是最后才考虑的步骤，模具存在的问题应在调整工艺之前加以解决。

会产生过量气体副产品或引发困气的工艺条件包括：

- 注射速度过快
- 熔体温度过高
- 后松退距离过大

20.3.1.1 注射速度

快速填充时气体更有可能被困而不是从排气槽排出。降低注射速度固然可以改善烧焦问题，但会延长周期时间。通常，如果降低注射速度可以改善烧焦缺陷，那么改善模具排气也可以解决问题，而且是彻底解决。如果出现了烧焦问题，应先检查排气后再考虑调整成型工艺。

降低注射速度不仅会增加周期时间，而且可能会影响材料注射时的黏度。这种黏度变化反过来会导致其他产品缺陷，如光泽度不均匀、缩痕、短射等。

不要用工艺调整绕过排气问题。请参阅第七章以获得更多关于排气的信息。

案例分析：注射速度

本案例填充末端的熔接线处出现了烧焦，这种缺陷在产品上形成的典型外观特征是材料碳化而留下黑色沉淀物。降低注射速度让气体及时排出型腔的确消除了烧焦现象。而一位模具师傅通过加深排气槽深度，同时将注射速度恢复到初始值，烧焦并没有再现。继续加深排气槽，进一步缩短注射时间，成型周期也缩短了超过2s。

20.3.1.2 熔体温度

当熔体温度过高时，材料会降解并产生气态副产品，这些多余气体会被困在型腔中。应始终关注材料推荐的成型温度，并对实际熔体温度进行测量并验证。所有工艺人员都应该能够得到所用材料的推荐工艺参数。

对于熔体温度，重要的是验证影响实际熔体温度的因素，如料筒温度、背压和螺杆转速。不应轻易假设设定的料筒温度就是实际的熔体温度。

如果料筒温度设定得太高，材料可能会过热，导致降解。应确认料筒温度设定正确并已达到设定值，并查看加热区段是否有持续加热的情况，因为这种现象表明有加热区段没有充分加热，或者热电偶读数不正确。加热圈必须与料筒紧密安装，而且热电偶安装深度也要正确。

剪切提供了塑化所需的大部分能量，因此在验证熔体温度时检查背压和螺杆转速非常重要。就像料筒温度一样，背压和螺杆转速也可能设置不正确，因此需要进行确认。螺杆转速设定的一般经验法则是，螺杆在开模前2 ～ 3s熔料结束。背压通常应根据材料和着色剂组分的不同，在1000 ～ 3000psi范围内变化。

20.3.1.3 后松退

后松退距离过大会导致空气被吸入喷嘴前端的熔体中。这些空气与塑料一起注入模具后，必须加以排除。后松退过程中吸入的气体如果太多，排气口无法及时排出，会导致困气和烧焦。

应确认是否使用了过多的后松退。如果使用较大后松退来防止喷嘴流涎或拉丝，应关注一下喷嘴温度。如果喷嘴温度过高会导致流涎，需要高于正常值的后松退。可尝试降低后松退，查看对工艺产生的影响。另外，需保证止逆阀正常工作所需的后松退量。

20.3.2 模具

在处理烧焦问题时，模具通常是罪魁祸首。以下为导致烧焦的模具原因：

- 排气
- 模具污染

20.3.2.1 排气

导致产品烧焦的首要因素是模具缺少排气。因此，当产生烧焦时，首先从检查模具排气开始。改善排气状况可以消除大多数烧焦缺陷（见第七章关于排气）。图20.2为熔接线处因缺少排气而造成烧焦的典型案例。

图20.2 熔接线处缺少排气造成烧焦

如果模具无法保持清洁，排气效果会受到影响。如果在模具正常生产后出现烧焦问题，首先要做的事情是清洗模具。如果清洗模具的排气槽（包括滑块和斜顶上的排气）解决了问题，那么缺陷肯定与排气相关。为了完全消除缺陷，应增加更多的排气槽或在生产过程中更频繁地清洗模具。如果模具需要经常清洗分型面和排气槽才能正常生产，说明模具需要增加排气槽。请注意开机前模具上的防锈剂也应加以清除。

如果模具出现烧焦，那么随着时间的推移，烧焦区域的型腔钢材就会出现腐蚀。这种腐蚀会引发许多问题，包括粘模、外观不良和分型面飞边。因此，及时解决烧焦问题比后期修复模具腐蚀相关的缺陷要简单得多。

20.3.2.2 模具污染

来自模具运动部件的油脂或油缸渗出的液压油会成为模具表面的污染物，这些污染物会附着在模具排气槽等位置。如果污染问题持续发生，应确定造成污染的原因并加以解决。

当模具液压油缸漏油时，通常可以在模具表面或缸体处看到油滴。这些油污被带入熔体后，可能会造成排气口堵塞。如果油缸漏油，需要对油缸进行维修或更换。也有可能液压油管接头处位于模具上部，拔下接头时，常有油珠滴入型腔。如果可以，应尽量避免油路接头设在模具顶部。同时确保技术员或架模工按标准操作程序清理漏油。

运动部件上润滑油脂涂抹过多最终可能会进入型腔，导致排气口堵塞。模具保养结束后，某些部件常常会被“油脂包裹”，这是由于模具车间会以为涂抹油脂多多益善。因此应与模具车间一起制定模具上油的标准操作。另外车间里给模具部件上油的员工应熟悉正确的上油流程。

20.3.3 注塑机

应检查注塑机的参数设置，确保注塑机在温度、背压或螺杆转速方面没有失控。任何材料过热都可能会产生过量的气体，从而导致烧焦。

可能导致烧焦的注塑机方面因素包括：

- 注塑机上的模垢
- 螺杆设计错误
- 料筒加热圈过热
- 螺杆、料筒、止逆环损坏

20.3.3.1 注塑机上的模垢

随着时间的推移，注塑机局部出现材料堆积和降解进而产生模垢的现象在所难免。当材料降解时，会释放出多余的废气和副产品，使模具排气困难。如果这些多余气体无法排除，就可能造成困气，进而产生模垢缺陷。当切换原料或注塑机暂停生产料筒内材料滞留时间过长时，往往会出现模垢问题。

模垢缺陷的出现还常常伴随着其他缺陷，如注塑件上的黑斑、料花和褐纹。因此，在换料或长时间停机后，应彻底清洗料筒，减少模垢产生。

有时模垢起源于喷嘴和端盖或喷嘴和喷嘴头之间的错位。当材料通过注塑机前端部件时，应保证有顺畅流动的通道。任何错位处都会导致材料的阻塞和降解。

正确关闭生产对于减少模垢问题的发生也很关键。当注塑机停机一段时间后，应进行清洗，以消除料筒内材料降解的风险。对于某些材料来说更加关键，因为材料对温度越敏感，降解的速度就越快，从而导致潜在的模垢问题。

20.3.3.2 螺杆设计错误

螺杆剪切提供了塑料粒子熔融所需的大部分能量。如果螺杆的长径比（*L*/*D*）或压缩比设计不合理，就会产生过度剪切，导致材料降解，并产生多余的废气，必须从模具中排出。图20.3所示为一根通用螺杆。

图20.3 通用螺杆

如果模具在某台注塑机上运行良好，且螺杆也没有更换，那么出现烧焦缺陷的原因可能与螺杆结构无关。在某些情况下，降解材料会在螺杆上堆积，而由于螺杆根部的堆积差异，导致实际螺杆槽深度出现了差异。此外，在极端的情况下，螺杆上会积聚大量碳化、降解材料，以致看起来多了一道由模垢堆积起的阻挡棱。对于这种会造成缺陷的现象，应建立合理的停机和清洗程序。

20.3.3.3 料筒加热圈过热

与过度剪切一样，料筒加热区段过热也会导致材料降解。如果在料筒、端盖或喷嘴上有一个区段温度超标，就可能导致过热和塑料降解。

检查料筒温度读数是否有过热区段。通常，由于螺杆熔料时的剪切热，有些区段可能会出现温度失控。如果该区段温度超过了设定值，但实际上并未持续加热，那么存在以下两种可能性:

（1）螺杆剪切持续产生热量，使料筒温度高于设置值，料筒加热圈再也无法控制料筒温度。如果是这种情况，试着降低螺杆的旋转速度，让螺杆在开模前2 ～ 3s结束熔料，或检查施加在螺杆上的背压。

（2）还有一种较小的可能性是热电偶安装位置错误。如果最近更换了注塑机上的加热器或热电偶，这就可能成为潜在原因。如果是这种情况，你会看到一个不需要加热的区段持续加热，而另一个需要加热的区段却始终无法升温。

这表明热电偶接反了。

可以用红外热成像来发现喷嘴中的热点，如图 20.4 所示。

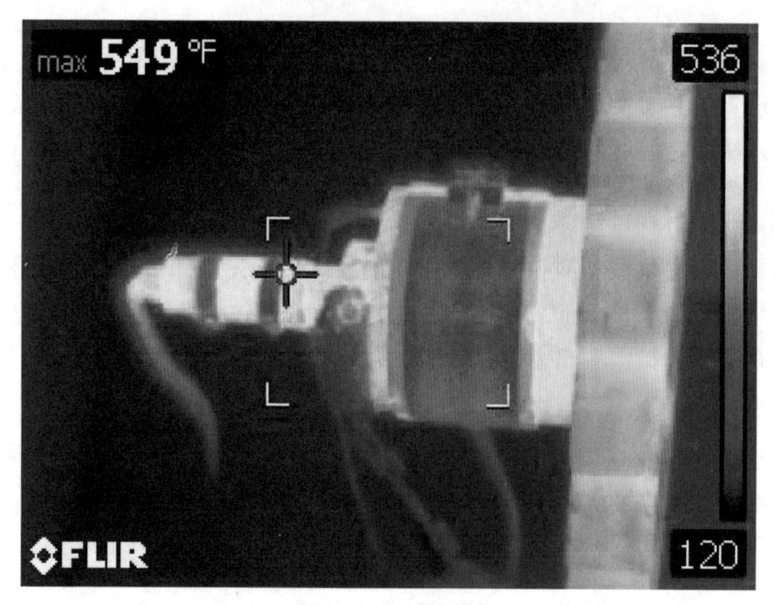

图20.4 喷嘴处热点

20.3.3.4 零件损坏

注塑机的螺杆、料筒、止逆环、端盖、喷嘴或喷嘴头如有损坏，可能会导致局部剪切增大或产生模垢。损坏的零件会引起塑料产生多余气体，需要从模具中排出。但有的故障是由于金属屑卡在浇注系统的某处而非零件损坏。

为了检查料筒中是否存在金属屑或零件损坏，必须拆除端盖检查每个零件。该项工作尤为耗时，因此只有确定存在金属屑或零件损坏时才可进行。

20.3.4 材料

可能导致烧焦的材料方面因素包括：

- 含水率
- 材料种类
- 添加剂

20.3.4.1 含水率

烧焦通常是塑料熔体中的挥发物在填充时没有及时排出引起的。吸湿材料含水率过高，水分在塑化过程中蒸发并混入熔体中。这种气体在熔体中通常会导致料花类的缺陷，而当气体试图通过模具排气槽时可能会导致烧焦。有关水分的更多信息，请参阅第九章关于干燥。

20.3.4.2 材料种类

烧焦与许多缺陷类似，更容易发生在某些种类的材料中。对温度敏感的材料，如聚氯乙烯或乙缩醛，降解速度非常快，材料实际抵达料筒某个位置时可能已经处于烧焦状态。在加工对温度敏感的材料时，关键要了解材料在料筒内的停留时间，并确保料筒和热流道上的所有区段温度都能得到精确控制，没有任何区域存在材料滞留。

与解决其他潜在的材料问题类似，首先确保运行的工艺符合所需工艺条件。其次确认使用的材料种类正确，且没有被污染。

当切换到熔融温度较低的材料时，料筒温度必须相应降低，如PVC或乙缩醛。

案例分析：PVC烧焦

某PVC产品需要使用替代材料打样。打样后发现表面有几处烧焦斑点。为了尽量减少材料的烧焦，进行了大量的工艺调试。后与材料供应商评估后发现材料配方有误，材料的热稳定性不够，不适合注射成型。如果当初对材料配方有更深入的理解，本可以节省大量的注塑试验时间。

20.3.4.3 添加剂

色母会使材料出现烧焦可能性。一些矿物质降解速度比原材料更快，释放的气体也更多。此外，浅色产品上的烧焦即使很轻微，也更容易被发现。深色材料容易遮盖烧焦痕迹，故检查产品时，应重点检查深筋处是否有烧焦。有人没注意筋条顶端的烧焦，直到手上沾了黑灰才有所察觉，再仔细检查一下才会发现烧焦的地方。

材料中的添加剂成分都有可能导致气体产生并在排气槽上产生模垢，如增塑剂或脱模剂。如第20.3.2.1节所述，排气对于避免加工过程中出现烧焦很关键。

应确保在加工前（分批混合或在进料口混合）基材中添加的色母或其他添加剂比例正确。如果添加过量的添加剂，在加工过程中出现问题的可能性将明显增加。还要确认添加剂或色母适用于当前的成型材料。

第21章 雾化

21.1 缺陷描述

雾化是一种发生在透明注塑产品上的外观缺陷。当产品上出现白化或条纹时，清晰度将会降低（见图21.1）。

别称：乳白色、污染、白色条纹。

误判：色纹流。

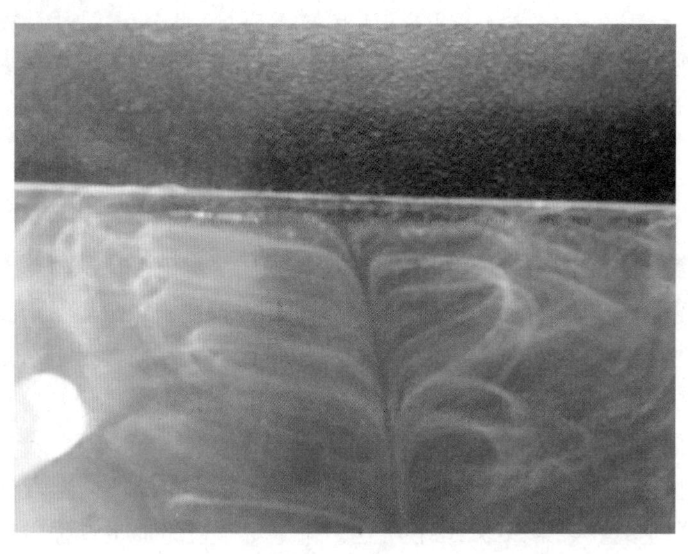

图21.1 雾化

21.2 缺陷分析

雾化缺陷分析如表21.1所示

表21.1 雾化缺陷分析

成型工艺	模具	注塑机	材料
熔体温度过低	漏水	滞留区域	污染
材料更换不当	模具表面		半结晶成核
模具温度过低	滞留区域		含水率

21.3 缺陷排除

雾化是典型的材料问题，尤其是材料受到污染。

21.3.1 成型工艺

产生雾化与成型工艺相关的因素包括：

- 熔体温度
- 材料更换不当
- 模具温度

21.3.1.1 熔体温度

根据材料供应商的建议，确认材料的熔体温度是否合适。实际熔体温度应该用熔体探针或红外枪测量。实际熔体温度受到多种因素的影响，包括料筒温度、背压、螺杆转速、停留时间和螺杆几何形状。

如果熔体温度过低，就会出现雾化现象。尝试提高熔体温度，察看外观雾化是否有所改善。有时熔体或模具温度过低会导致喷射缺陷，实际上也会产生雾化外观，如图21.2所示。本案例中的喷射现象很明显。尽管有时喷射是根本原因，也只有在短射时才能明显观察到。

21.3.1.2 材料更换不当

造成雾化的一个常见原因是材料更换不当。在进行材料更换时，之前材料的残留物可能导致透明材料出现雾化外观。

切换透明材料时的程序非常重要。进料流或熔体输送流中有任何残余材料都可能导致雾化。应始终确保清料后从料管中能流出足够量的透明材料，以保证熔体流未受污染。彻底的材料更换一定要有足够的时间保障。

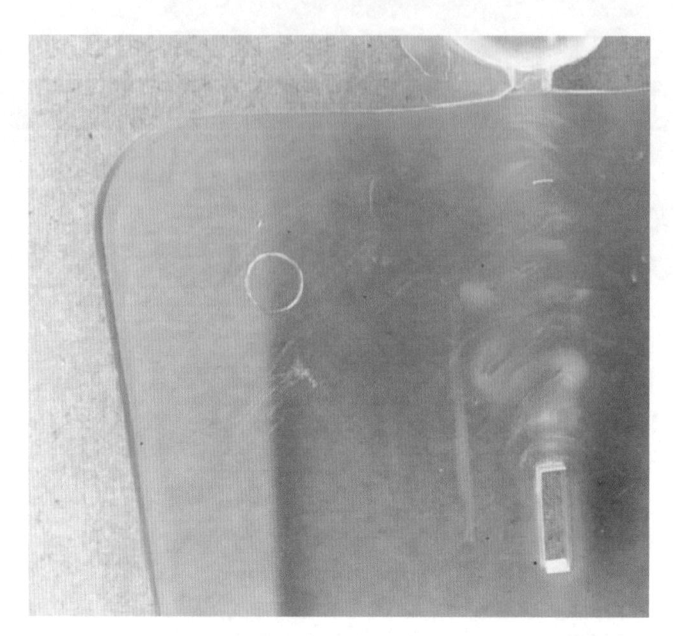

图21.2 透明聚碳酸酯片中喷射导致的雾化外观

有关材料更换建议的更多信息，请参阅第十章。

21.3.1.3 模具温度

模具温度的变化会对产品雾化产生影响。在成型透明聚丙烯之类的产品时尤其如此。冷模成型透明聚丙烯时，会降低晶体尺寸和结晶度，生产出的产品透明度更好。如果结晶度增加，透明聚丙烯更可能产生雾化。

对于每种成型材料，应熟知推荐的工艺设置。验证实际工艺结果是否符合规定的工艺设置。在工艺开发过程中，可尝试适当调整模具温度，确定温度对雾化的影响。

21.3.2 模具

产品雾化与模具相关的潜在因素包括：

- 模具漏水
- 模具表面质量
- 熔料滞留区域

21.3.2.1 模具漏水

如果模具上存在裂缝让水渗入型腔，就会产生雾化。如果存在雾化问题而且已排除了别的原因，则应检查模具是否漏水。模具漏水有时很难察觉。有时水滴在模具表面显而易见。但也有些情况下，水滴非常小，只有在锁模压力下才会出现。检查开裂的模具是否漏水的一个方法是：把模具放在合模机上夹紧，察看在锁模力作用下是否有水从裂缝中缓慢渗出。

21.3.2.2 模具表面质量

为了使产品的透明度达到最佳，型腔表面应该抛光。抛光不充分时光线分散，导致透明度降低。型腔未抛光但施有皮纹的区域也会引起光线漫反射。

另一个可能出现在模具表面的缺陷是材料副产物产生的模垢。模垢会降低模具的抛光级别，导致产品呈现雾状而降低透明度。

检查模具表面，确保没有抛光不足或存在模垢的区域。如果模具表面暗淡无光，需要用Zapox之类的清洗剂清除模垢，或者用钻石膏抛光，改善抛光不足的区域。

21.3.2.3 熔料滞留区域

如果模具配有热流道系统，则可能在某些位置滞留材料，导致其随时间推移而被冲入模具型腔。需特别关注的区域包括主浇道开口处、所有直角转角处、模具部件之间的错位处、阀针、分流梭和内部加热器等位置。任何导致材料长时间滞留的区域都会在换料或换色后一段时间内产生缺陷。即使模具只加工透明材料，料筒中的材料更换不当也会使受污染的材料进入分流板。应在制造分流板之前特别关照热流道供应商，让他们努力消除可能导致材料滞留的死角。

21.3.3 注塑机

最可能引起雾化因素与注塑机相关的是滞留区域。

如果注塑机供料通道某处有滞留区域并滞留材料，换料过程将异常艰难。滞留区域可能为料筒与法兰、法兰与喷嘴、喷嘴与喷嘴头、喷嘴头到浇口套之间产生错位的地方，或为螺杆、料筒、法兰和止逆环上的破损点。

由于需要拆卸注塑机零件，寻找滞留区域非常耗时。为让寻找滞留区域耗费的精力和时间物有所值，应将其他潜在原因也一网打尽。有时，实际滞留区可能只是零件间的细微段差，但却导致前一种材料长时间拖丝。图21.3为崭新的喷嘴和错位的喷嘴头。闪闪发亮的内圆环是喷嘴本体和喷嘴头之间的一个台阶。

如果滞留区域是引起缺陷的根本原因，有时可以提高料温和使用清洗剂让残料脱落，或在料筒加工新料之前，用清料混合物清除其中的残留材料。

像喷嘴头这么简单的零件也会存在滞留点，特别是使用通用喷嘴头时会存

图21.3 从喷嘴末端向头部看存在滞留台阶（发亮的圆环）

在死角，一旦碰到换色就会使材料滞留，并在注塑机生产时被带出。对于小孔径的喷嘴头这点尤为敏感，因为它的死角更大。

21.3.4 材料

造成产品雾化的材料方面因素有：

- 材料污染
- 材料含水率
- 半结晶状成核

21.3.4.1 材料污染

造成雾状外观最常见的原因之一是材料污染。污染可能有以下几种来源：

（1）没有把盛材料的容器盖好，导致污染物进入。存储容器都应该盖好盖子，防止污染。

（2）标识不明，这会导致操作者往料斗或容器中加错材料。标识应明了显眼，便于操作者辨识。

（3）回料，如果操作不当很容易产生混料。理想状况是废料一旦产生立即回用。

（4）不合理的材料切换程序，容易导致材料交叉污染。无论是清料程序不完善，还是料斗清洗不够彻底，都会导致换色时的污染。

案例分析：材料混淆

在本案例中，透明聚苯乙烯和SBC（苯乙烯-丁二烯共聚物，如K树脂）的混合物用于生产透明产品。加入透明聚苯乙烯的混合物比SBC成本更低。尽管这两种材料都是天然透明的，但如果混入过多的聚苯乙烯，产品会产生雾化。因此必须控制聚苯乙烯与SBC的比例，使成本、外观和性能达到最佳平衡。

21.3.4.2 材料含水率

含水量高的材料容易产生严重的料花，使透明产品看起来模糊不清。在加工易吸湿材料前，应确认其水分含量是否符合要求。参见第九章关于干燥的更多信息。

21.3.4.3 半结晶状成核

半结晶材料的结晶方式会影响某些材料最终的透明度。成核聚丙烯可呈现高透明度，因为成核小晶体速度很快。如果材料的成核作用发生变化，其透明度也会发生变化。不含成核剂的聚丙烯的正常外观往往不透明或呈模糊状。

半结晶材料的成核效应受到壁厚、模具温度和熔体温度的影响。快速冷却而将材料冻结在“无定形”状态，可最大限度地提高材料的透明度。

第22章 色纹

■ 22.1 缺陷描述

产品上颜色分布不均匀导致的外观缺陷即色纹。色纹可表现为条纹状、漩涡状以及变色斑块（见图22.1）。

别称：条纹、色纹、大理石纹。

误判：黑纹和褐纹。

图22.1 色纹

■ 22.2 缺陷分析

色纹缺陷分析如表22.1所示。

表22.1 色纹缺陷分析

成型工艺	模具	注塑机	材料
背压太小		螺杆设计	色母
螺杆转速过快		背压不足	污染
熔体温度过低		螺杆和料筒滞留	原料问题

■ 22.3 缺陷排除

对于色纹，首先要评估问题发生的时间。从一种颜色切换到另一种颜色后出现缺陷与随机或一直存在缺陷的解决方案是不同的。

如果色纹仅在更换材料或颜色之后发生，则应专注清洗程序。如果切换操作不正确，色纹可能会持续几个小时。

与所有缺陷一样，确保正确识别缺陷至关重要。有时色纹会被误判为黑纹/褐纹。由此采取的针对色纹的改善措施反而会加重色纹，所以要确保准确识别。

22.3.1 成型工艺

有些基本的工艺设置会严重影响色母混合和色纹。与排除其他缺陷一样，需验证工艺设置与已有产品工艺文件是否一致。产生色纹应重点关注以下几项:

- 背压
- 螺杆转速
- 熔体温度

22.3.1.1 背压

在螺杆恢复过程中，背压是对塑料熔体施加剪切的关键设置。背压越高，螺杆在旋转过程中对塑料熔体做的机械功就越多。如果背压过低，熔融材料和色母无法充分混合，就会导致色纹产生。

在清洗料筒时经常有个与背压相关的误区。由于在满挡背压作用下，螺杆无法恢复到熔料终点，因此技术员在清洗注塑机时会降低或完全关闭背压。而再次生产时，如果背压没有调回到设定值，注塑机就会产生缺陷，特别是色纹。解决这个问题的方法不是降低背压来清洗，而是使用螺杆旋转和松退减压相结合的方法来达到所需的注射量。如果技术员不再降低背压，即可消除上述情况导致的色纹缺陷。

在工艺开发过程中，较高的背压可以传递更多机械能，使材料混合更充分。使用较高背压通常可以显著改善混色问题。但是，并不是每个工艺都应该将背压设定到最大，因为背压过高会导致材料过热和降解，并增加螺杆恢复时间，从而导致循环周期增加。

22.3.1.2 螺杆转速

螺杆旋转和混色时间越长，混色效果越好。如果螺杆转速过快，降低螺杆转速通常会改善混合效果。但螺杆转速放慢不应影响成型周期，通常建议螺杆应在开模前 2 ～ 3s 恢复。

如果产品需要较长的冷却时间，则需要设置螺杆旋转延迟，以维持适当的螺杆转速。如果螺杆转速很慢，材料无法获得足够的剪切能量，就无法形成均匀熔体。对于背压，就像注塑机上的大多数设置一样，没有一个适合所有模具和工艺的通用设定值，所以必须建立和保持合理的设定值。

22.3.1.3 熔体温度

如果材料的熔融温度不当，会出现色母混合不良和熔料不均等现象。无论使用熔体探针还是红外测温枪，了解实际熔体温度很重要。熔体温度应在建议范围内并记录下来，作为将来进行工艺验证和缺陷排除时的参照。熔体温度是许多因素相互作用的结果，这些因素包括料筒温度、螺杆设计、背压、螺杆转速、滞留时间等。应避免根据料筒温度设置来预测熔体温度。

22.3.2 模具

模具通常不是造成色纹的根本原因。与模具相关的色纹缺陷最有可能来自热流道系统的颜色污染。这实际上是一个污染问题，突显了正确换色程序的重要性。热流道系统应作为熔体输送系统的一部分对待，必须在换色前清洗干净。当热流道系统进行颜色切换时，建议将热流道温度设置提高 30 ～ 50℉（17 ～ 28℃），让热流道分流板和热嘴变色更为便捷。

22.3.3 注塑机

注塑机本身可能成为色纹缺陷的根本原因。与注塑机相关的主要问题包括：

- 螺杆设计
- 背压不足
- 螺杆和料筒滞留

22.3.3.1 螺杆设计

通用螺杆并非原料和色母混合的理想螺杆。市场上有多种混炼螺杆可使注塑机熔化和输送熔体中混合过程进行得更彻底。这些螺杆结构有多种混炼结构，有利于产生更均匀的熔体。这些可提高熔体质量的螺杆会增加熔体紊流，有助于色母在基材中的均匀分布。

工艺员常常会用“创可贴”式的权宜之计来解决熔体均匀性差的问题。这些权宜之计包括使用混炼喷嘴和混炼喷嘴头。这些喷嘴和喷嘴头有混炼结构，材料经过时可提供额外的剪切和混合。这些部件的确有利于色母混合，但效果远不如专用混炼螺杆。当使用混炼喷嘴和喷嘴头时，由于流量受限，熔料通过喷嘴时会产生压力损失。

这些额外的限制会造成工艺压力受限。混炼喷嘴和喷嘴头的另一个问题是混炼结构会使材料滞留，导致材料污染和降解。

案例分析：螺杆设计

本案例涉及一个PC/ABS制成的汽车装饰件。该产品在一台使用通用螺杆的注塑机上成型。由于出现色纹缺陷，报废率接近10%。为了尽量减少色纹缺陷，注塑机的背压和螺杆转速都设定到最大，并使用了混炼喷嘴，但仍然持续有产品缺陷。更换了一根混炼螺杆后进行打样，色纹缺陷完全消除。背压也从300psi降至100psi，并取消了混炼喷嘴。

22.3.3.2 背压不足

在加工过程中，了解注塑机实际值是否按设定值执行至关重要。一个常见的现象是注塑机实际压力值没有达到设定值，比如背压，实际背压偏低会导致混色不均和色纹。实际压力可以通过多种方式进行验证，包括利用机台自带的液压表、在测试端口增加辅助串联压力表或工艺监控设备，如RJG的eDART系统。如果注塑机的背压设置为150psi，但实际只有50psi，则应对注塑机压力进行标定。

模具切换注塑机生产时，应留意增强比的影响。如果在一台增强比较小的注塑机上使用和之前相同的压力设置，就未必能获得相同的熔料质量。增强比是必须了解的一个关键数据，有了它才能了解实际施加在塑料熔体上的压力大小。

举例：增强比

如果注塑机A的增强比为15:1，背压设定为100psi，实际熔体压力为1500psi。而另一台增强比为9 ：1的注塑机，实际熔体压力仅为900psi。这种压力的区别会对熔体质量产生重大影响。

22.3.3.3 螺杆和料筒的滞留

如果螺杆、料筒，法兰接头或喷嘴有损坏，材料就会滞留在损坏位置，在换色过程中无法彻底清除。这些滞留料所含的颜色会被渐渐带出，造成污染和色纹。

在评估了其他关键区域之后，应检查以上这些区域。如果在颜色切换后出现缺陷，然后在模具生产中逐渐改善，根本原因可能就是材料滞留。

如果怀疑有滞留区，就必须卸下螺杆检查，包括料筒组件。为了便于找到滞留区域，应在抽出螺杆之前进行一次换色，这样就比较容易找到之前颜色滞留的位置。

22.3.4 材料

有多种潜在的材料问题导致色纹，包括：

- 色母
- 污染
- 原始成分问题

22.3.4.1 色母

来自色母的首要因素是材料与色母不兼容。应该明白不存在什么所谓的“通用载体”[1]。出现缺陷可能仅仅是因为使用了为其他材料设计的色母。如果将用于苯乙烯的色母添加到聚丙烯基树脂中，就会出现材料之间混合不良，导致色纹。因此，色母应该与特定的树脂基体一起使用。

色母的添加配比应符合最佳颜色的要求，如25:1或50:1。如果添加比例过低，色母就无法均匀分散在基础树脂中。还要确保与容积式助剂进料机的螺旋输送器尺寸大小合适，设置正确。图22.2为一个容积式助剂进料机的示例。不同尺寸的螺旋输送器需要调整进料机的设定值，以达到正确的投料比例。

应了解不同螺旋输送器尺寸对送料量的影响。由于送料量是按体积计算的，所以½in和1in螺旋输送器之间的比例设定并非2 ：1。要确定螺旋输送器的输出量，请参考喂料机手册中的设置以及最小和最大吞吐率。

图22.2 容积式助剂进料机

案例分析：色母

本案例涉及一个聚丙烯（PP）材料的汽车零件。产品有三种不同颜色，黑色、灰色和棕褐色，只有使用棕褐色色母时才会产生色纹缺陷。仔细检查数据显示，缺陷几乎是在一夜之间出现的，废品率超过了20%。操作者尝试了很多方法来确定产生缺陷的原因，并将螺杆从料筒中抽出清洗。色母供应商确认缺陷是由料筒中的污染造成的。然而，使用高配比的白色色母时并不会产生缺陷，只有使用棕褐色母时缺陷才会出现。厂方后来说服了色母供应商，后者承认这个缺陷不是由注塑机造成的（模具也在另一台注塑机上测试过）。供应商对棕褐色色母的原料成分进行了深入的调查。他们确认，在棕褐色色母中使用的一款原始颜料结块，导致深色颜料区域在成型中出现了色纹。颜料问题解决后，色纹缺陷也随之得到了解决。因为必须说服色母供应商承认材料存在问题，所以解决本案例中的缺陷浪费了很多时间。如果供应商对潜在原因持更开放态度，本可以节省很多时间。

22.3.4.2 材料污染

当材料保护不当被污染后，会出现许多常见的缺陷（见图22.3）。注塑车间里有许多潜在的污染源。以下经验法有利于避免污染发生：

（1）材料容器应始终盖好。

（2）更换材料时，确保所有料斗、输送管道、供料机清洗干净。

（3）清晰地标示所有材料，减少混料机会。混料随时随地都会发生。如在料仓尚未彻底清理的情况下切换材料，有可能会导致长期污染，从而产生包括色纹在内的各种缺陷。

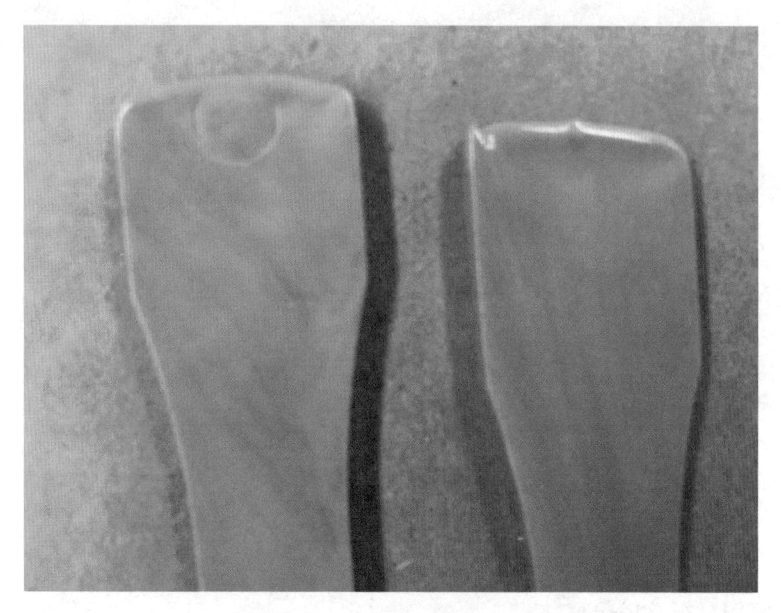

图22.3 因污染引起的色纹

应牢记哪怕一颗污染颗粒造成的色纹也会让产品报废。在解决色纹问题时，检查材料是否受污染很有必要。

22.3.4.3 原料成分问题

塑料中的原料与色母偶尔会出现分布不均的问题。原料与色母分布不均就会产生潜在的色纹。有时，颜料会聚集并结块导致局部产生色纹。

当一副模具已经正常生产，新加入一批色母后突然开始出现色纹，分布不均的因素就尤为明显，此时材料无疑是排除缺陷的关键点。有些时候，材料或色母中的某些成分会直接导致产品缺陷。

确定材料问题的一种方法是更换不同批次的材料，甚至切换到另一种颜色。如果问题已被锁定在某个批次的材料，则应联系材料供应商帮助调查。另一件重要事情需谨记，如果问题出在原料或色母上，使用该材料或色母的任何模具都会出现相同缺陷。有时，某批模具会比其他模具更快出现缺陷，严重程度也更甚。一副模具上会产生10%的废品，而另一副模具可能只有1%。

案例分析：原始成分问题

本案例是一件使用了色母的聚丙烯（PP）汽车零件。新的汽车内部规范要求在母料中增加高浓度抗静电剂。按照25 ：1比例混合的材料生产出的产品最终颜色变化很大，亮度（L值）和红色（a值）也变化很大，而蓝色到黄色（b值）正常。目视确认L、a、b各颜色值后发现，某些产品的颜色有明显变化。

调查结果表明，颜色随着材料在料筒中的滞留时间而变化。与原料供应商进一步确定，为了满足抗静电要求，他们必须在母料中加入大量单硬脂酸甘油酯，但随着加热和滞留时间延长，单硬脂酸甘油酯会降解。因此，模具在较高熔体温度和较长滞留时间下生产出现了最差的效果。

经过多次关于规格和色母影响的讨论确定，目前使用的材料规范实际上并非针对该特定应用的。当材料供应商做出配方调整后，“新”配方生产出了一致性和质量都能满足客户要求的产品。

参考文献

[1] Sepe, M., “Working with Color Concentrates”, Plastics Technology, January 2012. https://www.ptonline.com/columns/working-with-color-concentrates

第23章 污染

■ 23.1 缺陷描述

污染是一个宽泛的定义，涵盖了注塑产品中出现的某些外观缺陷。污染可表现为变色斑点、条纹、料花、起皮等缺陷。参见图23.1的材料污染示例。

别称：黑斑、黑色/褐纹、色纹。

误判：料花。

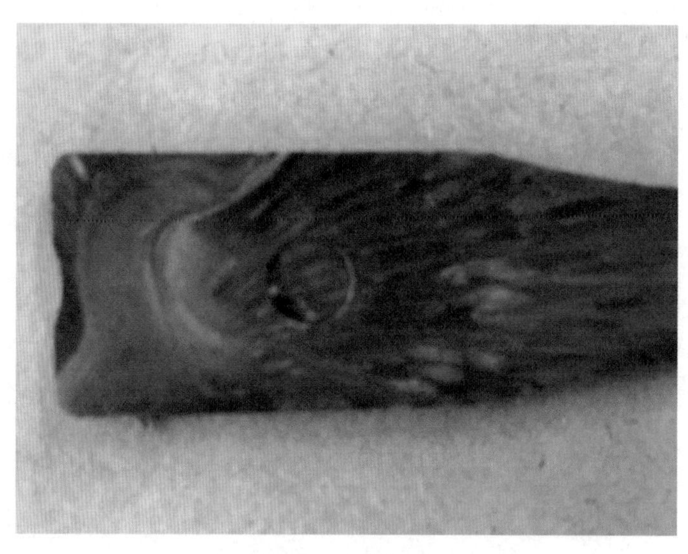

图23.1 材料污染

■ 23.2 缺陷分析

污染缺陷分析如表23.1所示。

表23.1 污染缺陷分析

成型工艺	模具	注塑机	材料
换料不当	热流道滞留	滞留区域	存储不当
熔体温度过高	热流道温度过高	抗咬合剂	回料
	表面磨损	机械手污染	来料污染
	润滑剂		混料
	清洁		

■ 23.3 缺陷排除

材料被污染的途径有很多，要找到所有的污染途径会面临很多困难。最合适的调查起点是即将进入注塑机的材料。

23.3.1 成型工艺

造成污染的工艺因素有:

- 换料不当
- 熔体温度过高

23.3.1.1 换料不当

当注塑机停机和进行材料或颜色切换时，有很多会产生污染的环节。进料系统和熔体输送系统应经过整体的彻底清洗，以确保没有以前材料的残留物。需要重点检查的区域如下。

烘料斗：烘料斗里有几个容易产生滞留的区域，包括进料口边缘、料斗送料器、锥形分散筛周围、取样口/卸料口和配电箱内。当进行材料切换时，这些区域必须将以前的残料清理干净。料斗可用真空吸尘器来清理。留意取样口这样的地方很容易被遗忘。

供料管：用烘料斗、纸箱或料袋往注塑机加料，要确保所有材料清洁。做法很简单，拆下供料管，用真空吸尘器吸出其中所有旧材料。曾经有这样的例子，上料人员彻底打扫了所有供料装置，却唯独忘记清理供料管。当新材料被吸入时，以前的残料都被带了进来，造成了污染。

注塑机料斗：注塑机料斗有很多地方会堆积材料。务必将磁力架取下，并清理磁力架抽屉的周边部分（如图23.2所示）。还应彻底清除料斗上的残留物。另要注意进料口和料斗的部件之间是否存在因错位而造成的缝隙。

盛料桶：盛料桶也会有些地方卡住塑料粒子，材料切换前这些地方都需要清理干净。

添加剂供料箱：更换色母时，添加剂供料箱也要清理干净。容积式送料机的送料螺杆也要拆除清洗，避免污染。

图23.2 颗粒卡在磁力架抽屉缝里

注塑车间通常很少对材料运输员进行培训。如果相关人员在更换材料时缺乏对彻底清洁重要性的认识，他们可能会偷工减料，最终导致材料污染。应对车间负责加料的员工进行正式培训，确保换料操作正确执行。

23.3.1.2 熔体温度过高

塑料一旦过热就会发生降解并产生黑点或条纹污染。请参阅第十五章关于黑点的更多信息。

23.3.2 模具

可能导致污染的模具因素包括：

- 热流道滞留
- 热流道温度过高
- 表面磨损
- 润滑剂
- 清洁

23.3.2.1 热流道滞留

热流道系统中存在滞留材料的区域都可能引起污染。滞留材料在换料后很长一段时间仍会不断混入熔体流中。处理对温度敏感的材料时，被滞留的材料可能降解并产生烧焦黑点污染产品。图23.3显示了热嘴造成的污染。

热流道组件装配后在工作温度下不能存在凸台和错位，否则会滞留材料。热嘴体应牢固地安装在分流板上，以免两者之间留下间隙。

热流道分流板里的拐角很容易成为材料滞留的死角。有些热流道在分流板90°交叉处设计有用深孔钻加工后的拐角。这些拐角会产生材料滞留的死角。优化的设计是在拐角处嵌入带有圆角的镶件，这样就不会留有死角。

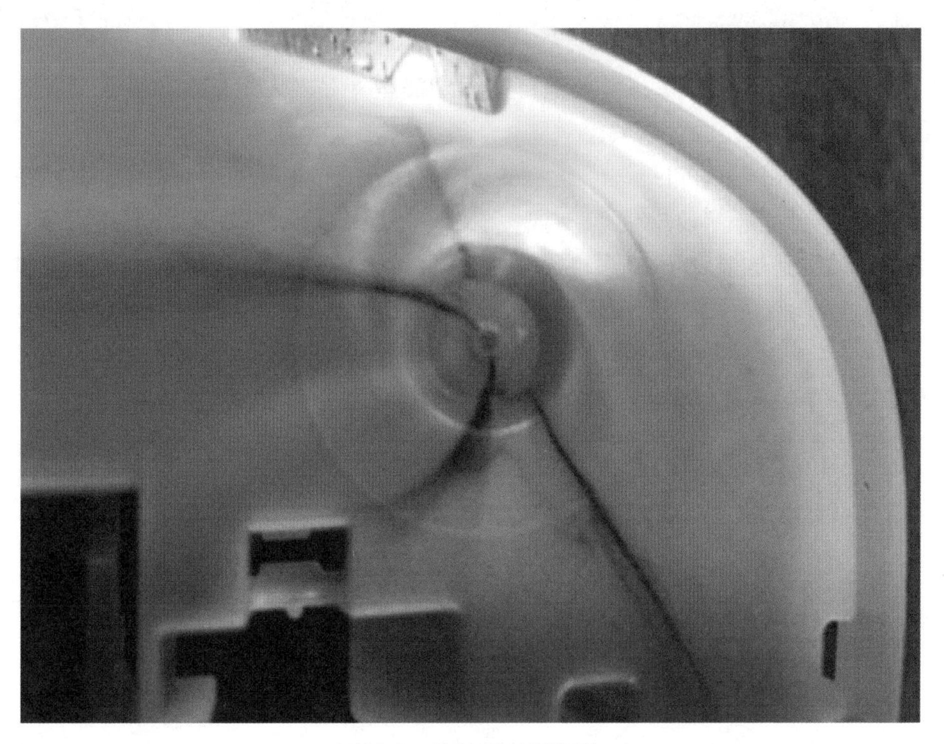

图23.3 热流道热嘴污染

如分流板出现损坏和开裂，裂缝处产生的间隙会滞留材料。造成分流板开裂的原因通常是冷启动，此时分流板没有足够时间预热。开裂的分流板维修代价高且很耗时。因此，在分流板注入塑料熔体前，应培训技术员让热流道有足够的预热时间。

23.3.2.2 热流道温度过高

当热流道工作温度高于材料应有温度时，材料降解的概率增大。一旦材料降解，产品就会被污染，带有褐纹或黑点。

应确认热流道温度设置正确，且实际温度读数准确。如果热流道某一区段持续加热，则有可能该区域接线不当或热电偶位置放错了。

23.3.2.3 模具表面磨损

模具上任何存在摩擦的表面之间都会产生磨损。日积月累，磨损产生的金属粉末或碎屑会落入模具型腔，进而污染产品，导致外观缺陷。

留意那些易磨损的摩擦面，包括压条、耐磨块、开闭器、型腔精定位块和插穿表面。磨损的早期迹象是出现粉尘，一旦发现粉尘就应及时处理磨损问题。

23.3.2.4 润滑剂

模具上使用的各种润滑剂都可能污染注塑产品。无论是润滑脂还是润滑油，一旦接触到型腔，都会污染产品而造成报废。

应注意模具不宜过度润滑。通常当模具保养完毕恢复使用时，所有运动部件都会涂满油脂。有时油脂会从模具零件中不停渗出长达数小时，这时注塑出来的产品全部是报废品。应与模具供应商合作，建立标准的模具润滑方法。油脂应尽量少涂，否则会造成缺陷。

同样重要的是使用适合的润滑剂。可供选择的润滑剂有很多，总有几款比较适合当下的应用场景。

23.3.2.5 模具清洁

不正确的模具清洁方法或清洁不力都会造成污染。为了保持最佳生产状态，模具应保持清洁。模具不洁会导致产品表面污染。在清洁模具时应注意擦拭模具的抹布会留下纤维，这些纤维一旦注塑到产品表面，会造成弯曲的蠕虫状缺陷（见图23.4）。

擦拭模具表面应使用干净的无纺抹布，以减少污染型腔表面的可能性。不洁抹布会留下污染物，划伤型腔表面。

在某些情况下，模具中的油脂由于接触其他化学品而分解。如直接将模具清洁剂喷涂在动模部分，会加剧油脂分解。清洁剂中的溶剂可能会降低润滑脂的黏度，导致分解的润滑脂污染产品。

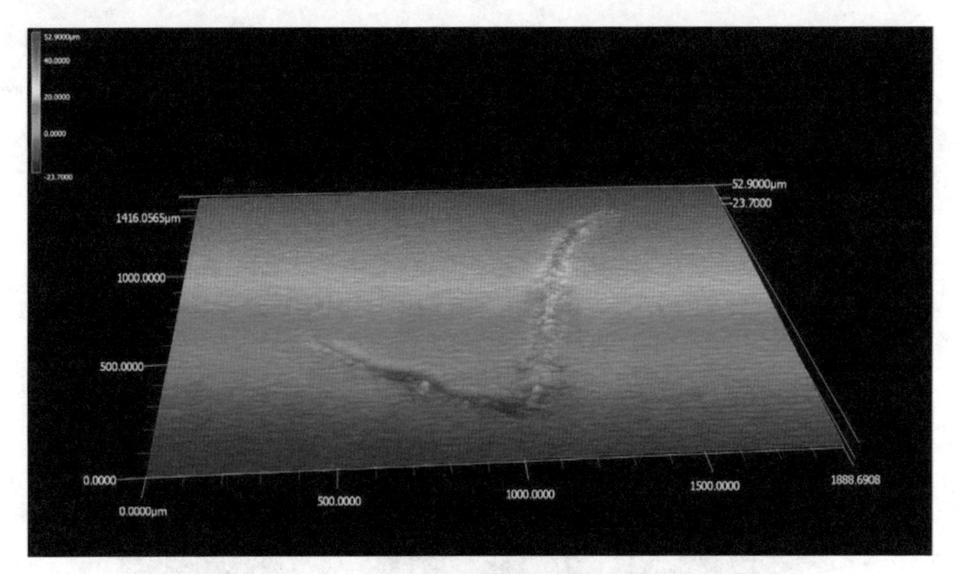

图23.4　表面扫描显示抹布留下的纤维压入了产品表面

23.3.3　注塑机

一些因注塑机导致污染的因素包括：

- 滞留区域
- 抗咬合剂
- 机械手污染

23.3.3.1　滞留区域

熔体输送系统中任何错位区域都可能导致材料滞留。可能产生滞留的一些关键部位包括：

- 料斗到下料口处
- 法兰到料筒处
- 喷嘴接头到法兰处
- 喷嘴体到喷嘴接头处
- 喷嘴头到喷嘴体处
- 喷嘴头到浇口套处
- 螺杆、料筒、止逆环、法兰等破损部位。

拆卸这些零部件并检查滞留区域非常耗时，但找出缺陷产生的根本原因很有必要。在拆卸之前，用另一种颜色的材料过一遍料筒。这种使用不同颜色的方法可帮助我们突显原始颜色滞留的位置。这种方法同样可以用来寻找材料发生碳化的区域。同样，由于这项工作非常耗时，所以应首先做好其他潜在原因的调查。

检查不同类型喷嘴头可发现材料可能滞留的位置。图23.5为常用喷嘴头的横截面。注意通用喷嘴球形末端存在潜在死角，它将导致污染和料花缺陷。

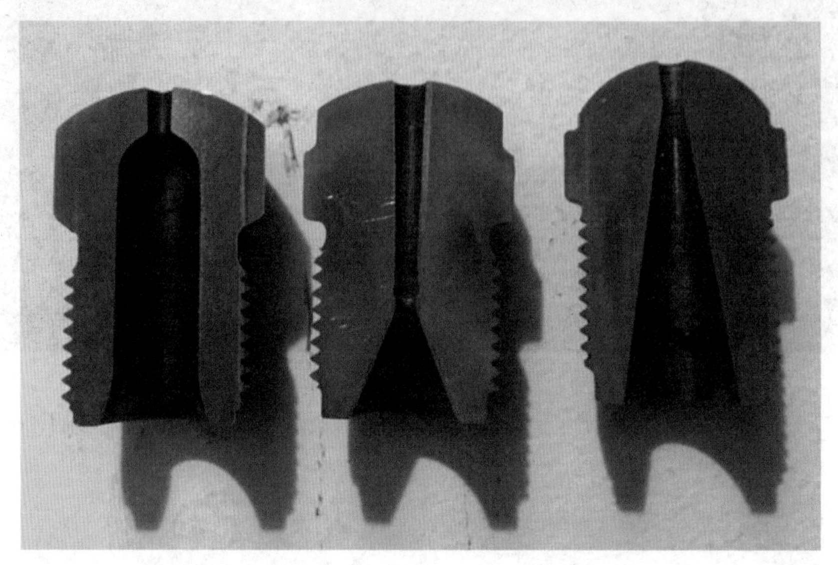

图23.5 喷嘴头：通用型、尼龙专用型和全锥形

23.3.3.2 抗咬合剂

正确安装新喷嘴体和喷嘴头时，应在喷嘴螺纹上涂抹抗咬合剂。但如果在组件上涂抹了过多的抗咬合剂，则可能会污染塑料熔体（见图23.6）。抗咬合剂通常会带来产品黑纹。

抗咬合剂并非“多多益善”。应培训操作者适量使用抗咬合剂，以避免产生废品。

23.3.3.3 机械手污染

应仔细检查车间里的机械手，看看是否已布满油渍？带有油渍的机械手进入模具抓取产品时会污染模具。其中一个例子是：布满污垢的气管擦过型腔，有些污垢会落入型腔，导致外观缺陷。

另一个考虑因素是机械手末端夹持部件的清洁状况。如果真空吸盘不干净，可能污染产品表面。此外，如果不洁的机械手末端夹持部件接触型腔表面，也会污染型腔。

图23.6 过量抗咬合剂（上）和适量抗咬合剂（下）

案例分析：机械手污染

某单腔ABS产品上出现了看似料花的缺陷。检查了干燥条件、水分含量、排气、工艺设置和熔料温度均无收获。利用STOP方法观察整个工艺流程发现：当机械手抓取产品后回退时，有一根布满污渍的气管擦过型腔。停机检查发现，型腔上有一小块污垢。过去产品的报废皆因于此。用几根扎带和简单的清洁工作就排除了这个缺陷。此案中如果能更早地使用STOP方法，缺陷本可以解决得更快、更有效。

23.3.4 材料

材料被污染的方式有多种，它们包括：

- 存储不当
- 回料
- 来料污染
- 混料

23.3.4.1 存储不当

注塑车间里难免有各种各样的外来污染物，比如：

- 灰尘和花粉
- 其他塑料粒子
- 纸板箱和木料

- 金属屑
- 油脂和润滑油

如果材料放在敞开的容器中，上述污染物难免会混入材料中（见图23.7），由此造成污染并产生报废品。

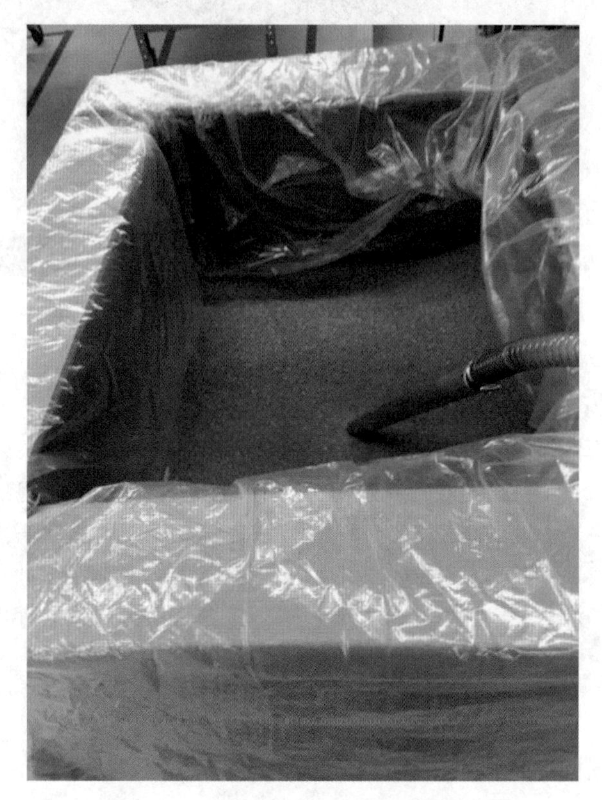

图23.7 纸箱敞开：污染将不期而至

应将材料保存在有盖容器中，以减少与外来物质接触。如果将纸箱放置在注塑机旁没有上盖，用风枪清洁注塑机料斗时，就会发生交叉污染。图23.8显示了纸箱盖子上的木屑，如果没有盖子，它们早已落入材料。

23.3.4.2 回料

回料是另一个潜在污染源。回料可能导致污染的方式有很多，包括：

（1）将废品与其他不同材料一起粉碎。避免的方法是安排专人负责粉碎，或只允许废品在注塑机旁进行粉碎。常见的情形是某位操作员下意识地把一个黑色废品扔入粉碎机，只是因为粉碎的是黑色塑料。

（2）如果回料在粉碎前没有储存好，也会被污染。基于和原料相同的原因，回料也要储存在密闭容器中。

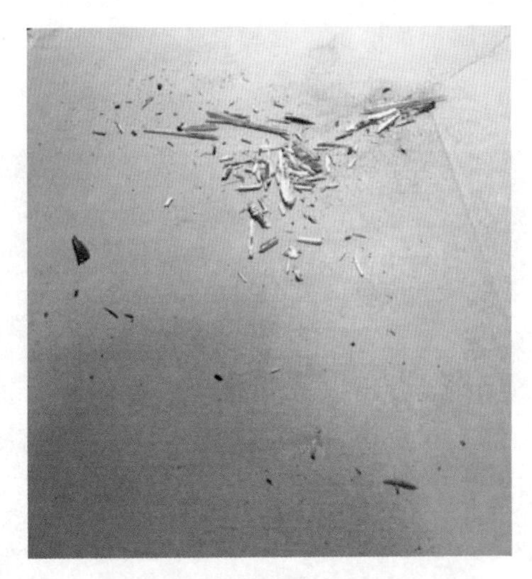

图23.8 纸箱盖上的污染物

（3）在添加回料时，应仔细核实将回料添加到正确的材料中。

（4）粉碎机本身的污染，可能由于缺乏清洁或者外来物质的污染。

最好将回料及时回填，可以避免材料被污染的可能。即生即用的另一个优点是，大多数情况下材料都不必重新进行干燥。

案例分析：回料污染

这个案例是一个由700吨注塑机成型的ABS产品。注塑件一致性不良，似乎注塑机止逆环出现了问题。拆下喷嘴头部零件和法兰时，在喷嘴和喷嘴头之间发现了滞留的金属屑。用STOP方法检查发现，产品上的金属嵌件也一同被粉碎了，导致回料污染。

因此，粉碎带有金属镶件或金属装配件的产品时，必须格外小心。磁铁有助于吸附铁类金属，但有色金属如黄铜则无法被吸附。

23.3.4.3 来料污染

每一种材料出厂时都存在一定程度的“污染”。大多数情况下，来料的污染程度不会影响产品质量。对于精密注塑，材料在制造后会通过凝胶层析法进行筛选（参见图23.9中的示例）。凝胶层析法可以突显材料中是否存在过量污染物。

来料中可能发现的污染物包括：

- 橡胶凝胶
- 助剂结块

- 灰尘、花粉、木屑或纸板箱碎屑等异物
- 造粒过程中原料降解产生的碳屑

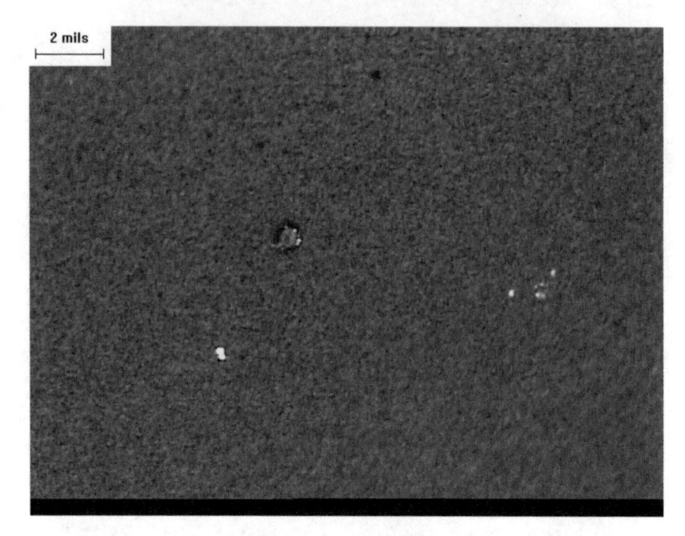

图23.9 凝胶层析

案例分析：来料污染

本案例中由PC/ABS制成的高光面产品在生产中一向很顺利。加入新材料后，产品开始出现表面缺陷。与材料供应商共同开展的调查结果表明，用于材料着色的二氧化钛结块，导致成型过程中出现表面缺陷。新材料改进后，产品缺陷完全消除。

23.3.4.4 混料

防止混料意义重大。如果有异物混入成型材料中，注定会发生污染缺陷。有些材料混合后甚至会有爆炸风险，如聚氯乙烯（PVC）和缩醛的混合物。重要的是要培训公司里的每位员工，并非所有黑色塑料都是相同的材料，每种材料都必须分开管理。

图23.10显示了一个被污染的产品。该产品由黑色三甲基苯甲酰基-二苯基氧化膦（TPO）制成，产品表面出现了轻微灰色条纹。对产品条纹处进行切割，在横截面上可以清楚地看到变形的塑料粒子。这表明颗粒污染是造成产品缺陷的罪魁祸首。

避免材料污染的关键是在每个料斗或容器上清楚标明所用材料。在新材料进入料斗或注塑机之前，应该核对标签，确认所添加材料正确。如果料仓不幸被污染，可能造成数以吨计的材料废弃，外加处理事件的时间损失。

图23.10 内壁中的颗粒污染物

彻底避免原料接触异物不容疏忽。在新材料投入生产之前，所有运料车、轨道车、进料管、料仓、料斗、储料桶和粉碎机都必须彻底清洁。换料过程中遗留的几粒原料可能导致数小时的产品报废。有关换料的更多细节，请参阅23.3.1.1节。

第24章 开裂

24.1 缺陷描述

开裂是指产品发生物理破裂或断裂，如图24.1所示。

别称：断裂、折断、破裂。

误判：划痕。

图24.1 筋条与侧壁连接处开裂

24.2 缺陷分析

开裂缺陷分析如表24.1所示。

表24.1 开裂缺陷分析

成型工艺	模具	注塑机	材料
保压压力太大	倒扣	过热	含水率
熔体温度	锐角	过程控制不佳	污染
料筒滞留时间	脱模斜度不足		回料
顶出	斜顶或滑块问题		制造问题
取件			分子量
操作员			材料错误
脱模速度			
浇口封闭			

24.3 缺陷排除

开裂往往是一种成型结束后受外界条件影响而产生的缺陷。排除开裂缺陷时，应先了解开裂发生的时间。仔细检查产品存在锐角的位置，这些位置容易产生应力集中而诱发开裂。如有锐角部位存在应增加圆角。

24.3.1 成型工艺

造成开裂的工艺方面因素包括：

- 保压压力
- 熔体温度
- 料筒滞留时间
- 顶出
- 取件
- 操作员
- 脱模速度
- 浇口封闭

24.3.1.1 保压压力

如果产品过度补缩就容易发生粘模。粘模会导致产品在模具打开或顶出过程中产生开裂。应检查定模侧是否粘模，倾听（STOP法：观察）开模时是否有开裂和爆开的声音。在产品被顶出之前停止模具动作，检查位于模具动模侧的产品，是否存在因型腔粘模而被顶针带松的情形。请注意，过度补缩是造成粘模的一个潜在原因，需要验证。

如果保压压力设置过高，简单的工艺验证应该能发现问题。如果模具在不同的注塑机上运行，要考虑增强比的差异。

在工艺开发过程中，应了解产品出现粘模前的有效工艺窗口有多宽，即通过调整保压压力来确定在什么压力下产品会粘模。在开模时要注意是否有异响，并检查动模侧的产品，确保没有因粘定模而脱离型芯。

24.3.1.2 熔体温度

检查开裂问题的重要步骤是验证熔体温度，如果熔体温度超过规定温度范围，有可能导致材料降解，导致产品顶出或后处理时因材料变脆而开裂。

谨记较高的熔体温度会造成整个产品或局部区域过度补缩，这种过度保压会造成粘模，进而使产品开裂。

24.3.1.3 滞留时间

与熔体温度过高类似，滞留时间过长会导致材料降解造成产品开裂。应验证注射量与料筒容积比例，确保材料不会在熔料温度下停留太久。通常建议注射量与料筒容积的比例大于20%。如果注射量与料筒容积的百分比太小，滞留时间就会增加。材料热降解温度取决于滞留时间，滞留时间越长，降解温度越低。

与料筒一样，材料在热流道内的滞留时间也应予以考虑。热流道分流板是熔体输送的延续，也会影响材料的滞留时间。大多数热流道分流板流道体积都刚好可容纳一模注射量，当然也有超过的。后者会增加塑料熔体的滞留时间。

影响滞留时间的另一个因素是注塑系统中的滞留区域。例如，如果在喷嘴和接头之间有台阶，就会有引起材料滞留的死点。随着时间的推移，这种被滞留的材料发生降解，并不断被带出，注入型腔。这通常会导致料花、黑点和条纹缺陷。当然，它也可能导致塑料产品开裂。为了避免这种情况出现，注塑机上的组件相互间应配合良好并定期检查是否有损坏。而材料流动中的死点也应予以消除。

24.3.1.4 顶出

在顶出过程中经常会出现裂纹。这通常是由于产品粘在模具型芯上太紧。要确定顶出时产品上是否会产生裂纹，需在顶出之前就检查产品是否已存在裂纹（顶出之前停止成型过程）。如果顶出前不存在裂纹，将产品顶出后再检查是否出现了裂纹。如果零件在顶出过程中出现裂纹，根本原因可能是由于在型芯上过度收缩或型芯上存在倒扣等。为了消除顶出产生的裂缝，有时可以调整顶出速度。请注意，如果顶出速度减慢，将会延长周期时间。

修改顶出速度并非上策，更好的解决方案是先找到问题真正的原因。例如，周期时间较长时，产品会在型芯上过度收缩，使顶出变得困难。所以加快周期有时反而可以解决问题。应检查模具是否存在倒扣、电火花或机加工痕迹、损伤以及表面光洁度是否合适。还要确认在模具设计中设置了足够的顶出面积。下面将讨论模具方面的问题。

24.3.1.5 取件

如果开裂不是在产品顶出过程中出现的，那就可能发生在顶出后。如产品是由机械手抓取的，机械手可能用力过猛或者在移动过程中损坏产品。如果产品不是由机械手抓取的，那么另一个开裂的原因可能是产品碰撞到了滑槽或传送带。如果产品掉落在滑槽上并开裂，可以垫上纸板缓冲防止损坏。一些产品的设计就是需要由机械手抓取，以避免撞击滑槽损坏。机械手抓取的产品也可能被手臂末端的夹具碰坏，或自由下落的高度过大而损坏。可用STOP缺陷排除法进行观察，包括倾听异样的噪声。

24.3.1.6 操作员

开裂缺陷可能是因为操作员产品处理不当造成的。如果操作员使产品跌落或到处碰撞，产品会开裂或断裂。通常情况下，如果操作员造成了产品损坏，那么产品设计本身就存在缺陷，应该加以解决。如果产品如此脆弱，简单处理就会造成损坏，那么应该借机进行检查改善。

同时，操作员上岗应接受明确的工作指示，以便照章办事。如果每位操作员处理产品时都各行其是，就很难查找问题的根源所在。

操作员对产品的另一种误操作是化学污染。操作员用清洁剂擦拭产品时，可能会与溶剂和清洁剂中的成分起反应，从而因暴露在化学品环境中而产生龟裂或应力开裂。这里操作员的出发点可能是想帮忙，但结果却导致产品损坏。

24.3.1.7 脱模速度

如果产品有粘型腔的趋势，快速脱模会损坏产品。有时慢速反而有助于产品脱模。降低脱模速度的缺点是周期时间会增加。另外一种类似情况是产品开裂的位置靠近由斜导柱驱动的滑块附近。

注意，在处理产品分离的问题时，必须仔细评估与模具的相互作用。请参阅后面关于模具的详细说明。工艺不应迁就模具缺陷。

24.3.1.8 浇口封闭

在某些情况下，带有封闭浇口的产品在浇口附近有应力过度现象。特别是当裂缝发生在浇口附近时，可以尝试在不封闭浇口的情况下注塑产品，查看开裂是否是由于过度补缩引起的高应力所致。尝试不进行浇口封闭查看开裂是否有所缓解。

24.3.2 模具

当评估模具原因时，应寻找可能造成应力集中的尖锐点。产品设计应首先考虑设置拐角和交叉点处的过渡圆角。典型的模具问题有:

- 倒扣
- 尖角
- 脱模斜度不足
- 斜顶和滑块问题

24.3.2.1 倒扣

模具上的局部倒扣会将部分塑料“锁死“在倒扣钢料的后方，造成产品脱模困难（无论是定模还是动模侧）。在开模或顶出过程中，异常的粘模力使模具给产品内部带来较高的应力。此外，倒扣也会导致模具零件承受的应力增大。

有些模具缺陷容易造成倒扣出现，包括电火花或机加工痕迹、分型线上的毛刺、划痕，以及型腔的损坏或开裂。应仔细检查型腔的破损和产品上的拉伤。损伤的位置就是出现倒扣的地方。倒扣必须从型腔上打磨掉。

24.3.2.2 尖角

塑料产品上不应有尖角，尖角容易产生应力集中而出现裂纹。模具上的拐角或交叉点都应设有圆角，有“尖角”就不宜注塑生产。

注塑件上是否有小圆角很难检测。有个快速简单的检查方法是拿一支圆珠笔，沿着注塑件上的圆角画线。如果产品没有圆角，圆珠笔的圆点将跨越90°并形成两条线。如果有圆角，就只能划出一条线。

24.3.2.3 脱模斜度不足

脱模斜度不足会导致产品顶出时粘在模具上。当产品粘模时，必须检查脱模斜度和表面质量是否符合成型材料特性。

在制作模具前应充分评估脱模斜度对产品成型的影响。为了克服脱模斜度不够产生的隐患，可以在模具表面增加涂层，以防止产品出现粘模。

24.3.2.4 斜顶和滑块问题

如果模具细微结构如滑块或斜顶出现粘模，产品也会开裂。应确认模具部件上有足够的脱模斜度用于脱模。在多数情况下，滑块或斜顶的表面质量必须便于脱模，也就是说大多数表面需要进行顺向抛光。

应检查斜顶或滑块的行程是否足以让产品彻底脱离。某些情况下，滑块或斜顶的行程不够，导致产品挂在某些细节特征上，这可能导致注塑件开裂或损坏。所以行程是模具设计评审中的另一关键点。

24.3.3 注塑机

注塑机上涉及产品开裂的主要问题均与材料降解有关，包括：

- 过热
- 过程控制不佳

24.3.3.1 过热

所有会导致材料降解的因素都会造成产品开裂或断裂。塑料的降解使材料物理性能降低。此外材料降解后，产品粘模可能性增加，需要更大的力量顶出，容易造成产品损坏。

如果所有料筒加热区段都按照工艺文件的规定正确设置温度，应确认温度的实际值与设置值匹配。验证加热功率百分比正确，如果某区段持续加热，就会出现过热。持续加热的现象也可能因为热电偶数据错误。通常，如果区段间热电偶接反了，会造成一个区段持续加热，而另一个区段却不会加热。此时料筒上的热量分布可能很不稳定。新型控制器设有热电偶失效检测，该功能将有助于及时消除热电偶故障。

24.3.3.2 过程控制不佳

如上所述，热量控制不良是引起材料降解的主要潜在因素。除了上述关于温度的几点原因，剪切所提供的能量占塑料熔融所需能量的绝大部分。如果注塑机背压或螺杆速度没有控制好，过量的剪切会使塑料降解，从而导致开裂或断裂。应确认实际背压和螺杆转速与设定工艺值是否相符。

注塑机控制的另一个影响点是保压压力。如果保压压力控制不良，产品可能会因保压过度导致粘模。如果产品在开模或顶出过程中卡住，就可能造成零件损坏。当发生粘模时，通常在开模或顶出过程中都能听到开裂的声音。应验证注塑机是否能提供符合要求的实际保压压力。要有效地排除缺陷，关键是要知道注塑机在整个过程中实际发生了什么。

要了解更多细节，请参阅第八章关于注塑机性能的内容。

24.3.4 材料

与材料相关的导致开裂的因素包括：

- 含水率
- 污染
- 回料
- 原材料制造问题
- 分子量
- 材料错误

24.3.4.1 含水率

当加工的材料含水量过高时，许多材料会发生水解。在水解过程中，塑料的分子链会断裂并缩短。这种破坏方式将使材料物理性能大幅下降。这种物理性能的下降通常会导致产品在顶出或后处理过程中开裂。如果突然出现裂缝，需确认材料是否得到充分干燥。

与许多其他缺陷一样，对所有材料遵循推荐的干燥程序至关重要。参阅第九章关于干燥过程的缺陷排除。

应了解并非所有材料出现料花缺陷就是水分过量引起的。聚酯是一个很好的例子，即使降解到产品掉落就会摔碎，产品表面也未必会出现料花。有时，当产品粘模和顶针顶穿产品时第一要考虑的是聚酯的含水量。

尼龙材料在模压干燥（DAM：dry-as-molded）条件下的性能与湿度稳定条件下的性能有很大区别。当注塑的尼龙材料极度干燥，顶出或处理时产品可能呈现脆性，造成开裂。在大多数情况下，只要材料没有损坏，处于一定的湿度环境中就可以达到其调制的物理特性。切忌过度干燥尼龙，并确保适当的模塑参数，以最大限度地减少尼龙模压干燥状态带来的不利影响。

见第九章关于干燥的更多信息。

24.3.4.2 材料污染

材料污染是引起开裂或破裂的主要因素。原料中一旦混入其他材料，就会产生不均匀混合物，原料的各项性能都会大打折扣。大多数情况下，如果污染是根本原因，那么产品上还会出现其他外观缺陷，如料花、起皮、条纹等。

应避免原料交叉污染。预防措施包括将所有材料保存在封闭的容器中，确保所有存储箱、料斗或筒仓足够清洁，建立清晰的标识标准，培训员工正确处理回料以及灌输相同颜色不代表相同材料的观念等。

当使用色母时，应确保色母载体与材料相容，还要有清晰的标签和规范，以防有人随便拿一盒貌似颜色相同的色母就用。并不是所有的色母都与原料相容。在STOP缺陷排除法中，重点是要“想到”潜在的污染来源。

24.3.4.3 回料

如果回料处理得好，它的性能可以和原始材料一样。然而，如果回料使用不当也会产生以下问题：

- 其他材料污染
- 回料未经干燥导致含水量过高
- 重复加热后导致材料中添加剂丧失

24.3.4.4 原材料制造问题

材料供应商通常在制造自己出品的材料方面做得很好。然而，就像任何制造过程一样，都会存在差异和失误。如果配方中少加了某种成分，或者添加剂量不够，材料就会产生问题。最有可能成为罪魁祸首的是抗冲击剂和脱模剂。配方中缺少抗冲击剂会导致产品从模具中顶出时开裂，而缺少脱模剂则会导致产品粘模。以上例子非常罕见，因为问题材料即使混过了生产监控，材料属性的出厂检验还是会发现问题。

24.3.4.5 分子量

材料在制造过程中本身会发生变化。注塑厂必须面对的一项重要事项是平均分子量的变化。如果材料的平均分子量很低，从物理性能的角度来看，材料会变得更弱，这可能导致产品开裂。有些材料配上特定模具就会出现以上问题，但极为罕见。另外花费大量精力研究平均分子量的变化代价太大。

不巧的是，在普通注塑车间里很难测量和跟踪平均分子量的变化。用来简单量化的测试是熔体流动指数（MFI）。如果平均分子量发生了变化，MFI是可以检测出变化的。

24.3.4.6 材料错误

要确认所使用的材料正确无误。重要的是，在处理材料时要遵循所有文件标准，以确保材料使用不会出任何意外。

在寻找替代材料时，不要因为规格看起来很像，就意味着材料成型结果就会相同。如果正在评审一种替代材料，要有进行工艺调整的心理预期。这是STOP缺陷排除法的另一个要点，通过观察可以帮助快速解决问题。

第25章 分层

25.1 缺陷描述

分层是指塑料层之间相互分离的缺陷。塑料分层将导致外观不良和物理性能下降。不相容材料之间分层的情形如图25.1所示。

别称：污染。

误判：料花、银纹。

图25.1 不相容材料的分层

25.2 缺陷分析

分层缺陷分析如表25.1所示。

表25.1 分层缺陷分析

成型工艺	模具	注塑机	材料
熔体温度	滞留区域	注塑机性能	污染
注射速度	润滑油污染	滞留区域	色母不兼容
料筒中的滞留时间			

25.3 缺陷排除

如遇到分层问题，首先要判断塑料是否存在问题。许多案例显示分层大多源于塑料污染。

25.3.1 成型工艺

影响分层的成型工艺因素包括：

- 熔体温度
- 注射速度
- 在料筒中的停滞时间

25.3.1.1 熔体温度

查验熔体温度可以暴露许多问题。在某些案例中，熔体温度过高，导致塑料降解而产生分层。如果熔体温度是分层的根本原因，其他外观缺陷也极有可能发生，譬如料花、黑纹/褐纹和黑点。熔体温度如果超出推荐范围，并且怀疑这是根本原因，应及时改变料筒温度、背压或螺杆转速。

25.3.1.2 注射速度

在极少数情况下，浇口处发生的过度剪切会造成塑料分层。分层情况大多发生在PC/ABS这类混合塑料中。降低注射速度会减少浇口处剪切，并可能消除分层。

有时潜伏式浇口或者牛角式浇口会有分层现象，并出现在产品和浇口分离的部位。这时可以改变材料通过该区域的速度来解决。

25.3.1.3 料筒滞留时间

就像熔体温度过高一样，料筒滞留时间过长也会导致塑料降解，进而在产品表面产生分离或分层。不同材料供应商推荐的料筒利用率会有差异，但每射料筒利用率大致在25%～75%范围内。如果每射料筒利用率太低（低于25%），将有很多塑料熔体始终处于高温状态。对于注塑周期很长的产品，这种问题将愈加严重，因为塑料在高温料筒下滞留的时间，将随着注塑周期时间的延长而延长。如果是温度敏感型塑料，滞留时间越长就越容易降解。

如果某套模具只能在料筒利用率低的注塑机上运行，那么最好的补救办法就是调整料筒温度设置（后段温度较低），并尽量将熔体温度保持在推荐范围的下限值。这样做至少能减少塑料经过料筒里所产生的热量。

像聚氯乙烯或缩醛这类对温度高度敏感的塑料，在料筒中滞留时间不能太长，否则塑料会发生降解。成型的目标就是在塑料能尽量保留其物理性能的前提下，将熔体输送给模具。

25.3.2 模具

如下两点模具问题可能导致分层的发生：

- 滞留区域
- 润滑剂污染

25.3.2.1 滞留区域

如果热流道系统存在流动障碍区并成为死角，随着时间延长，塑料可能降解并导致分层。一旦塑料降解就会引发许多缺陷，包括分层、料花、黑点和褐纹。此外，如果浇口套和喷嘴孔不匹配，塑料可能发生滞留并产生降解。对于冷直浇道，喷嘴头孔径应该比浇口套孔径小1/32in（0.017mm），如果使用热直浇道，喷嘴头和浇口套孔径比应该是1∶1。必须避免零部件之间出现死点，以消除潜在的滞留区域。

25.3.2.2 润滑剂污染

如果模具中任何种类的油进入型腔，都可能引起分层。润滑剂会污染塑料，并可能在塑料表面留下一块起泡的脱层表面。

注意模具液压缸泄漏，缸内的液压油可能会流到型腔内。特别需要注意的是，过度润滑模具部件可能会导致模具型腔污染。在模具维修过程中，有的维修人员错误认为油脂加得越多越好。其实过多的润滑会导致接下来几个小时生产的产品上出现油污或其他外观缺陷。

25.3.3 注塑机

注塑机本身也会导致分层问题，最常见的原因是：

- 注塑机性能
- 滞留区域

25.3.3.1 注塑机性能

见第八章关于注塑机性能。

25.3.3.2 滞留区域

分层与注塑机相关的潜在原因主要是喷嘴与法兰存在滞留区域。从一个零件过渡到另一个零件，只要存在任何台阶，都将有塑料残留的风险。滞留在料筒及其零部件中的塑料会被慢慢拖入熔料中。这可能导致与当前塑料不相容的残料产生污染。残料的另一个影响是材料降解，导致产品表面产生分层缺陷。

即便料筒利用率合理，如出现滞留区域也会改变塑料的停留时间。

25.3.4 材料

因材料问题导致的分层通常可分为以下几类：

- 塑料污染（图25.2显示了由材料引起的分层污染）

图25.2 产品壁上的分层

- 色母不相容

25.3.4.1 塑料污染

如果某种塑料被异物污染，就很有可能产生分层。如果污染塑料与基体树脂不相容，这种分层现象会更为明显。例如，ABS和聚丙烯（PP）混合就会出现这种问题。但另一方面，聚丙烯和聚乙烯混合却没有问题。

在所有熔体输送过程中，要确保清洁和隔离。塑料被污染的途径包括：

（1）开放式容器　如果料箱、料桶、料斗、烘料斗或盛料的纸板箱没有加盖，异物渣或其他塑料就会进入容器内。比如操作员用空气软管往旁边注塑机的烘料桶里吹风，就可能导致上述未加盖容器受到污染。

（2）未验料　有时操作员未经验证，仅凭相同的颜色或外形就将一种塑料倒入另一种的容器中。同样在没有验证的情况下，将塑料传输到了上料系统中，也有可能产生混料。因此，必须对所有塑料进行清楚标识，包括回料。确保每个处理塑料的员工都能理解它的重要性，即正确的材料应放入正确的容器中。还应确保处理回料的操作员都能使用正确的回料粉碎机。另外，在上料时，应确保储料箱和正确的料仓连接无误（这可以通过安装防错装置来实现）。

案例分析：塑料污染导致分层

本案例中一注塑车间主要使用预着色塑料。有一工单需要用到本色树脂和色母。下班前色母用完，材料处理员去找色母补给。他几经寻找，终于在一处储物架上发现了他认为正确的色母。他加入“新色母”后开始注塑产品。后来发现，他找到的仅是一种普通黑色塑料，并不是色母。这时产品已受到了污染。对产品仔细检查后发现，由于两种塑料不相容，导致因料花和分层缺陷引起的废品率飙升。由于塑料的污染，当班的产品只能全部报废。假如没有想当然地认为货架上的黑色塑料是色母，这场事故本来是可以避免的。

25.3.4.2 色母不相容

当用色母给本色树脂上色时，务必用与本色树脂匹配的色母。虽然有些色母可以用于不同种塑料，但也需确保该色母适用于当前的塑料。在使用色母之前，最好提前与色母供应商进行沟通，以消除误用色母的潜在风险。另外，要清楚地记录下产品的塑料清单，这样操作者就能迅速了解塑料基体的种类，并找到对应的色母。

如果怀疑色母引发了产品缺陷，请确认是否误拿了类似的色母（再次核对标签和文件）。此外，应联系色母供应商，确认色母代号适用于将要加工的塑料。

第26章 尺寸变化

■ 26.1 缺陷描述

成型过程中最大的挑战之一是尺寸控制。塑料的体积会因成型条件的改变而出现膨胀和收缩。注塑过程中工艺参数的波动也会引起产品尺寸的波动。某个产品的尺寸最终可能有的太大或太小，有的尺寸符合要求，而有的尺寸超出公差。

别称：尺寸太大或太小，尺寸不一致，收缩。

误判：产品翘曲。

■ 26.2 缺陷分析

尺寸变化缺陷分析如表26.1所示。

表26.1 尺寸变化缺陷分析

成型工艺	模具	注塑机	材料
保压压力	浇口尺寸	喷嘴头	填充剂
保压时间	直浇道和流道尺寸	保压切换	成核剂
注射速度	冷却	止逆阀	塑料类型
仅填充重量	热流道控制	注塑机性能	
熔体温度	零件变形		
模具温度			
冷却时间			
松退减压			
料垫			

26.3 缺陷排除

26.3.1 成型工艺

有很多工艺参数影响产品尺寸，包括：

- 保压压力
- 保压时间
- 注射速度
- 仅填充重量
- 熔体温度
- 模具温度
- 冷却时间
- 松退
- 料垫

26.3.1.1 保压压力

对尺寸影响最大的因素之一是保压压力。通常，较高的补缩压力会使更多的塑料熔体填充到模具中，反之，较低的补缩压力将导致型腔内塑料量减少。

应该清楚地认识到，一旦浇口或塑料凝固层冻结，将不再会有更多的压力作用于产品上。保持产品壁厚均匀很重要。如果产品壁厚不均匀，那么薄的地方容易冻结，而厚的地方会产生额外的收缩并影响尺寸。一旦浇口或凝固层冻结，保压就不再起作用。薄壁类的产品壁冻结速度很快，尺寸变化就非常有限。

尽管处理问题时通常都应遵循大道从简的原则，但在某些情况下，也需要采用分段保压来处理具有挑战性的产品。譬如有时特意设置将高保压时间延长，以改善产品壁薄区域的填充。然而，重要的是要理解，分段保压会增加工艺的复杂性，并增加生产时验证工作的难度。

我们应该清楚地了解，影响产品尺寸的是型腔内的实际压力，而不是注塑机上的设定压力。在许多情况下，操作员能接触到的最直接的数据是注塑机的压力设定值。目前科学的做法是在模具上安装型腔压力传感器，它能让我们更直观地了解型腔内的情况（见图26.1）。

了解压力分布会导致收缩差异很重要。压力较高的区域比压力较低的区域收缩小。这意味随着模具中压力分布的变化，零件上不同位置的收缩也不相同。想象一个细长产品在一端进胶：浇口附近区域将承受比填充末端高得多的压力，从而导致零件各处补缩方式存在差异，零件两端的收缩状况也有所不同。第46章讨论了这种压差对翘曲的影响。一般为特定的模具和材料组合选择收缩率极具挑战性，其主要原因也和这种变化有关，尤其是在没有类似产品信息可供参考的情况下。

图26.1 RJG公司的型腔压力传感器

26.3.1.2 保压时间

模具运行时，确认浇口是否需要冻结非常重要。如果需要浇口冻结，保压时间必须足够长，这样才能保证每一次注塑时浇口都能有效冻结。如果模具浇口冻结处于临界状态，时有时无，需要观察产品质量变化，尤其关注尺寸变化。

在工艺开发过程中，无论模具生产时需要不需要浇口冻结，浇口冻结试验总是必不可少的。保压时间的设定有不同的方法：有的习惯在浇口冻结时间上增加1s，或者增加10%的浇口冻结时间。可确定其中一种方法并贯穿始终。如果浇口冻结需要8s，仅将保压时间设置为8s的话，可能导致浇口冻结时有时无。因此，将保压时间设置为9s可以确保浇口冻结完成。图26.2为一浇口冻结试验结果。在本案例中，浇口冻结时间为8s，所以将保压时间设置为9s。

一旦时间超过9s，浇口便处于冻结状态，保压实际上仅作用于流道上，不会对产品产生任何影响。由于注塑厂无法从流道废料上获取任何经济价值，所以尽量不要浪费时间和材料补缩流道！

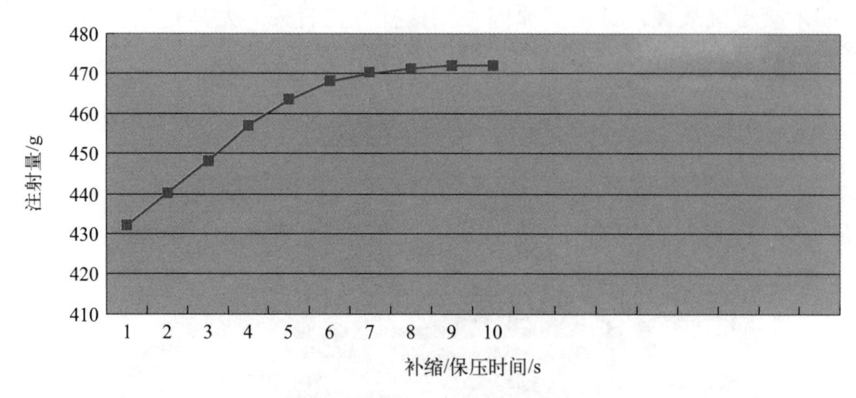

图26.2 浇口冻结试验结果

另一个重点是浇口一旦冻结，即使额外增加保压时间，也无法向型腔内补充更多塑料。额外的保压时间可能会对产品尺寸产生影响，但是这种影响主要是由于冷却时间增加导致的，额外的保压时间会造成流道过保压，从而导致能量浪费。

浇口冻结时间和工艺参数紧密相关，如增加熔体温度、模具温度、注射速度和补缩压力，都可能会延长浇口冻结时间。

26.3.1.3 注射速度

注射速度会影响成型材料的黏度。注射速度低，产品凝固层在填充过程中会变厚，这将限制有效补缩能力。如果产品补缩不足，尺寸可能产生变化或超出公差。每次成型过程中都需要保持稳定的熔体体积流动速率。稳定的填充可以保证产品补缩一致，尺寸稳定。

26.3.1.4 仅填充重量

当采用分段成型工艺时，注射阶段注入的塑料量将影响产品最终的补缩方式。为了验证第一段仅填充重量是否准确地落在设置值范围内（95%～98%），保压压力应设置为零。STOP 故障排除法的其中一部分是系统性地解决问题，进行仅填充注射就是一个很好的起点。

如果在仅填充注射阶段注射量不足，型腔内没有注入足够的塑料，那么型腔压力就会降低，产品尺寸也会偏小。此时应调整保压切换的位置，使仅填充注射量符合工艺参数中确定的重量。

如果仅填充阶段注射量较大，意味着注射阶段塑料填充过多。如果切换时，填充重量已经超过了99%，那么在填充过程中实际上已经开始保压，这会导致产品尺寸变大。应再次验证仅填充注射量是否符合目标值（通常设定在大约95% ～ 98%）。

26.3.1.5 熔体温度

熔体温度会影响所有方向的收缩。

较高的熔体温度将降低浇口到整个型腔内的压力差，从而提高产品的补缩能力。另一方面，熔体温度太高，会加剧冷却过程中的收缩，特别是脱模后收缩。

在成型工艺的管控中，其中重要的一点是要验证熔体温度与工艺文件是否相符。如果不清楚熔体温度，或者该工艺从未生产出尺寸合格产品，那么需要验证熔体温度对尺寸的影响。熔体温度的变化会使尺寸在所有方向上发生变化。

另外，熔体温度升高会影响浇口冻结时间。当改变熔体温度、注射速度、模具温度或保压压力时，需重新验证浇口冻结时间是否足够。

图26.3显示来自RJG公司eDART工艺监控系统的数据，该系统显示了因送料问题导致螺杆旋转时间延长，在紧接的注射过程中型腔压力升高，导致尺寸超差。

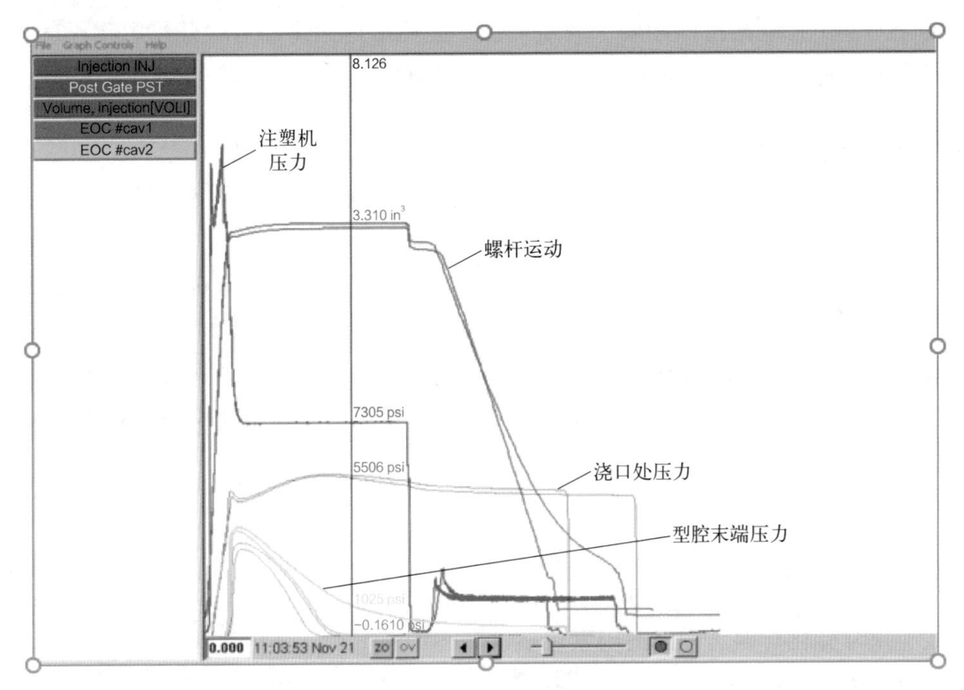

图26.3 RJG公司的eDART®周期图：储料时间的微小变化导致下一模产品尺寸超差

26.3.1.6 模具温度

通常情况下，模具温度升高会加剧产品收缩，导致尺寸偏小，同时也会加剧产品脱模的后收缩。如果产品尺寸偏大，可以提高模具温度进行改善；产品尺寸偏小，可以降低模具温度阻止产品收缩。

应注意在低模温下成型半结晶塑料时，产品收缩到一定程度将停止收缩。但成型后如遇较高使用温度，反而会导致产品收缩和翘曲，最后平衡于低应力状态。

模具冷却需要考虑很多因素（见第十四章，优化模具冷却）。

26.3.1.7 冷却时间

增加冷却时间和周期时间通常会使产品变大，然而，这种增加尺寸的方式很不经济，因为注塑机和模具充当了昂贵的冷却器。由于成型周期延长带来成本增加，通过延长冷却时间来增加尺寸是一个不明智的方法。如果延长冷却时间确实改善了产品尺寸，则应寻求改善模具的冷却设计的方法，努力缩短成型周期。

26.3.1.8 松退减压

如果注塑机运行时没有充分松退减压，止逆阀的动作会趋于不稳定，继而引发尺寸偏差。确认注塑机运行时设置了松退减压，料垫不会出现较大波动甚至降为零。在缺陷排除期间，只需增加一些后松退距离即可验证其影响程度。不同的止逆阀对松退的反应存在差异，需要进行进一步的试验。

26.3.1.9 料垫

通常情况下，观察注塑机运行是否正常的一个关键点是看是否存在料垫。如果螺杆触底，注塑机将无法传递压力，导致产品尺寸变小。

料垫不足往往是由于设定的注射量太小、喷嘴或热流道漏料、缺乏松退减压或注塑机故障（见下文）。在增加注射量之前，应先确认塑料的去向。当喷嘴处出现泄漏时，增加注射量会导致更多的塑料熔体包覆料筒并损坏加热器和热电偶。如果注塑机一向运行良好，增加注射量前，一定先要检查塑料熔体的去向！

26.3.2 模具

尺寸变化与模具相关的因素包括：

- 浇口尺寸

- 直浇道和流道尺寸
- 冷却
- 热流道控制
- 零件变形

26.3.2.1 浇口尺寸和位置

如果注塑件浇口尺寸太小，则不能有效地对该产品进行补缩而出现过度收缩。浇口小还会过早冻结，影响保压压力施加到型腔里的效果。请注意，浇口过大则会导致产品过度补缩，浇口附近的尺寸变大。

模流分析软件可以根据给定的浇口尺寸确定所需的注射压力，这将最大限度地降低由于浇口设置不当导致的工艺压力受限的风险。模流分析软件还可提供冻结层图像，显示在浇口冻结后，是否仍存在收缩。

还应考虑合适的流动距离。如果流动距离过长，型腔的补缩压力会分布不均。塑料熔体只能在离浇口有限的距离内流动和补缩，这受到壁厚、塑料黏度、熔体温度和注射速度等因素的影响。模具设计的过程中要提前考虑浇口是否满足有效填充和补缩。为了确保填充充分，浇口面积应与塑料填充量匹配。大多数宽且薄的浇口有助于填充，同时能给型腔提供足够的压力。

设置浇口时，要确保整个型腔内都有足够的补缩压力分布。尤其要注意产品壁厚由薄到厚的过渡。如果从薄壁区域填充到厚壁区域，薄壁区域将提前凝固并影响到整体补缩能力。

26.3.2.2 直浇道和流道尺寸

直浇道、流道或热流道系统中的流动阻力可能导致压力下降，从而限制了对型腔加压的能力。适当的直浇道和流道尺寸，可以提供足够的加压压力，如果尺寸过大则会增加成型周期。STOP 缺陷排除法排除问题时，观察从型腔末端到注塑机的喷嘴材料流动的每个步骤。

尺寸过大的直浇道和流道可能会导致产品过度补缩。不要认为浇口、流道和直浇道尺寸大一定有利，它们会延长成型周期时间，过度补缩也会造成尺寸变化和翘曲加剧。

26.3.2.3 模具冷却

如果模具温度没有达到要求会导致冷却差异。如果模具运行温度较低，塑料冻结更快，产品尺寸会偏小。增加模温可以使产品更好地补缩，从而减少收缩，但也可能影响翘曲和结晶度，从而导致收缩增加。应验证型腔表面冷却是否均匀，对比模具实际温度与推荐的模具温度。

产品冷却不均匀会导致收缩不均。冷却不均匀也是引起产品翘曲的一个主要因素，翘曲变形同时会影响产品尺寸。

应确保型腔和型芯都有足够的冷却效果，型腔表面温度均匀。在某些情况下，模具上特定位置的冷却效果很差，限制了成型周期时间的改善，这也会影响产品的整体尺寸。

关于冷却的更深入的讨论见第十四章。

26.3.2.4 热流道控制

热流道温控器必须为所有加热区段提供可靠和可重复的温度控制。如果热流道没有在设定值运行，就会影响型腔填充和补缩能力。

生产过程中应确认阀针能按时启动。如果阀针不能正常打开，模具填充和补缩工艺将会发生改变。使用一段时间后，阀针和气缸都需要进行维护，这样才能保证阀针的正常运行。

26.3.2.5 零件变形

在某些情况下，模具零件或模架可能发生变形，从而导致在模具变形区域出现产品尺寸问题。譬如斜顶一旦发生变形，成型的卡扣特征就会与原始设计不符。模架或合模系统的变形也会导致产品厚度发生改变。

案例分析：合模系统变形

本案例中，某缩醛产品在一台170吨的注塑机成型。产品厚度始终不一致，导致装配出现问题。对产品厚度和型腔尺寸进行检验表明，产品厚度尺寸比对应的模具型腔还要大。模具转移到一台230吨的注塑机上注塑，尺寸问题得到了解决。实际上，模具在170吨上没有足够的锁模力，虽然没有出现飞边，但是产品厚度变大。

26.3.3 注塑机

尺寸变化与潜在的注塑机问题包括：

- 喷嘴头
- 保压切换
- 止逆阀
- 注塑机性能

26.3.3.1 喷嘴头

在对尺寸问题进行缺陷排除时，要确认注塑机是否向型腔提供了正确的压力。有时经常忽视喷嘴头的影响。如果使用了错误的喷嘴头，注塑机的压力降可能会更高。必须注意确保使用正确的孔径和喷嘴头类型（例如尼龙料喷嘴与通用料喷嘴）。在工艺文件中注明喷嘴口径和类型，并与所安装的模具相匹配。图26.4显示了模具分别使用通用的3/16in喷嘴和5/32in喷嘴，在相同工艺参数下对型腔压力进行比较。图26.4显示，喷嘴孔尺寸的改变对成型过程有很大影响。永远不要忽视喷嘴头孔径的重要性。

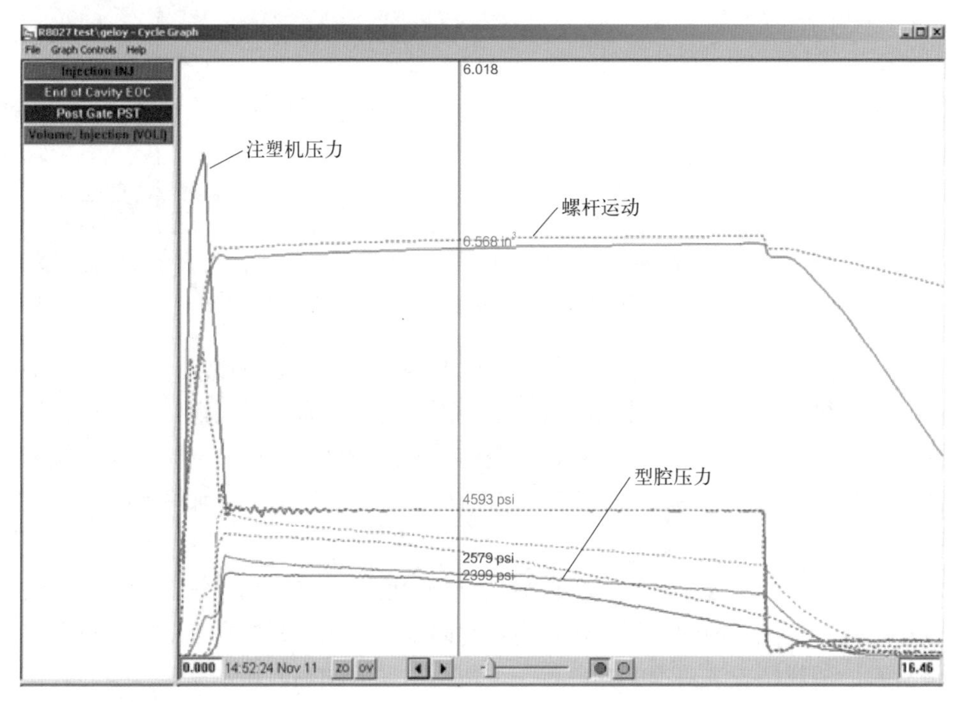

图26.4 3/16in喷嘴与5/32in喷嘴之间的型腔压力变化（RJG eDART®）

为了确保每次使用正确的喷嘴头，有一种方法是在模具上焊接一个7/8in螺母，并把喷嘴头安装在螺母上。这样每次换模时，可以从模具上方便地找到对应的喷嘴头。

26.3.3.2 保压切换

当注塑机从注射阶段的速度控制切换到保压阶段的压力控制（常简称为保压切换）时，这个关键工艺常被忽略。图26.5说明了一个不良的保压切换，注塑机压力和型腔压力都出现大幅下降。

有关更多信息，请参见第八章关于注塑机性能。

26.3.3.3 止逆阀

为了将塑料均匀地注入模具，止逆阀的反应方式必须保持一致。如果止逆

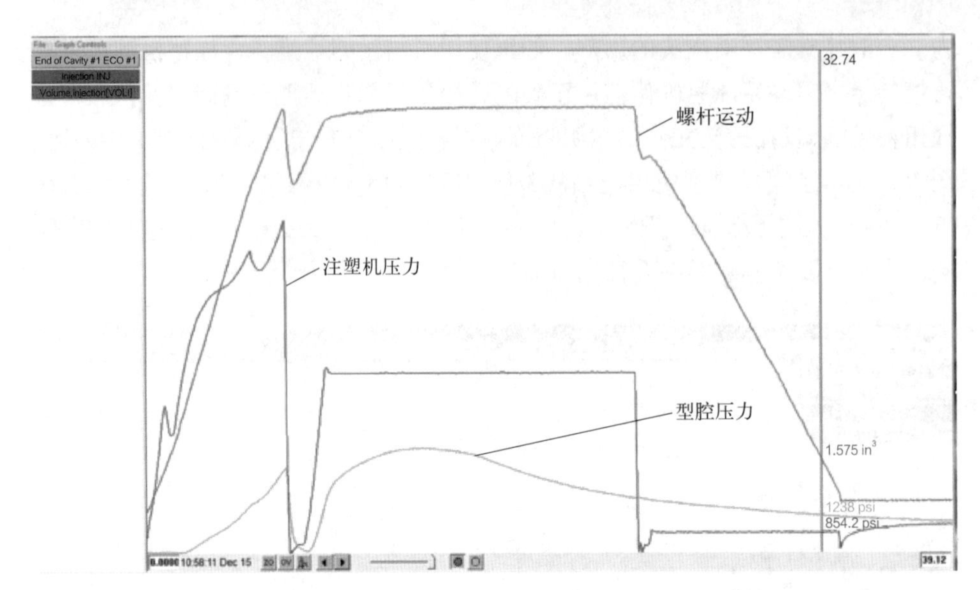

图26.5 显示保压切换较差的响应（RJG eDART®）

阀不一致，则在注射过程中止逆阀会发生泄漏，导致注塑不均匀，从而尺寸不稳定。如果止逆阀泄漏，注塑机料垫也会不均匀。检查止逆阀泄漏方法：在注射塑料时观察注射螺杆，塑料通过止逆阀泄漏到螺杆，这样注射阶段螺杆就会发生旋转。还要观察在保压过程中的螺杆行程，如果螺杆向前移动的行程较多，说明止逆阀存在问题。

止逆阀可能出现多种缺陷，包括长时间的磨损、破损和异物滞留。止逆阀依靠金属与金属之间的密封工作，随着时间推移金属件开始磨损，在填充含玻纤材料的塑料情况下磨损尤其严重。注塑机启动时预热时间不充分，会导致止逆阀开裂，极端情况下，整个螺杆头会从螺杆上脱落，破碎的金属会散落在料筒里。金属或未熔化的塑料可能会卡在止逆阀中，这将阻碍其密封并产生泄漏。有时止逆阀的损伤或磨损并不是很明显。图26.6显示了一个球形止逆阀，由于泄漏必须更换。

在判断止逆阀泄漏时，最好的方法是进行填充试验，比较连续10次注塑的重量一致性。

有关止逆阀测试具体信息，请参阅第八章注塑机性能。

相对于止逆阀，另一个潜在的因素是料筒发生了磨损和泄漏。要判断问题是否与料筒有关，改变注射量和切换位置向后移动1in，看问题是否消失。由于注塑过程中，保压切换位置设置在同一位置，随着时间的推移，料筒中的这一位置可能会出现磨损。

工艺过程中最好使用适当的松退减压，使滑环运行正常。在开始拆卸注塑机之前，请确认松退减压是不是根本原因。

图26.6 球形止逆阀

26.3.3.4 注塑机性能

如果注塑机不能在所需的设定值重复地控制工艺，产品尺寸将会变化。注塑机必须精确地控制所有的参数变量，以确保每一次注塑参数都与工艺设定值相匹配。

图26.7显示连续注射10次，保压压力和时间发生明显变化。这台注塑机正在注塑的产品尺寸变化很大，需要经常调试。在这台注塑机上安装了一个便携式的工艺监控系统，很快就发现问题来自注塑机。这种特殊情况下，需要更换新的止逆阀，更换后问题得到了解决。

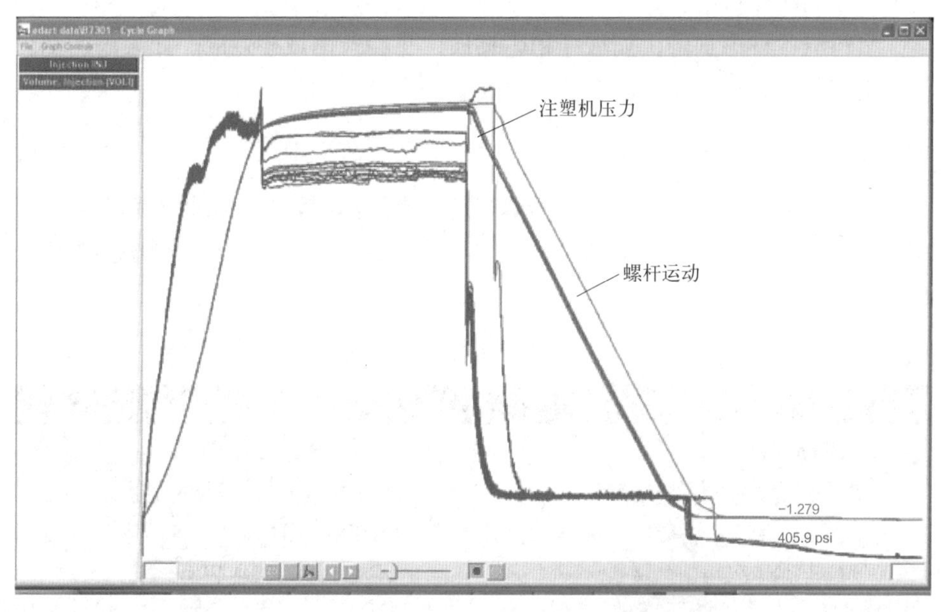

图26.7 连续10次注射，保压压力变化（RJG eDART）

有关更多信息，请参阅第八章注塑机性能。

26.3.4 材料

与解决其他缺陷一样，首先要验证所使用的塑料粒子是否正确。一般来说，不含添加剂的半结晶塑料比含填充剂和非结晶塑料收缩得更厉害。如果产品一直存在尺寸问题，需要评估并找到改进的措施。尺寸问题需要考虑如下因素：

- 填充剂
- 成核剂
- 塑料类型

26.3.4.1 填充剂

与未含填充剂塑料相比，含有填充剂塑料在尺寸上更稳定，整体收缩更小。用含有填充剂的塑料进行试验可能会产生更好的结果，尺寸更加稳定。这种塑料影响可能需要做大量的实验，模商厂和客户一起努力，以验证塑料的影响和适用性。相对重新制造新模具，验证塑料更加可行。

26.3.4.2 成核剂

在半结晶塑料中加入成核剂可以加快塑料结晶，从而减少半结晶塑料收缩。成核剂的使用可能会影响塑料的整体物理性能，因此应谨慎评估使用成核剂对工艺的整体影响。

塑料的各种添加剂，如玻纤和矿物质，也会产生成核效应。如果添加剂含量发生变化，成核效应可能会变化，并影响产品尺寸。

26.3.4.3 塑料类型

一般情况下，无定形塑料和无填充剂的半结晶塑料之间的收缩率差异可能非常大。有时，在都无添加剂情况下，半结晶塑料可能会比无定形塑料收缩大4～5倍。见表26.2塑料类型列表。

表26.2 塑料类型列表

非结晶型塑料	半结晶型塑料
聚碳酸酯（PC）	聚甲醛（POM）
聚甲基丙烯酸甲酯（PMMA）	聚对苯二甲酸乙二醇酯（PET）
丙烯腈-丁二烯-苯乙烯（ABS）	聚丙烯（PP）
聚苯乙烯（PS）	尼龙（Nylon）
ASA	聚对苯二甲酸丁二醇酯（PBT）

模具设计前，提前确定塑料类型，并选择合适的收缩率（STOP法之思考）。如果模具设计时采用了错误的收缩率，模具加工出来后再变更将非常困难，产品也很难得到所需尺寸。有时工艺开发过程中会发生塑料材料变更，这种情况下，虽然收缩率不正确但还要用工艺参数去补偿产品尺寸。这种补偿在实际操作中非常困难。

许多因素会影响塑料的收缩率，这就是为什么供应商总是仅给出收缩率的范围。讨论收缩时要考虑的因素包括：

- 壁厚
- 流长比
- 从浇口开始流动距离上的压力分布

以上因素与产品设计有关，模具设计时需要相应补偿。另一个因素是，塑料会根据产品所处的温度而发生尺寸改变。在炎热的工厂环境下的测量值，与在空调环境下的实验室测量值，因环境差异也会造成测量结果的显著变化。如果产品因季节发生尺寸变化，需调查塑料的线性热膨胀特性。一些尺寸公差范围设置太小将难以适应季节性变化。在设计产品和确定尺寸公差时，应预先考虑塑料的差异。

注意各向异性收缩，这是在流动方向和横向发生的收缩差异。设计合适的收缩率是一个极具挑战性的工作，在模具加工前，要了解产品各向异性的收缩，并根据产品特性在不同方向设置不同的收缩率，对于含填充剂塑料尤其重要。CAE的翘曲分析有助于深入了解这一领域。

第27章 成型周期过长

27.1 缺陷描述

产品成型周期过长会导致产能不足和成本增加等问题。

27.2 缺陷分析

成型周期过长的缺陷分析如表27.1所示。

表27.1 成型周期过长的缺陷分析

成型工艺	模具	注塑机	材料
模温过高	冷却不足	锁模速度慢	回料
熔体温度过高	冷却水路损坏或堵塞	响应太慢	添加剂
冷却计时器设定过长	浇口尺寸	自动化设备慢	
填充速度慢	流道和直浇道尺寸	顶出速度慢	
冷却时间过长	顶出面积不足		
	壁厚太厚		
	热流道隔热		

27.3 缺陷排除

影响产品成型周期的因素有很多。在工艺开发过程中，优化产品成型周期很重要，应尽力在产品整个生命周期内保持稳定的周期。

27.3.1 成型工艺

导致周期过长的工艺因素包括:

- 熔体温度过高
- 模具温度过高
- 时间设置太长
- 注射速度缓慢
- 冷却时间长

27.3.1.1 熔体温度过高

如用热动力学描述热塑性材料的成型过程：热量被输送到塑料粒子中，塑料粒子熔化后，被注射到模具中，热量被外界吸收消耗后，熔化的塑料重新凝固。模具里产品温度必须降至能够维持其形状的温度时，由模具中的顶出机构顶出。如果顶出时产品温度过高，脱模后的产品将继续冷却，就可能导致产品发生翘曲等形状变化。塑料粒子在熔化过程中吸收的所有能量都必须在冷却过程中移除。需要注意的是，产品可以在远高于模温的温度下顶出，在模具外继续冷却。

如果塑料的熔体温度高于所需温度，冷却时间及浇口冻结所需的时间都将延长，循环周期也会增加。提高熔体温度是一把双刃剑，它除了需要注塑机提供额外的热量外，还需要更多的时间把温度降下来。

熔体温度过高时需要考虑以下两种情况。

（1）熔体温度过高但毫无理由　工艺开发中涉及的一整套参数有料筒温度、螺杆储料速度、螺杆类型和背压等，所有这些参数设置都会相互作用，影响最终的熔体温度。多数注塑厂要么根本不检查熔体温度，要么检查后发现熔体温度异常也视而不见。如果不关心熔体温度，有时就不得不对其他工艺参数进行频繁调节，以配合熔体温度。

（2）熔体温度升高是为了迁就其他方面的问题　一个典型例子是模具浇口尺寸设计得太小，导致填充产品时压力受限。在这种情况下，典型的工艺调整方法就是提高熔体温度，降低模具注射压力。

为了避免由于熔体温度过高引起成型周期过长，首先要明确熔体温度过高对周期时间的影响。同样，在产品和模具设计时，要注意塑料流动路径过长、壁厚太薄和浇口太小等限制条件。如果在模具加工前解决好这些产品和模具设计问题，那么工艺开发就会顺利很多。

案例分析：壁厚不均匀

该产品某些区域的壁厚比名义壁厚要厚很多。由于这种壁厚变化，塑料熔体温度设定在塑料供应商推荐范围的上限。因此，较厚区域所需要的冷却时间就会有所延长。这类产品设计的另一个问题是，壁厚较薄区域易过早冻结，而较厚区域难以充分补缩，从而导致缩水、冷却不均以及收缩引起的翘曲。

高质量成型工艺需要产品保持壁厚均匀。

在不影响产品质量前提下降低熔体温度，就可以缩短成型周期。如果降低熔体温度会导致其他问题，那就深入挖掘并尝试解决问题，这样便可在相对较低的成型温度下生产，并获得更短的周期时间。

27.3.1.2 模具温度过高

模具就像一个热交换器，不断转移熔融塑料中的热量。如果模具冷却不足，为了使产品充分冷却，成型周期就需要延长。模具中任何一处热点都会导致冷却时间延长。因此，均匀冷却可以减少产品的成型周期时间。

首先应检查模温机是否在设定值下工作。可用多种方式测量刚脱模的产品表面温度，以此发现模具存在的冷却问题。

参阅第十四章关于如何优化模具冷却的建议。

案例研究：模具温度

某聚丙烯（PP）产品案例中，用正常成型周期始终无法生产出合格产品。顶出后产品温度很高，并且由于积热过多而产生变形。开机验证时发现模温机工作正常，正努力将冷却水控制到设定温度，但回水温度却超过设定值近50°F（27.8℃）。检测模具表面温度后发现模温远高于设定值。工程师将手放在注塑机模板上时，惊奇地发现模板居然发烫，无法触碰。根据“5Why”法分析后，工程师意识到，上副模具在210°F（99℃）的温度下已生产数天。由于上副模具与注塑机模板之间没有任何隔热措施，导致模板在生产中温度不断升高。此时更换模具开始生产聚丙烯产品，新模具便成了高温模板的储热器，吸收了模板中大量热量而只能缓慢释放多余的热量。于是生产只能暂停。直到模板和模具彻底冷却后，才重新生产出了合格产品。应当在高温模具上安装隔热板，以避免在后续模具生产中出现类似情况。

27.3.1.3 注射速度慢

周期时间由不同的时段组成，其中一段是注射时间。注射时间由注塑机注射速度决定。在正常的分段成型工艺II（Decoupled® Ⅱ）中，填充过程应尽可能快地将型腔填充到95% ～ 98%。

但有些模具却需要较低的注射速度才能获得最佳产品质量。如镜片注塑通常需要缓慢的注射速度。如果没有产品相关的特殊原因需要缓慢注射，那么尽量使用高速填充，这样不仅可以获得较短周期时间，还可以保持一致的熔体黏度。

切忌降低填充速度来掩盖其他工艺缺陷，例如:

（1）烧焦　烧焦缺陷不应该归咎于注射速度过快，只能说明模具排气不良（见第七章排气）。尽管减慢注射速度可以改善烧焦现象，但成型窗口将会缩小。最佳办法是增加模具排气并保持较快的注射速度。

（2）飞边　飞边也不是由注射速度造成的，而是因为型腔内压力过大，超过了合模时的锁模力。快速填充并不会产生飞边，但是如果在填充过程中型腔压力陡增，造成了过度填充，则会导致飞边。如果注塑机能很好地从速度控制切换到压力控制，并且注射阶段填充量合适，则模具不应出现飞边。

27.3.1.4　冷却时间过长

应优化冷却时间使产品尽快离开模具。有时人们会陷入“偶数”综合征，20s冷却时间似乎比19s好。其实在不出现翘曲等缺陷的情况下，产品脱模越快越好。

在工艺开发过程中，应记录产品脱模时的温度。热成像相机可以提供所有热点和潜在冷却不足的精确图像。

如果冷却时间过长是由于熔料时间所致，可以考虑调整料筒温度来提高注塑机熔料效率。同时也要检查注塑量是否超过了75%的料筒利用率。注射量太大、储料时间过长都会影响周期时间。在料筒容量大的注塑机上模具可以运行得更快。螺杆和料筒的磨损也会导致塑化能力降低。当螺杆旋转时间增长表示螺杆或料筒可能出现了磨损，使用含玻纤材料时尤其明显。

由于模具冷却不良导致冷却时间过长，请参阅27.3.2。不能用注塑机和模具作为冷却工具。应寻找一切机会改善冷却效果，减少周期时间。

27.3.2　模具

周期过长与模具相关的因素包括:

- 冷却不足
- 水路损坏或堵塞
- 浇口尺寸过大

- 流道和浇口套尺寸不当
- 顶出不畅
- 壁厚太厚
- 热流道隔热不足

27.3.2.1 冷却不足

如果无法从模具中移除注射时带入的热量，成型周期会出现问题。模具设计时应该对冷却设计进行优化，如型芯等细节特征的冷却优化。

有关模具冷却的更多信息，请参见第十四章。

27.3.2.2 冷却水路损坏或堵塞

如果模具冷却水路堵塞，水流就会受到限制而无法在水路中实现湍流。管路堵塞或流量受限会引发冷却不足。要注意隔水片应平行于水流而不是垂直于水流。喷水管或隔水片如果插入过深，也会限制水流通过。

应检查所有水路的流量，并保证冷却水路连接正确。产品的热成像图可以用来找出冷却效果不佳的区域。例如，图27.1显示了模具的冷却管水路连接错误，导致型芯温度过高。

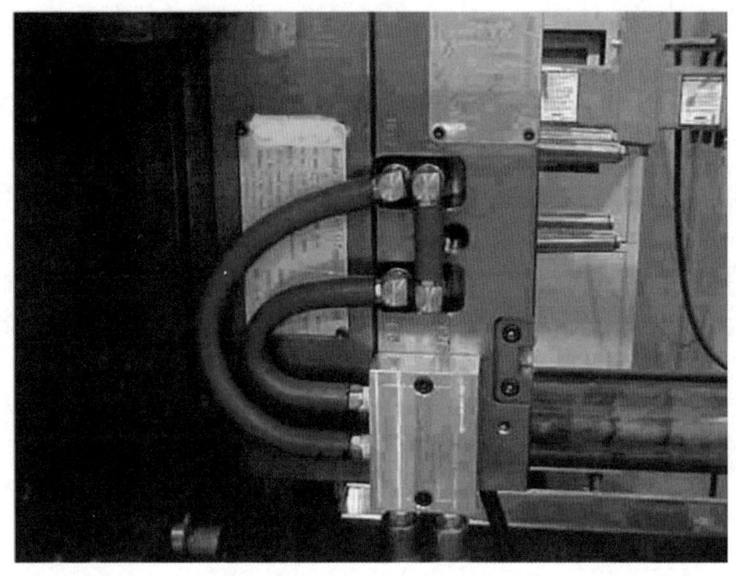

图27.1 喷水管连接错误：第一根冷却管出口接到了第二根冷却管的出口而不是入口

27.3.2.3 浇口尺寸

当模具的浇口尺寸过大时，浇口冻结时间会增加。很多时候浇口尺寸设计得太大，超出了产品补缩的需求。很多人靠各种经验法决定浇口尺寸。但最新研究表明，过去很多经验公式推荐的浇口尺寸都偏大，减小浇口尺寸可以缩短周期时间。

如果浇口尺寸对产品的尺寸或缩水没有影响，则有可能尺寸过大。通常应从小尺寸浇口开始，慢慢扩大到生产出完全合格的产品，但也考虑模具要“留铁”，如果浇口太小，方便适当增大。

27.3.2.4 流道和直浇道尺寸

在生产中经常发现流道或直浇道尺寸过大的案例。流道和直浇口的大小必须能够为型腔提供足够的流量和压力。但人们通常以为，越粗大的流道越利于注塑生产。其实在许多情况下，较小的流道并不会显著增加注射压力，并且仍然可以给型腔足够的压力。粗大的流道需要较长的冷却时间，从而影响成型周期。

随着直浇道长度的增加，直浇道和流道相交处会变得很粗，即使浇口套孔径满足要求，此处也会堆积很多原料，这是由于直浇道有一定的脱模斜度。如使用下沉式浇口套可以缩短直浇道长度，这种浇口套既保留了所需的直浇道孔径，直浇道本身也不会变粗。采用热流道也可减少直浇道至流道交叉处的材料量。现在也有自带随形冷却水路的浇口套，它通过改善自身冷却状态达到缩短成型周期的目的。直浇道与流道相交处的热成像见图27.2。

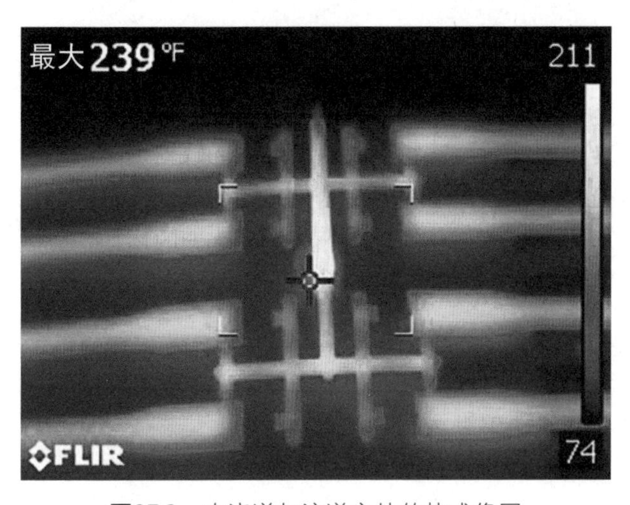

图27.2 直浇道与流道交处的热成像图

27.3.2.5 顶出不畅

顶出如果出现问题可能导致成型周期延长。关于顶出有两个最常见的问题:

（1）顶出面积太小导致出现顶针印　这个缺陷常常用增加冷却时间来解决。模具设计应考虑足够的顶出面积，以确保产品在顶出时能被有效推出。收缩率较高的材料需要更大的顶出面积。同时，一定要检查产品设计中是否存在脱模斜度不足的区域、深腔区域以及具有细致结构的易粘模区域，因为这些区域都需要更大顶出面积才能将产品从模具中顶出。

（2）需要额外的顶出行程　有时由于各种原因，产品无法顺利顶出，这时可能需要增加额外的顶出行程。如果是由于产品粘模无法顶出，应检查模具是否有可以改进的地方。有些时候，增加顶出行程的确能解决问题，但应牢记额外的顶出行程既会增加周期时间，也会加剧模具和注塑机的磨损。应找出需要增加额外顶出的原因并加以彻底消除。

27.3.2.6　厚壁产品

生产具有厚壁特征产品的模具需要额外的冷却时间。在大多数情况下，厚壁问题应在产品设计中解决（STOP 中的思考）。必须反复强调的是：保持壁厚一致是产品设计的基本原则。有时产品设计虽然没有增加壁厚，但是模具加工本身却造成了壁厚增加。譬如有一根固定镶针实际长度比设计值短，在镶针顶部就会留下一个厚壁区域。如果产品在镶针对面出现缩痕，就应检查镶针的长度是否足够。

此外，如果局部壁厚必须增加，尽量采用渐变式而非突变式。渐变式可以减少缩痕和通透痕（由于收缩差异导致光泽变化）的风险。

27.3.2.7　热流道隔热

热流道系统会给模具输入很多热量，因此与型腔之间需要隔热。如果这些热量得不到很好控制就有可能转移到型腔内，导致周期时间延长。分流板应进行隔热并加以控制，以减少型腔内温度上升。热嘴与型腔接触的地方会有大量的热量积聚，不但会造成拉丝，还会导致成型周期的增加。

27.3.3　注塑机

成型周期过长与注塑机相关的因素包括：

- 合模速度迟缓
- 响应时间缓慢
- 自动化设备动作迟缓
- 顶出速度和行程

27.3.3.1　合模速度迟缓

注塑机使用一段时间后会出现磨损。液压机上的阀门密封圈磨损导致油缸泄漏。另外，注塑机上的机械部件也会磨损，变得粗糙或松动。这两种磨损情况都会导致合模速度降低。

如果成型周期开始变短，锁模单元的开启和关闭时间增加，那么就有必要计算一下由于设备因素损失的时间和费用。应对注塑机的锁模单元进行维修，使开合模速度恢复到正常的水平。

有些注塑机在补缩完成后，可以降低锁模力。当注塑机启动锁模动作，这种低压锁模模式可以有更快速的响应。查看一下注塑机的控制器是否有这个选项，有的话尽可能加以使用。

同时也应评估解锁距离和合模减速距离的大小。通过优化合模单元的减速和加速可以节省周期时间。锁模动作应该平顺无冲击，并且优化速度，缩短锁模单元运行的时间。如果锁模速度慢、距离长，将增加整个成型周期时间。

27.3.3.2 响应时间缓慢

如果想在周期时间上做些细微的改善，那么可以检查工艺各阶段中的时间延迟量，即用秒表记录不同的时间延迟，如:

- 周期开始到启动合模之间
- 合模到锁紧之间
- 模具锁紧到开始注射之间
- 冷却完成到模具打开之间
- 模具打开到开始顶出之间

所有这些动作信号都可以用一套数据采集系统加以测量和收集。通过对周期时间进行深层次的分析，就有可能从工艺中去除冗余的非增值时间。

27.3.3.3 自动化设备动作迟缓

应仔细观察机械手的动作是否太慢，太慢会增加生产成本。机械手速度的优化可以减少周期时间。机械手的位置应尽可能靠近模具，这样可以“快速抓取”产品。一个有用的技巧是用“斜扫”方式移动，而不是用XYZ点到点的方式移动。

还要注意机械手形成真空吸力的时间延迟。短而粗的真空管可以快速形成真空。也可考虑增大真空泵功率或增加真空泵数量。有的系统甚至为每个真空吸盘都接上真空泵，以缩短真空抽吸的距离。

注塑件确实需要机械手取出吗？如果产品脱模后落到传送带上，并不会造成损坏，那么移除机械手就可节省时间。不要因为某台注塑机配有机械手，就每套模具非得使用机械手不可。

27.3.3.4 顶出速度和行程

如果模具的顶出行程过长，应该去找出原因。多余的顶出行程会造成周期延长。此外，如果注塑机顶出行程比实际需要长，应予以缩短。

就像注塑机的锁模单元一样，顶出油缸也会产生磨损和泄漏，降低顶出速度。

27.3.4 材料

总的来说，某些材料的成型周期较其他材料更短。由于材料问题导致成型周期时间波动，可能的原因有:

- 回料
- 添加剂

27.3.4.1 回料

在使用回料时，有时螺杆的进料速率会发生波动。出现这种情况的原因是回料会卡在进料口处或送料管中。当料不足时，螺杆会不停转动，直到搜集完一次注射所需的量。螺杆额外旋转产生的另一个不利影响是料桶内的熔体温度会发生变化。应仔细观察物料进入注塑机的过程，确认开模后是否仍在等待螺杆熔料完成。

27.3.4.2 添加剂

材料配方中有多个要素会对原料的周期时间产生影响。譬如半结晶材料中的成核剂。成核剂的含量越高，周期时间越短。润滑剂或脱模剂含量的变化也会对螺杆产生影响，因为这些化合物会影响螺杆在塑化过程的进料方式。

如果材料会导致成型周期时间增加，那么在更换新材料时需加以考虑。要确定这些材料是否是引发问题的原因，可以尝试换用另一批次的材料，或者用另一种类似的材料打样并进行判定。

第28章 注射压力过高

28.1 缺陷描述

注射压力过高可能导致成型过程中压力受限等问题。如果成型过程中注塑机压力受到限制，那么就无法保持注射速度稳定。生产过程中如果遇到注射压力突然增加，应该深入调查根本原因。

28.2 缺陷分析

注射压力过高缺陷分析如表28.1所示。

表28.1 注射压力过高缺陷分析

成型工艺	模具	注塑机	材料
熔体温度过低	浇口尺寸和数量	喷嘴头类型和孔径	黏度增加
注射速度变化	流道和直浇道尺寸	喷嘴类型	水分含量
填充过多	热流道缺陷	喷嘴组件堵塞	
	浇口堵塞	注塑机性能	
	排气		
	壁厚		

28.3 缺陷排除

如果成型过程中注射压力突然高于正常值，应找出发生变化的原因。如果注射压力比正常情况高，这表明型腔的压力降也比正常情况下大，塑料不会像之前一样补缩。

如果注射压力达到了注塑机可用的最大压力，则该过程被认为压力受限，此时注塑机无法控制填充速度。如果工艺接近注塑机最大压力并在10%范围内波动，由于塑料黏度的变化，成型过程中很可能出现压力受限。确定成型工艺时，应确保所需的注射压力小于注塑机最大压力的90%。

28.3.1 成型工艺

造成注射压力过大的成型工艺因素有：

- 熔体温度低
- 注射速度
- 注射阶段填充过多

28.3.1.1 熔体温度低

注射压力通常与熔体温度成反比，特别是无定形塑料。熔体温度越低，模具填充所需的压力就越高。在熔体温度很低的情况下，熔体前端过早冻结会导致模具型腔无法完全填满。

如果生产中峰值压力突然增加，应检查熔体温度。验证实际熔体温度与工艺文件中设置的熔体温度是否一致。如果工艺没有记录熔体温度值，至少要验证熔体温度是否在供应商的建议范围值内。

如果确定熔体温度过低，应观察以下参数的设置：

- 料筒温度设定
- 背压和螺杆转速设定

如果以上设定值均与工艺表相匹配，则请参见第28.3.3节关于注塑机缺陷排除，以获得关于熔体温度低的其他可能原因。

28.3.1.2 注射速度

验证注射时间是否与工艺表相匹配。如果模具的注射速度与工艺文件不符，则注射压力会有所不同。只要不受压力限制，注射速度在压力作用下将一直保持。应该保持一致的注射时间，因为注射时间的变化会造成其他潜在产品缺陷。

28.3.1.3 注射阶段填充过多

从注射阶段到保压阶段的切换应该在型腔填满95%～98%时进行。如果注塑机保压切换较晚（切换位置设置得太低），型腔被完全填满，流动突然受到阻力将导致注射压力急剧上升。

在开机和缺陷排除时，应该检查填充重量。填充重量不当将导致各种潜在缺陷。延迟切换有可能导致产品出现飞边。再次重申，高速填充不会使产品产生飞边，但如果保压切换太晚，突然飙升的型腔压力峰值会引起飞边。

28.3.2　模具

造成注射压力过大潜在的模具相关因素包括：

- 浇口尺寸和数量
- 流道和直浇道尺寸
- 热流道
- 浇口堵塞
- 排气
- 壁厚

28.3.2.1　浇口尺寸和数量

如果浇口不够畅通，塑料熔体通过浇口所需的压力就会增加。这并不像许多人所希望的那样是条严格的规则。在某些情况下，较小的浇口尺寸反而对模具所需注射压力的影响最小。因为浇口尺寸小会产生较高的剪切速率，这有利于保持较低压力。

同时需要考虑浇口总截面积。宽浇口可以提供更多的流量体积，而不用增加浇口厚度和影响浇口冻结时间。还应评估充分填充型腔的浇口数量是否足够。每种塑料流长相对壁厚的比例都有上限。如果塑料熔体需流过较长的产品，注塑压力就需要在整个填充过程中保持高位。但如果增加第二个浇口可以让流动距离缩短一半。选择理想的浇口位置：相对于产品末端，位于产品中点的浇口将使流动距离减半。

浇口处平直段长度过长是常常被人忽视的问题，它会限制塑料熔体流动，导致注射压力增加。浇口平直段长度不应超过0.030in（0.8mm），如能减短到0.005in（0.13mm）将有效解决注射压力过高等一系列问题。

浇口尺寸也会影响浇口冻结时间和模具内有效压力。

28.3.2.2　流道或直浇道尺寸

在浇注系统中阻碍塑料熔体流动的不只是浇口。对于某个产品，如果流道和直浇道尺寸太小，也会导致模具所需的注射压力增加。

流道和直浇道过长也会对模具注射压力产生不利影响。直浇道和流道越长压力就越高。应尽量缩短直浇道和流道的长度，以降低模具注射压力。一般来说，较长的流道需要较粗的流道截面积。

28.3.2.3 热流道

如果在热流道系统中存在流动阻力，则模具所需的注射压力将会上升。最常见产生阻力的是低残留热嘴。低残留热嘴头比传统流道和浇口的流动阻力大，容易引起压力上升。采用尖式热嘴时需要评估流动阻力和尺寸。

热流道系统加热不当，会导致个别区段温度过低，造成塑料过早冻结。热流道区段的温度设置应使熔料中的热量既不增加也不减少，而且和塑料熔体的实际温度相同。

热流道的热嘴头很容易被其他塑料、金属屑或异物等堵塞。需要拆开热流道才能清除这些异物。在某些情况下，热流道内部的分流梭也会松动并堵塞出料口。

由于一些因素的作用，阀针浇口会使注射压力升高。如果阀针浇口无法启动或不能在整个行程范围内移动，阀针和浇口孔之间的阻力就会使注射压力提高。完全无法启动的阀针浇口无疑会对流动造成严重阻碍。如果模具已在注塑机上，可以手动开关阀针，以确定它们是否可以移动。如果确定阀针无法打开，应检查所有液压或气动连接以及热嘴温度，并验证驱动阀针的电磁阀能否启动。模具可能需要返回模具车间，以确保热流道没有任何问题，例如阀针卡住或阀针气缸密封不良等。如使用顺序填充工艺，延迟打开的阀针会导致注射压力显著升高，应确认阀针打开的位置顺序正确。

28.3.2.4 浇口堵塞

无论使用热嘴还是标准浇口，浇口堵塞都会引起压力骤增。有时，未完全熔化的塑料粒子也会堵在浇口位置，在通过浇口进入型腔之前产生一个压力峰值。

如果工艺中压力出现间歇性峰值，需检查熔体的温度、黏度等一致性。有时，当料筒利用率太低时，熔体的质量会很差，尤其是在成型半结晶塑料时。未熔化的粒子堵塞浇口将导致短射，也可能出现注射压力过高。

另一种浇口或热嘴堵塞的情况是冷料没有滞留在冷料井中。这些冷料很容易堵塞浇口或热嘴，直到足够大的压力将冷料挤过浇口为止。

28.3.2.5 壁厚

填充薄壁产品会导致注射压力过高。近年来，注塑机的可用注塑压力一直在不断提高，可填充壁厚更薄的产品。设计产品时，应与塑料供应商确认壁厚与流动距离之比是否可以接受。提前进行CAE分析将有助于确定填充的可行性。

28.3.3 注塑机

造成注射压力过大的注塑机相关因素有:

- 喷嘴头类型和孔径
- 喷嘴类型
- 喷嘴或喷嘴头堵塞
- 注塑机性能

28.3.3.1 喷嘴头类型和孔径

对于同一副模具，每次开机都应使用相同的喷嘴类型和孔径。如果使用的是尼龙专用喷嘴头而不是全锥形喷嘴头，喷嘴头处的压力降将会完全不同。尼龙型喷嘴头里额外的流动阻力将提高注射压力。此外，如果模具浇口套需要匹配3/8in喷嘴孔，必须确保该孔径能够匹配，额外的压力降将影响塑料的填充和补缩。

有的注塑厂会要求每次换模时都要更换喷嘴，以确保喷嘴和模具的一致性。有个窍门是在模具上焊一个7/8in的螺母，专门用来存放喷嘴。这样喷嘴是否已从模具上取下并安装在注塑机上就一目了然了。

当模具已经安装在注塑机上，需要有方法鉴别喷嘴类型。喷嘴头上标识经常被烤得模糊不清。为应付这种情况，喷嘴应在360°方向上都做好标记，当打开料筒防护罩，就能清楚地看见喷嘴标识。

尼龙专用喷嘴头比拥有相同孔径的全锥形喷嘴头流动阻力更大。尼龙喷嘴头从喷嘴孔到断点间有一长段锥度孔，塑料熔体必须流过这段孔径渐细的长距离通道。因此如果用尼龙喷嘴头代替全锥形或通用喷嘴头，增加的流动阻力将导致更高的注射压力和更高的剪切速率。图28.1显示如何根据喷嘴内部形状进行分类。

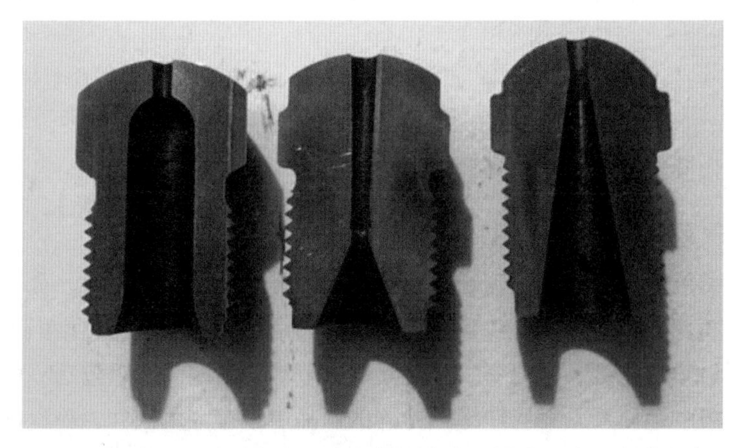

图28.1 通用型、尼龙专用和全锥形喷嘴头横截面（从左至右）

28.3.3.2 喷嘴类型

注塑厂有时会使用混炼喷嘴。更换材料时，有可能将混炼喷嘴遗留在注塑机上。塑料熔体通过混炼喷嘴时，压力降很大。图28.2对比了标准喷嘴、混炼喷嘴体和混炼喷嘴头的实际数据。

在经过混炼喷嘴体和混炼喷嘴头时，切换压力会突然增大，型腔末端压力下降明显。

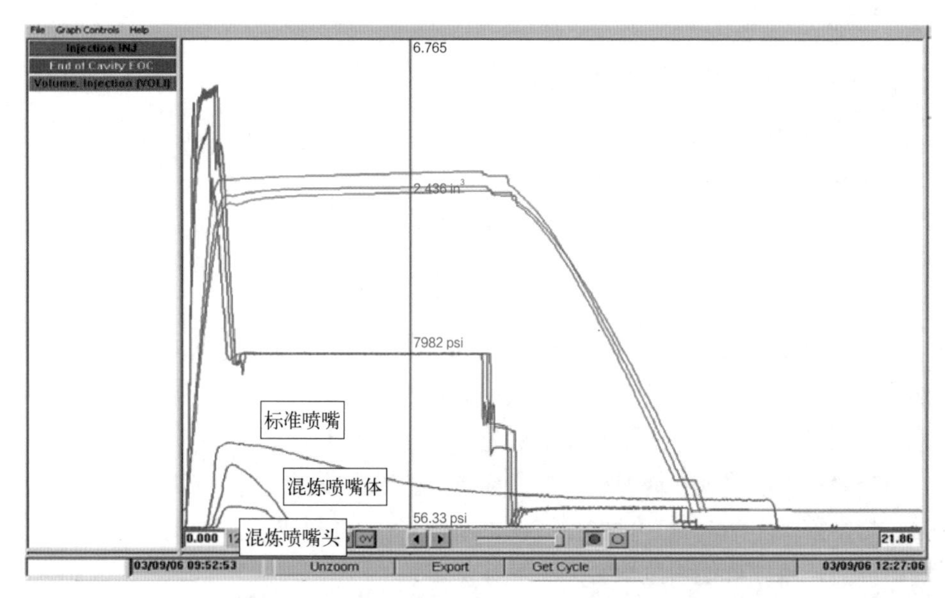

图28.2 三种不同喷嘴的图形（RJG eDART®）

工厂使用的混炼喷嘴都应该有标记。混炼喷嘴不仅会提高填充的峰值压力，还会影响塑料的剪切和压力降，还会因材料滞留引发污染的风险。尽管混炼喷嘴可以用作解决材料混色不均的工具，但它掩盖了因螺杆缺陷造成熔融质量不良的事实。

喷嘴长度也应引起注意。如果一只长6in（152mm）的喷嘴能满足要求，就不应用长12in的喷嘴作为“通用”标准。长喷嘴会造成更多的流动阻力和更大的压力降，热量控制也更加困难。

28.3.3.3 喷嘴或喷嘴头堵塞

在日常的注塑生产中，喷嘴或喷嘴头可能会部分或全部堵塞。如果喷嘴或喷嘴头发生部分堵塞，峰值注射压力会因阻力增加而提高。通过空射很容易就能发现通过喷嘴的巨大压力降。导致喷嘴或喷嘴头堵塞的原因包括：

（1）各种金属屑 有些注塑厂粉碎的产品中带有金属嵌件，粉碎的金属嵌件混进回料就会污染回料。在注塑机边进行安装时，紧固件有可能落入存放树脂的开放容器中。尽管磁铁无法吸附所有金属，但还是能起一定作用的。

（2）未熔化的塑料粒子　未熔化的塑料粒子是指已经通过螺杆和料筒但却没有真正熔化的粒子。尼龙或缩醛类半结晶塑料通过螺杆时容易发生未熔化现象，从而堵塞喷嘴或喷嘴头：另一种情况是熔体温度较高的塑料容易污染熔体温度较低的材料，如尼龙会污染聚丙烯材料。

（3）分散型喷嘴头　如果采用分散型喷嘴头，压力会有较大的上升。它还容易滞留异物，进一步阻碍塑料熔体流动。

案例分析：蓄意破坏

在本案例中，注塑机生产过程中突然出现短射现象，注射压力受限。缺陷排除过程中发现注塑机喷嘴压力很高。拆下喷嘴头后发现一个已变形的硬币卡在当中。硬币阻挡了塑料熔体正常通过。猜测是某位心怀不满的员工把硬币扔在料筒里的。

在另一个案例中也出现了类似的情况。拆下喷嘴后发现有螺丝卡在喷嘴或喷嘴头里。

28.3.3.4 注塑机性能

确认注塑机实际工作参数和设定值是否一致很重要。不能理所当然地假设注塑机一定能够达到设定值。为了验证注塑机实际工作状态，需要平时尽可能多地记录成型参数。

记录产品的注射时间，而设定的注射速度并不重要。填充率测量最好用体积流量作为单位，这样流量就和螺杆尺寸无关。为了保证工艺的一致性，在文件规定的注射时间内，如果填充量一致就意味着注射速度也相同。

每台注塑机都应该能够提供与设定输入相对应的压力输出。

有关评估注塑机性能的更多信息，请参见第八章注塑机性能。

案例分析：注塑机精度

在本案例中，某注塑机实际液压压力与设定值偏差为200psi。此时，控制器上的设定值与控制器上显示的实际压力不匹配，也与液压压力表不匹配。将一台RJG的eDART工艺监控系统连接到注塑机上进行再次确认，显示注塑机实际液压压力低了200psi。如果没有工艺监控系统，可以使用手持式压力表插入注塑机测量端口进行压力测试。

注塑机压力不准导致该套模具无法正常运作，也是实际工艺与设定工艺无法匹配的原因之一。

注塑机如何准确控制料筒和喷嘴温度同样至关重要。图28.3为注塑机喷嘴加热圈损坏的案例。有些位置多数不会安装热电偶，譬如法兰、接头和喷嘴等处，这将影响熔体热量的均匀性。注意注塑机控制器上加热圈的负荷，如果某区段不停地加热或者完全不加热，表明那里的加热器可能损坏了或热电偶接反了。

工艺参数的正确设置并不能保证工艺参数的准确执行。使用一段时间后的注塑机可能出现磨损、液压系统泄漏、传感器读数不准、热电偶更换错误以及其他部件校准不当，这些故障都可能导致注塑机失控。

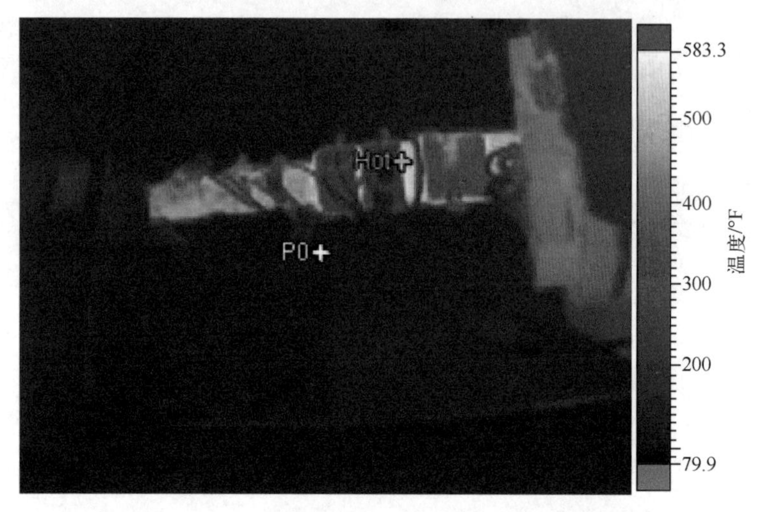

图28.3 热成像显示加长喷嘴的两段加热圈失灵

28.3.4 材料

造成注射压力过大与塑料相关的因素包括：

- 黏度增加
- 含水率

28.3.4.1 黏度增加

塑料的黏度会随着时间发生波动。塑料黏度增大时，模具注射所需的压力也会增加。黏度增加可能来自分子量、填充剂含量或添加剂等因素的变化。每种塑料的黏度在一定范围内或多或少都会发生变化。熔体流动指数是行业内用来衡量塑料流动性的指标。然而，需要理解的是熔体流动指数是在极低的剪切速率下测量的，无法模拟实际生产剪切速率下的流动性。

黏度是物体对流动阻力的一种度量。注塑机压力峰值的变化是塑料黏度变化的明证。黏度越大意味着材料流动的阻力越大，注射压力就越高。

案例分析：注射压力随料筒尺寸变化而增加

该案例为一台配有小容量料筒的170吨注塑机生产的PC/ABS产品。当模具转移到330吨的注塑机上时产品出现了飞边。尽管料筒温度、储料时间等参数都在工艺表范围内，注射压力却明显升高。即使考虑了增强比，大机台的注射压力仍然偏高。进一步的研究表明，塑化过程中剪切速率不同，两只料筒中的塑料黏度也不相同。较大机台的螺杆转速慢，储料过程中无法产生足够的剪切热，导致黏度和压力增加。所以必须考虑不同尺寸的螺杆之间的剪切差异。

28.3.4.2 含水率

塑料在加工过程中如含有水分会发生水解，从而导致塑料分子量降低、分子链缩短。分子链越短，熔体黏度就越低，流动也就越容易。水分含量变化导致黏度改变，并造成注射压力峰值发生很大变化。

有一种常见现象，在潮湿的夏季开发工艺时塑料含有较多的水分。而当冬季来临，空气中的湿度下降，塑料变得较为干燥，于是注射压力就会上升。

尼龙对由水分引起的黏度变化非常敏感。由于尼龙的含水率范围比较大，一般在0.05% ～ 0.2%之间，这种差异将导致注射压力的巨大变化。

有关干燥的更多信息见第九章。

第29章 冷料剥落

29.1 缺陷描述

冷料剥落是指小块塑料从产品上脱落而产生的外观缺陷。剥落通常源于自动脱离的浇口，如潜伏浇口和牛角浇口。顶针、斜顶和滑块上产生的飞边也会伴有剥落碎片。剥落在产品表面的放大图如图29.1所示。

别称：冷料。

误判：流痕、料花。

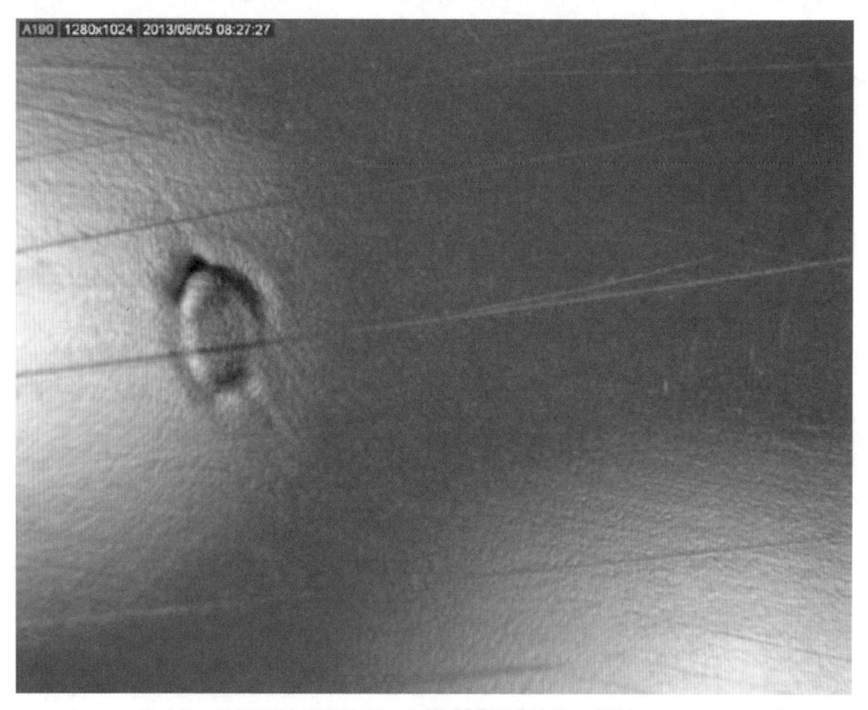

图29.1 产品表面剥落

29.2 缺陷分析

冷料剥落缺陷分析如表29.1所示。

表29.1 剥落缺陷分析

成型工艺	模具	注塑机	材料
顶出损坏	斜顶，顶针或滑块	注塑机性能	
	浇口		
	分型面毛刺或损坏		

29.3 缺陷排除

产生冷料剥落的根本原因主要来自模具方面。处理产品剥落时，一定要检查模具表面是否有冷料。如果模具表面有明显的塑料薄片形态冷料，它们很可能进入型腔导致缺陷。

29.3.1 成型工艺

成型工艺通常不会引起冷料剥落。应确保没有顶出相关的问题发生。有时顶出太快，会对产品造成损坏而导致剥落。还要确保产品脱落之前顶针不能提前后退，否则会导致产品脱落过程中被重新拉回模具，造成产品损坏。

29.3.2 模具

剥落大多与模具有关。常见的导致产品剥落的因素有：

- 斜顶、顶针或滑块
- 浇口
- 分型面毛刺或损坏

29.3.2.1 斜顶、顶针或滑块

斜顶、顶针或滑块等模具部件周边产生的飞边是导致产品剥落的主要原

因。出现飞边时，产品在顶出过程中飞边可能脱离，产生塑料薄片。

当滑块或斜顶上存在倒扣时，在顶出过程中可能出现倒扣处的塑料剥落。应检查产品顶出时是否存在刮擦现象，刮擦也会引起碎片剥落。

模具上出现飞边的位置都应该进行修理。如果斜顶或滑块上存在段差引起剥落，必须重新修配消除段差。

29.3.2.2 浇口

浇口是另一个容易发生剥落的区域。当潜伏浇口或牛角浇口从产品上脱落时，断裂不干净可能会造成剥落。断裂分离点会在浇口处留下薄片。图29.2显示了潜伏浇口剥落处的放大图。

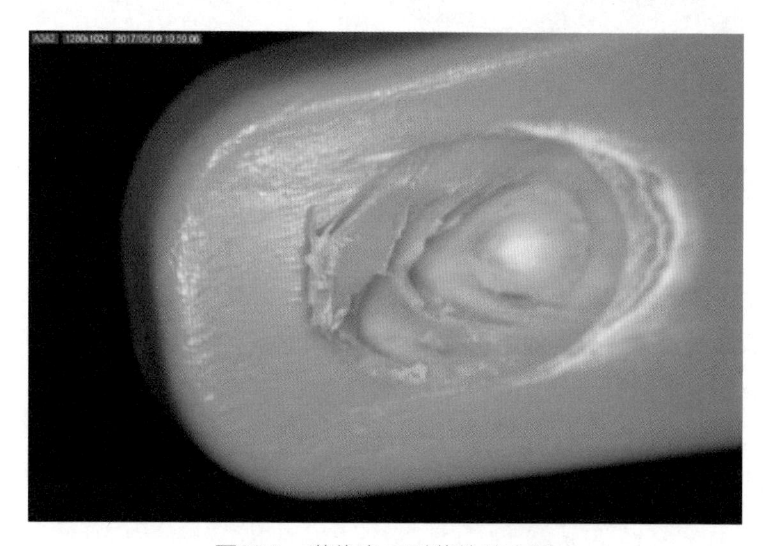

图29.2 潜伏浇口剥落处放大图

如果潜伏浇口或牛角浇口折断处较尖，断裂就较为干净。有些情况下出于产品外观质量的限制，最好不要采取潜伏浇口或牛角浇口，以免产生剥落。

流道上的飞边在顶出过程中也可能产生脱落并留下薄片。图29.3显示了出现严重飞边的流道，碎屑剥落在所难免。可利用STOP方法来查找产品上的潜在剥落位置，如流道和浇口处。

粗大的潜伏浇口或牛角浇口也不易折断干脆并导致剥落。“D”型潜伏浇口有助于消除这种缺陷。更多信息请参见第四章。

29.3.2.3 分型面毛刺或损坏

模具分型面损坏会导致产品从型腔中取出时塑料薄片脱落。毛刺或分型面破损处会形成倒扣，使产品在脱模的过程中被刮出薄片。

图29.3 流道上飞边导致剥落缺陷

29.3.3 注塑机

详见第八章的注塑机性能。

29.3.4 材料

有些塑料比较容易出现剥落。混合料经常在浇口处分离，导致剥落。软性塑料遇到毛刺或段差时大多会变形，而不是刮出薄片。材料一般不会成为产品剥落的主要原因。

第30章 飞边

30.1 缺陷描述

飞边是指产品边缘产生的多余塑料。有关飞边案例如图30.1所示。

误判：段差。

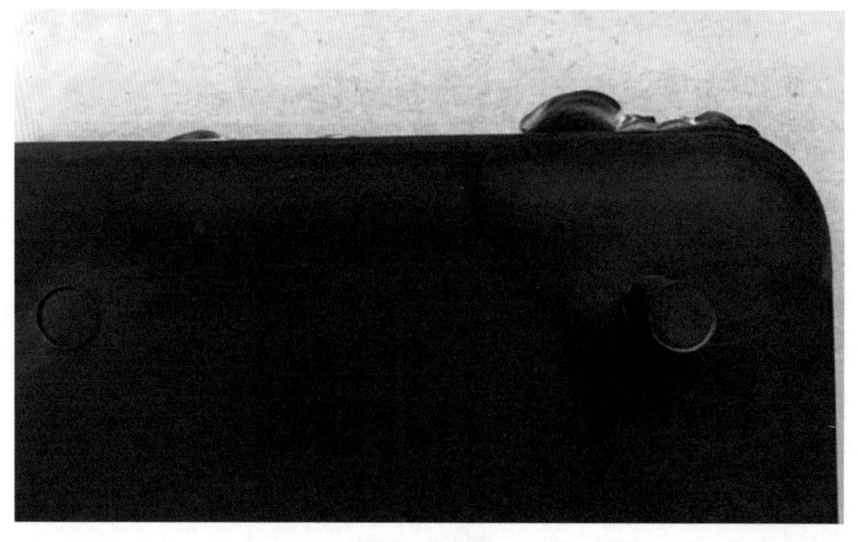

图30.1 飞边

30.2 缺陷分析

飞边缺陷分析如表30.1所示。

表30.1 飞边缺陷分析

成型工艺	模具	注塑机	材料
保压压力过大	分型面损坏	锁模力不足	黏度降低
过度填充	排气深度大	锁模单元平行度	含水率
锁模力不足	塑料残留	抽芯压力	回料
熔体温度高	模具支撑	模具尺寸	
保压切换不当	腐蚀	合模曲轴磨损	
	滑块变形		
	段差		
	型腔不平衡		

30.3 缺陷排除

可通过以下三个方面来避免产品飞边：

（1）锁模压力大于型腔压力总和。

（2）模具必须具有足够的强度和刚度，以抵抗垂直和平行锁模力方向上的变形。锁模力方向如图30.2所示。

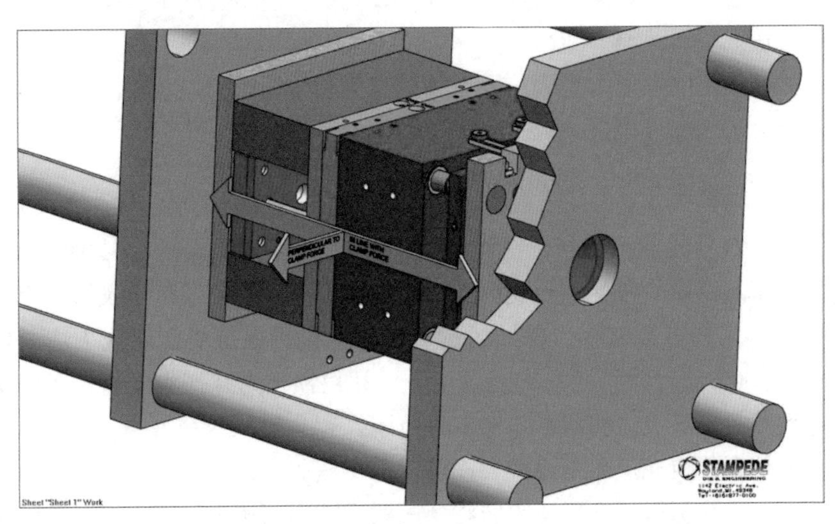

图30.2 平行和垂直于锁模方向上的力

（3）保证所有模具型腔的碰穿面和分型面精准配合，避免存在间隙以及损坏和妨碍合模的外界因素。

如果产品出现飞边，应用STOP法对以上三个方面进行仔细检查，找出不符合项。

30.3.1 成型工艺

与产品飞边有关的成型工艺方面因素包括：

- 保压压力过高
- 过度填充
- 锁模力不足
- 熔体温度过高
- 保压切换

30.3.1.1 保压压力过高

保压压力用于补偿产品在冷却过程中产生的收缩。如果型腔内压力超出了设置的锁模力，产品就会产生飞边。

在有些情况下，为了改善产品收缩或使产品尺寸变大，会有意提高保压压力。如果模具设计时采用了错误的收缩系数，增加保压压力有时会使产品尺寸变大。但是高保压压力需要更大吨位的注塑机。型腔压力作用于模具的投影面积上，但是并不在整个模具上均匀分布。使用平均型腔压力可以预测作用在投影面积上的锁模力。如果所需锁模力高于设定值，注塑过程中锁模单元可能会被胀开，造成塑料泄漏。

应验证设定的锁模力是否与既定的成型工艺相匹配，以及验证注塑机实际压力是否与工艺文件设置一致。

30.3.1.2 过度填充

根据RJG分段成型工艺，注射阶段填充到产品重量的95% ～ 98%，然后切换为保压。注射阶段又称为仅填充阶段。试模时，应记录每次仅填充产品重量。如果仅填充重量过大，譬如超过98%时，模具很可能会出现飞边。如模具填充到100%将导致型腔压力迅速上升，超出锁模力并产生飞边。保压切换太晚导致产品出现飞边的情形如图30.3所示。

若要检查仅填充产品是否得当，可以把保压压力设置为零或注塑机允许的最小值。一些注塑机控制器还需要将保压时间或保压速度关闭，以消除保压压力的影响。在短射实验中，对产品进行称重，并与文档中的重量进行比较。如果产品太重，则应增加切换位置，减少在注射阶段塑料的填充量。如果在仅填充情况下产品出现飞边，模具存在缺陷的可能性很大。

图30.3 保压切换太晚导致产品飞边

30.3.1.3 锁模力

在成型过程中，模具必须在注塑机锁模单元的作用下保持关闭状态。如果锁模力过低，模具可能被撑开，塑料外溢而产生飞边。

应确保曲臂式注塑机锁模紧实。许多新款注塑机具有自动模厚调整功能，使得模具安装更方便。在旧款注塑机上，需要手动调整模具厚度以确保锁紧状态。对于锁模力可以调整的注塑机，要确保锁模力设置在合适的水平。在一台500吨注塑机上设置400吨的锁模力还不如直接使用400吨的注塑机，如果的确需要用500吨锁模力的注塑机，则需要对锁模力进行正确设置。

为了确认生产过程中模具是否会被撑开，可以使用千分尺测量或连接工艺监控系统。测量装置应安装在模具分型面上，并将其归零。开始注塑并观察监控系统的显示。

当模具被撑开时，从工艺监控系统中可以清楚地观察到注塑机压力的变化。工艺监控系统屏幕中部的那根“平坦”曲线表示模具已发生变形（图30.4）。很明显，当注塑机由注射阶段速度控制切换到保压阶段的压力控制时，模具被撑开。这表明型腔填充率超过了99%，型腔内压力出现峰值并可能导致模具变形。

30.3.1.4 熔体温度

熔体温度较高时，塑料黏度会降低而更容易出现飞边。低黏度塑料也会更容易填充到包括分型面的所有的细小缝隙中。

而低熔体温度需要更高的压力来填充型腔，可能会导致型腔压力过大，

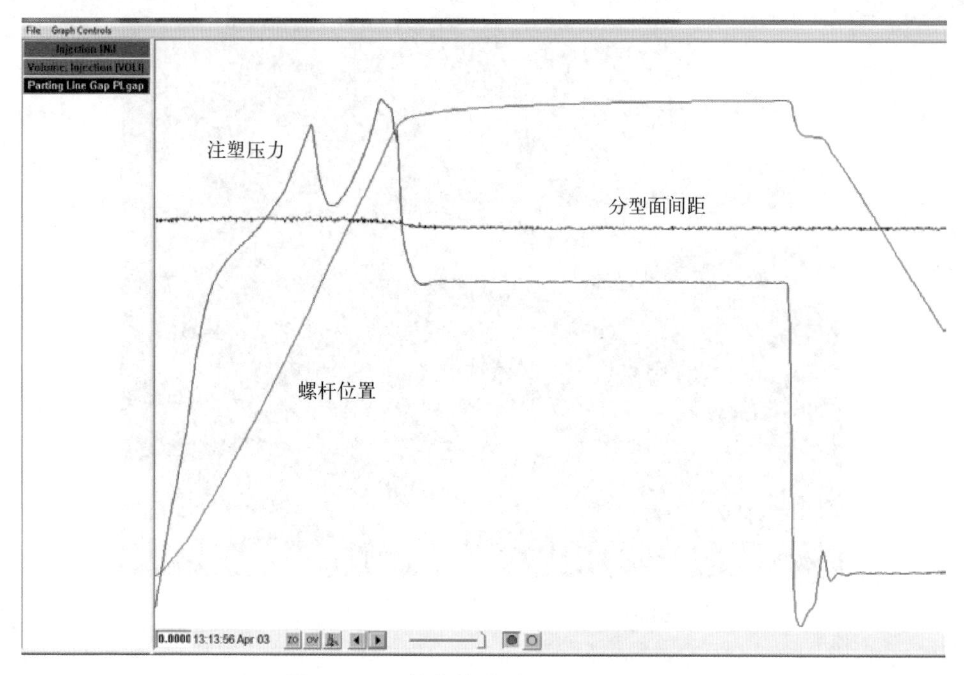

图30.4 工艺监控曲线显示模具变形

模具胀开。

参考工艺文件来检查实际熔体温度。如果熔体温度与工艺文件不匹配，则应对以下工艺参数进行验证：

- 各段料筒温度设定值
- 背压
- 螺杆转速

30.3.1.5 保压切换

由于注塑机保压切换不当而导致产品出现飞边的情况常常被忽视。如果注塑机在切换过程中压力急剧升高，型腔压力也会出现一个峰值。这种峰值压力会导致飞边。RJG公司的eDART® 图形显示了保压切换不佳的例子（图30.5）。瞬间的峰值压力很容易使产品出现飞边。

案例分析：保压切换产生飞边

在本案例中，产品由矿物填充的TPO（三甲基苯甲酰基-二苯基氧化膦）塑料成型。由速度向压力的切换过程中出现了压力峰值，型腔压力陡增，分型面出现了飞边。通过调整注射量，保压切换处的压力峰值几乎完全消除，产品飞边也随之消失。

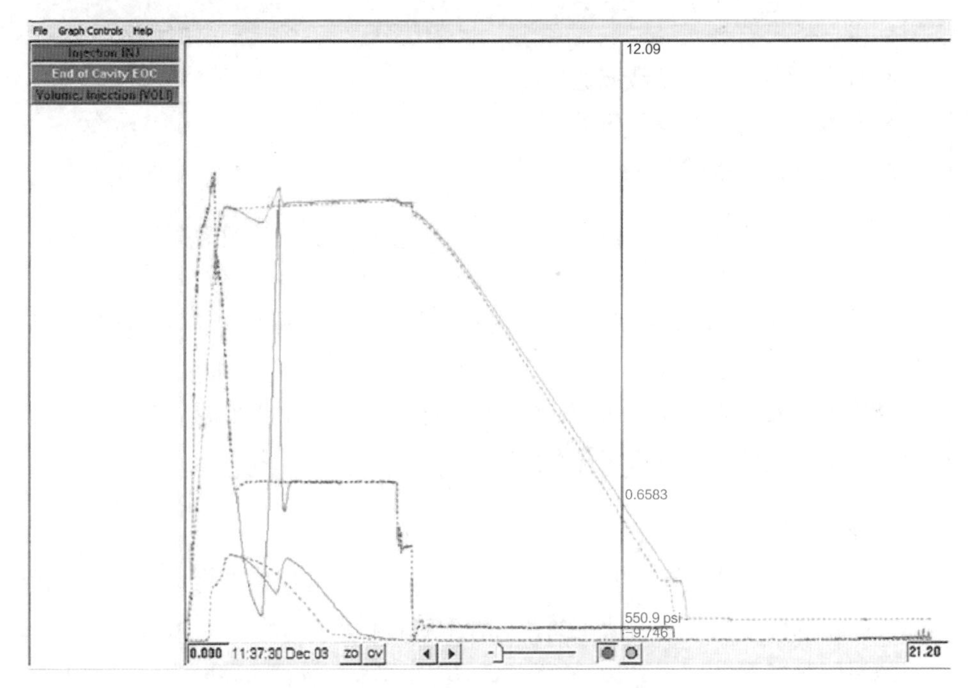

图30.5 速度保压切换不佳：由压力不足跳升到压力过大

30.3.2 模具

导致产品飞边的模具方面因素包括：

- 分型面损坏
- 排气深度过大
- 塑料堵塞
- 模具支撑不良
- 腐蚀
- 滑块变形
- 段差
- 型腔不平衡

30.3.2.1 分型面损坏

避免飞边的关键因素是模具的动定模能有效闭合。如果模具的分型面损坏，动定模将无法完全闭合，从而导致材料溢出型腔。

分型面损伤的原因有很多，包括：

- 使用钢制工具不当造成分型面损坏

- 排气槽尺寸过大
- 合模时夹到了产品或流道
- 剥落的残屑或拉丝残料夹在分型面上
- 排气不良导致腐蚀

对于以上这些情况，应进一步进行STOP分析，找出分型面损伤的根本原因，避免飞边重复出现。

当模具分型面损伤时，必须进行修理。不建议用调整工艺的方式补偿模具损伤，否则模具的工艺能力将大为降低。

激光焊接是一种高效修复分型面损伤的方法。如激光焊接工可以熟练操作，接下来简单抛光就可修复分型面。

30.3.2.2 排气槽深度

多数情况下，增加排气有利于成型。确定排气尺寸时需要考虑所使用的塑料特性。排气槽深度并非一成不变，需要根据材料进行调整。

塑料的黏度越低，越容易导致排气口出现飞边。需要注意的是，当加工诸如尼龙之类的塑料时，还需要考虑含水率对黏度的影响。尼龙对排气槽深度比较敏感。生产时既需要良好的排气，但又很容易出现飞边。当需要增加排气时，除了可以调整排气深度，还可以增加宽度，这样可以降低出现飞边的风险。

30.3.2.3 塑料残留

有时产品上的塑料因粘模而破损，并卡在模具中。在没有降低保压压力的情况下启动下一次注塑，那么就很容易出现飞边。过多的飞边可能会卡在模具的孔位、螺丝头和镶件上。卡在模具里的塑料像在分型面上垫了一块垫片一样，会阻止模具正常闭合。

应经常检查模具表面是否存在塑料残留物。如果分型面上有残留塑料，注塑机出于安全保护会发出报警以防止高压锁模。实际生产中，一旦出现严重飞边，清除模具上所有的塑料非常耗时。因此应防患于未然，并确保操作员每次开机时合理设定工艺，以免出现飞边。

30.3.2.4 模具支撑

模具设计和加工时，必须有足够的支撑结构，以承受注塑机模板传递的锁模力。当模具内部有空间时，记得安装支撑柱，特别是如下两个位置。

（1）顶出系统　顶针板在模具中的移动空间内应设置足够的支撑柱，以确保模具不会因型腔压力过大而变形（见图30.6，内部的圆形物为支撑柱）。

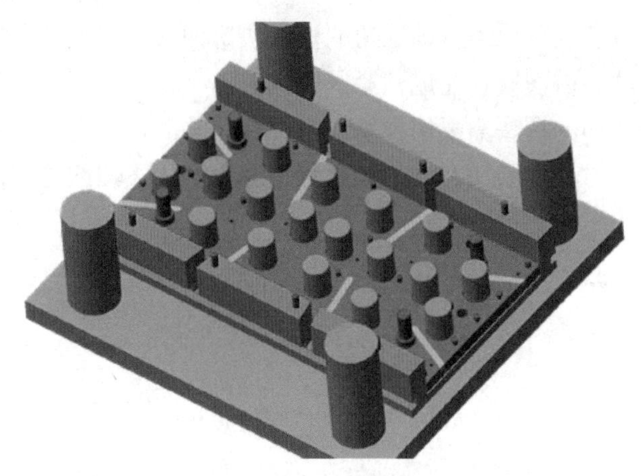

图30.6 支撑柱

（2）热流道分流板 热流道分流板定位在模板内需占据一定的空间，由于分流板四周存在间隙，所以必须增加支撑块，以避免模具变形。

如果一副模具中的支撑不够充分，模板可能会发生变形并出现飞边。与注塑机模板的变形不同，模具内部的变形无法从外部进行测量。可以在模具中安装内部传感器，确定模具是否确实发生了变形。

模具设计时，要充分考虑模具的综合支撑效果，如顶针和斜顶周围的支撑，这样才能取得最佳的支撑效果。

即使模具有足够的支撑，经过日积月累的生产，支撑柱也会被注塑机模板或模具垫板压塌。一旦如此，模具就会因为支撑不足而产生飞边。因此，模具必须进行日常支撑柱检查，以防出现压塌现象，而这点也是模具出现飞边时常被忽略的因素。

30.3.2.5 模具腐蚀

模具钢材的腐蚀多数发生在排气不畅的区域。如果某个位置发生困气，就会导致该部位钢材腐蚀，从而产生飞边。如果发现模具腐蚀，建议加强模具排气。

30.3.2.6 滑块变形

所有运动方向与锁模力方向不同的滑块上，都应有大于型腔注塑压力的作用力，将滑块锁在成型位置上。如果滑块上的作用力不够，滑块就可能后退，导致滑块成型部位周围出现飞边。

驱动液压抽芯的液压油缸必须有足够的尺寸和压力，防止滑块回退。通过估算型腔压力可以确定油缸尺寸。具体做法是将作用在移动型芯上的型腔压力与作用在油缸端面的压力进行比较（参见图30.7中的计算）。

液压移动型芯也可以由带锁定角的楔紧块协助锁定。型芯在模具关闭前由液压推到位，然后由楔紧块完成预紧并锁定。

由斜导柱驱动的滑块需要用楔紧块来提供足够的锁紧力。楔紧块将预紧滑块，抵抗型腔压力。楔紧块合适的预紧量是避免产生飞边的关键，不能仅靠斜导柱来锁住滑块。

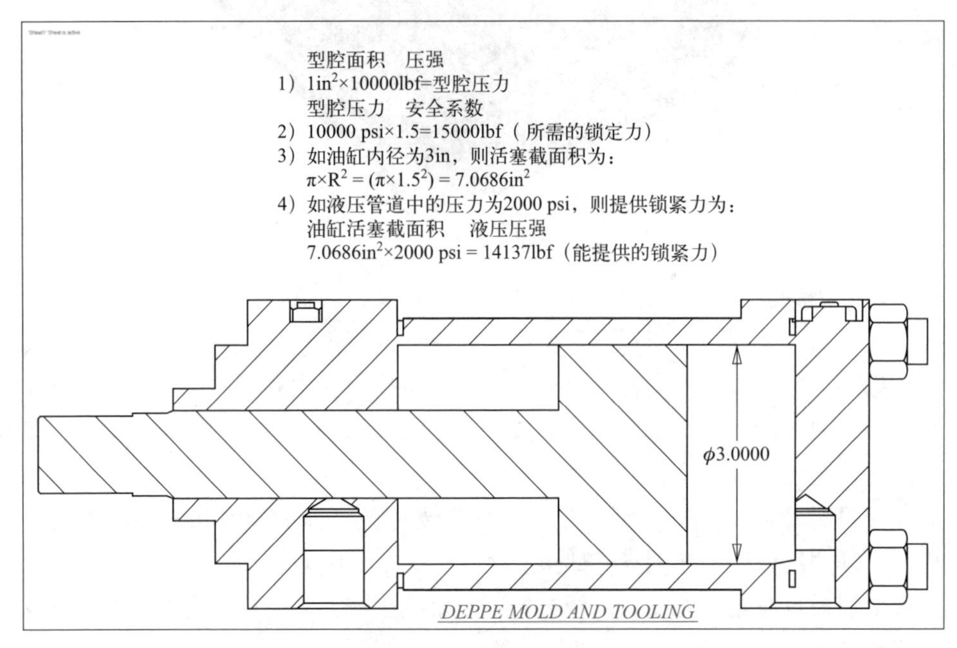

图30.7 油缸尺寸计算

30.3.2.7 段差

有时所谓的飞边其实是分型线上出现的段差。段差是无法通过调整注塑机或工艺参数来解决的。分型面段差如图30.8所示。如果用手去摸的话，分型面飞边可以从两个方向都摸到，而段差只能从一个方向摸到。

图30.8 分型面段差

分型面附近的过度抛光会造成段差。即从模腔一侧抛去了过多的钢料，毫无疑问会导致分型面上的段差。所以靠近分型面附近的抛光须格外小心。

30.3.2.8 型腔平衡

多腔模填充不平衡的副作用是部分型腔出现飞边，而另一部分型腔补缩不足。如果所有的型腔填充和补缩都不平衡，想找到所有型腔都能生产出合格产品的工艺窗口将难上加难。

目前行业的通用标准是，对于关键性产品所有型腔的不平衡度控制在3%以内，而对于非关键性产品最大控制在5%以内。可根据产品的尺寸特性和性能要求，决定不平衡度应该是3%，还是5%。

家族模具由于各型腔之间的尺寸和形状差异，增加了型腔平衡的难度。由于其固有的型腔不平衡，家族模具更容易产生飞边。

有关型腔平衡的更多信息，请参见第十二章。

30.3.3 注塑机

导致飞边的注塑机因素包括:

- 锁模力
- 模板平行度
- 液压抽芯压力
- 模具尺寸
- 曲臂磨损

30.3.3.1 锁模力

产品出现飞边时，首先应考虑以下问题：注塑机的锁模力设置正确吗？注塑机是否达到了预期的锁模力？有些注塑机是需要设定锁模力的，如果锁模力设置过低，则需要对锁模力进行调整。影响锁模力设置的因素包括:

- 材料类型
- 流动距离
- 壁厚
- 型腔压力
- 浇口数量和位置

上述所有因素的相互作用决定了所需的锁模力。作用在产品投影面积的胀模力试图将模具撑开。当考虑到上述各种因素时，计算投影面积上的锁模力变得较为复杂。

要估算基本锁模吨位，首先要计算产品的投影面积。投影面积乘以锁模力系数便得到锁模力，这里的锁模力系数通常以吨/面积表示。通常塑料供应商会提供锁模力系数范围，例如：ABS可能需要3 ~ 4tf/in^2，而聚碳酸酯可能需要4 ~ 5tf/in^2。注塑薄壁产品需要较高的型腔压力进行补缩，锁模力也会增加。气辅成型和Mucell®微发泡工艺均可以降低锁模力。

另一个需要注意的是实际锁模力大小以及是否能保持一致。如果注塑机锁模单元中发生液压泄漏，则无法保持稳定的锁模力。有些注塑机的设置允许锁模力在一段时间内减压，则需检查注塑机锁模单元设置是否过早减压。

另外，注塑机部件损坏可能导致锁模力不均。可能发生损坏的部位包括注塑机模板、格林柱和格林柱螺母。格林柱或格林柱螺母破裂将导致注塑机锁模力不均衡。首先应判断产生飞边的主要原因来自模具还是注塑机。测试办法是：更换模具在注塑机中的位置。如果模具旋转180°，飞边并没有发生变化，那么大概率缺陷和注塑机有关。

案例分析：锁模力下降

本案例中注塑机实际锁模力只达到最大值的95%左右，并且无法始终保持在95%的水平。在注塑过程中，锁模力下降到最大值的70%左右。锁模力下降导致产品出现飞边。为了解决这个问题，必须更换掉泄漏的锁模油路阀门。诊断此类问题时，还需要检查锁模油缸是否存在泄漏。

当一台1000吨的注塑机实际吨位仅有700吨时，工艺调试会碰到很大麻烦。

30.3.3.2 模板平行度

是否定期检查注塑机模板，确保其保持垂直？是否对格林柱的拉伸量进行验证，确保它们施加的锁模力相等？这些检查会影响注塑机的锁模能力。如果注塑机的锁模单元无法提供均匀的锁模力，出现飞边的风险就会增加。查阅注塑机手册中推荐的有关锁模验证程序和时间安排。

格林柱拉伸可参见推荐的注塑机专用指南。简单地说，进行锁模力调整需要进行以下步骤：

（1）用水平仪验证注塑机的水平度。有关位置和步骤，请参阅注塑机维修手册。

（2）检查格林柱螺母，确保其紧固。

（3）将单点表架安装到注塑机底座上。

（4）在单点表架上安装四只千分表。每只千分表应与对应的格林柱尾端接触。打开模板，将所有千分表调至零位。

（5）关闭模板并锁紧模具。

（6）检查千分表每根格林柱的拉伸量。虽然拉伸量因吨位而异，但如果拉伸量差异大于0.002 ～ 0.003in（0.05 ～ 0.08mm），则需要进行调整。

（7）如果格林柱拉伸量不均匀，可调整格林柱螺母，使四根格林柱的应变均衡。应遵照注塑机制造商推荐的方法和技术操作，以上只提供了一个简化的参考步骤。

（8）重新检查应变并进行相应调整。

此外，锁模板的一般预防性维护应包括保持模板清洁和表面光滑。如有必要，可使用面积较大的抛光油石去除模板表面的毛刺。用清洁剂或润滑剂（如WD-40）擦拭锁模板和模具表面，保持各配合表面清洁。

30.3.3.3 液压抽芯压力

为了充分抵消作用在模具运动部件（如型芯）上的压力，必须正确设置液压抽芯管路中的液压压力。如果抽芯压力设置得太低，液压缸无法保持向前紧靠的位置，结果可能出现飞边。

应确认注塑机控制器上的压力设置以及实际产生的压力均符合要求。为此可在液压抽芯回路中安装压力表，以确定作用在抽芯油缸上的实际压力。有时，可在注塑机油路中设置减压阀，调节抽芯压力。

作用在型芯上的型腔压力可以与油缸端面所施加的压力进行比较。有关计算所需压力和液压缸尺寸的细节，请参见图30.7中的计算。

30.3.3.4 模具尺寸

模具尺寸问题主要是指给定注塑机上安装了尺寸偏大的模具。在某些情况下，即使模具能够安装在注塑机的格林柱之间，但产品投影面积上对应的型腔压力高于注塑机的锁模力，模具无法保持闭合。每种塑料都有一定的单位锁模力范围，以tf/in^2为单位。该范围是基于产品完全填充所需的正常型腔压力而定的。当然，这里的单位锁模力都是平均值，可能受产品壁厚、浇口数量、流动距离和产品尺寸要求等的影响而发生变化。

与此相反的是模具尺寸对于注塑机吨位来说偏小。一般建议模具应该覆盖大约2/3的模板表面积。如果注塑机运行的模具尺寸小于最小推荐值，锁模板则可能发生变形，于是施加在模具中心附近的夹紧力可能减小，导致模具中部出现飞边。

检查注塑车间内每台注塑机允许运行的最小模具尺寸。模具尺寸过小不仅会产生飞边，还会损坏模具和注塑机。如果模具非要在超大注塑机上生产，可使用外延式支撑柱避免模具损坏。

30.3.3.5 曲臂磨损

随着使用时间的延续，机械零件都会出现磨损，注塑机锁模部件也不例外。随着曲臂连杆和连杆销的磨损，注塑机稳定可靠的锁模也越来越难实现。有时，曲臂磨损后在锁模过程中会出现肉眼可见的松动，导致锁模力分配不均匀。

曲臂系统长时间运行后应该对零部件的磨损状况进行评估。如果锁模单元动作缓慢或发出异样噪声，说明已发生了过度磨损。虽然更换锁模单元不但昂贵而且耗时，但从长远来看，这样做可以减少模具损坏，缩短生产周期并提高产品质量，回报还是大于成本的。

30.3.4 材料

导致产品飞边的材料方面因素有：

- 黏度降低
- 含水率
- 回料

30.3.4.1 黏度降低

塑料的黏度越低流动就越容易。流动性好的塑料能填充到更细微的空隙，也就是说更容易出现飞边。

所有塑料的特性都会随时间变化。用于检测塑料黏度变化的常规方法是熔体流动指数（MFI）测定法。不过，MFI只能提供低剪切速率（g/10min）条件下的结果，这些结果无法应用到实际注塑环境中去。有些塑料的MFI和模具中实际熔流之间会表现出良好的相关性。MFI的大幅增加可能表明塑料黏度发生了变化，可能导致飞边发生。

塑料中的各种添加剂也会影响其黏度。例如，玻纤含量的降低可能导致塑料更容易流动，并更易产生飞边。

如果塑料更换新包装或新批次后便出现飞边，那么应先从调查原料下手。可以更换另一批次的塑料，查看问题是否仍然存在。如果更换批次后对缺陷产生影响，可以判断是供料出现了问题。

30.3.4.2 含水率

水解会影响塑料的黏度，因为水解过程中分子量会降低。水解破坏了塑料分子的链长，使得熔体更容易流动。

塑料含水率偏高，产生飞边的风险也大大增加。流动性好的塑料熔体会挤过分型面上一般塑料熔体无法通过的间隙而产生飞边。当启动注塑机和清理料筒时，注意塑料熔体从喷嘴喷出时的流动速度和稀薄程度。水解后的熔体呈稀薄状，清料后无法成型。此外，潮湿的塑料裹挟了多余气体，会产生很多气泡。如果熔体看上去有所异常，在注塑之前，最好检查一下含水量。

有关干燥的更多信息，请参阅第9章。

30.3.4.3 回料

通常，回料可以很好地运用于生产中。研究表明，很多塑料即使回收到第五代，其物理性能并没有很大的损失。以上结论有效的前提是：回料处理得当，不存在污染并且及时进行干燥和使用。如果回料发生降解，黏度发生了变化，就有可能出现飞边。

使用回料应遵循即回即用的原则。为了实现这点，设计的流道系统料量应小于允许回料的百分比。此外，降解的塑料不应再次投入使用。比如有产品因产生料花而报废，产品不应进行回收，否则该缺陷产品的回料会污染后续所有产品。

总之，尽管使用回料是一个不错的做法，但必须处理得当。比如要保持回料清洁，必要时进行干燥，回料应尽量做到尺寸一致，避免灰尘污染，而且必须尽快投入使用。

第31章 流痕

31.1 缺陷描述

流痕是一种常见的外观缺陷。典型的流痕在产品表面以线或环的形式出现。本章除了介绍流痕，还将涉及冷流和滞流。

别称：唱片纹、鸡爪痕、滞流。

误判：划痕、料花、熔接线、熔合线。

31.2 缺陷分析

流痕缺陷分析如表31.1所示。

表31.1 流痕缺陷分析

成型工艺	模具	注塑机	材料
注射速度	壁厚	保压切换	含水率
填充不足	流动类型	注塑机性能	黏度
熔体温度			填充物含量
模具温度			

31.3 缺陷排除

可以采用短射试验来鉴定流痕缺陷。要了解流痕产生的原因，首先要确定流痕发生的起始位置。有些情况下，流痕的周围并没有任何产品结构特征。短射试验表明流痕通常在流动路径的前端出现。

多数情况下，技术员不会花时间来观察产品发生短射的过程。即使在进行有效黏度测试时，大多数人也不会仔细观察产品，而只是记录工艺结果。而通过观察短射和熔流渐进过程常常可以发现模具中的问题区域。

应该首先排除流痕为其他缺陷的可能性。有人为了一条所谓流痕花费了几个小时，最终却发现是模具表面的一道划痕。警惕容易引起误判的划痕、色纹和料花等缺陷，只有准确确认缺陷类型，才能找到正确的解决办法。

31.3.1 成型工艺

可能导致流痕的工艺参数包括:

- 注射速度
- 仅填充重量
- 熔体温度
- 模具温度

31.3.1.1 注射速度

无论注射速度过快或过慢都会导致流动缺陷。需要验证实际注射时间和仅填充重量是否与工艺表单相匹配。

注射速度过慢会导致成型产品上出现滞留线，该滞留线表明熔体很难填充。典型的情况是产生如同唱片条纹般的波纹，即熔体的形态如同唱片上的条纹一般（图31.1）。较慢的注射速度也可以在流动前沿产生明显的熔接线。在这种情况下，应该尝试加快填充速度，观察缺陷是否改变。在工艺开发过程中，可以通过观察填充试验的产品来确定最佳的注射速度。

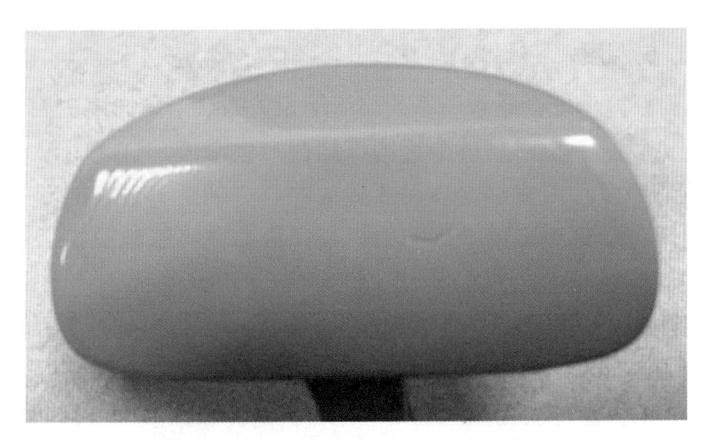

图31.1 流动前沿的流痕（唱片纹）

注射速度过快会影响模具排气、产品局部细致结构过流回填以及流动前沿分离等诸多问题。快速填充有很多好处，如可以改进周期时间和提高填充能力。但如果存在缺陷，应尝试调整注射速度进行改善。

31.3.1.2 仅填充重量

如果保压切换过早，流动前沿可能会产生停滞，从而产生一条位于注射到保压切换位置的流痕。这条线可能非常明显，并且通常位于型腔填充末端附近。保压切换越早，产品上出现流痕的位置越靠前。

应确保产品仅填充重量正确。在注射阶段，应填充产品达到95%～98%。如果仅填充重量轻，调整保压切换位置，以达到95%～98%。仅填充重量是确定模具是否稳定填充的关键指标。4M的8个关键步骤之一是验证仅填充重量与工艺表单是否匹配。

31.3.1.3 熔体温度

熔体温度会影响熔体填充模具的黏度。当熔体温度过低时，塑料熔体可能在填充过程中冻结而失去流动性。过低的熔体温度也会提高保压切换压力，并可能导致压力受限的情况发生。

检查熔体温度，确保塑料是按照物性表上推荐的温度进行生产。如果熔体温度过低，请检查是否由料筒设定值过低或注塑机性能所致，纠正后重新检查熔体温度。如果熔体温度正确，尝试提高熔体温度以确定对缺陷的影响。

熔体温度过低也会导致唱片纹缺陷。出现唱片纹是熔体温度过低的表现，应该提高熔体温度。唱片纹缺陷通常与短射同时在填充末端出现。

熔体温度过低也会影响熔接线的质量。尝试确定流痕是否是熔体分叉位置下游的一条熔接线。熔接线可以位于自熔体分叉至填充末端的任意位置。较高的熔体温度可以改善熔接线的质量。

31.3.1.4 模具温度

模具表面温度偏低会导致一系列与流动相关的缺陷。如果在温度偏低的型腔中流动距离较长，塑料熔体会因为冻结而产生滞流。这是由流动距离、壁厚和注射速度等多种因素综合作用而造成的。流动距离过长的薄壁产品，填充过程中塑料将受到更多的流动阻力，而缓慢填充将影响与模具接触的塑料冻结层。

检查模具温度设置是否符合工艺规范，如不符合应进行调整。然后仔细观察缺陷，如果缺陷只发生在产品填充开始部位，可能需要提高模具温度。记住，在注射之前，型腔表面温度非常接近流入的冷却水温度，但随着塑料熔体被注射到型腔中，型腔表面温度将会升高。这种增加虽然是轻微的，但它仍然可能是排除缺陷的方向。

31.3.2 模具

与流痕相关的模具方面因素包括：

- 壁厚
- 流动形式

31.3.2.1 壁厚

应关注塑件中流动前沿受阻的区域，这些区域通常会因塑料熔体滞流而产生流痕。一些薄壁区域可能会在熔体前沿经过后发生回流。这些回流区域可能会出现滞流线或因为熔体强行穿过薄壁，进而呈现晕斑状的外观。

尽量保持均匀的壁厚。曾经出现过这样的情况：即使壁厚差异仅为0.002～0.003in（0.05～0.08mm），流动前沿也出现了差异，从而导致流痕。短射试验可以帮助发现这类问题。如果壁厚必须变化，应尝试厚壁与薄壁之间的均匀过渡。关注壁厚变化的位置，并准备进行工艺调整，弥补设计产生的局限。但应注意这一措施将缩小成型工艺窗口。在模具加工前，应进行模流分析，找出可能发生回流、滞留和填充不足的区域。在CAD造型上进行修改的成本肯定低于模具加工完成后修改模具的成本。

在某些情况下，需要在产品上设置导流槽或进行局部加厚，优化塑料熔体在模具中的流动。同样，这样的优化可以通过模流分析在设计阶段完成，无需等到模具加工开始。如果要加导流槽，记得要过渡顺滑，以减少在A级外观面上出现通透痕的可能。

31.3.2.2 流动形式

因流动形式不佳导致流痕的案例很多。浇口位置决定了模具如何填充。浇口应设置在最利于流动的位置上。如果流动距离过长，会导致流动前沿停滞而无法填充。流动前沿停滞将导致滞流线或唱片纹状的缺陷。

在顺序阀控制的模具中，下游的阀针浇口打开时，料流可能快速冲入型腔，导致产品表面上的流动缺陷。如果在顺序浇注时出现流动缺陷，尝试调整浇口开启时间，并观察缺陷是否得到改善。热流道厂家提供的电磁阀驱动阀针浇口有可能改善下游浇口的缺陷。

在产品壁厚设计有悖常规的模具中，料流通过不同壁厚时会产生被称为流痕的熔接线。虽然这些出现在流动方向上的熔接线可能很轻微，但通过针对关注区域进行的短射试验，可以确定熔接线是否是填充期间出现的。

图31.2是一个不平衡流动引起熔接线的短射试验案例。这条熔接线起初被当作一条流痕，但做了短射试验后才了解产生的真正原因。采用STOP法可以找到问题发生的根本原因并加以解决。

图31.2 流动不均导致的熔接线而被误认为是流痕

模流分析有助于识别出容易出现流动缺陷的区域，模具制造之前进行这样的分析可减少出现流动缺陷的风险。如果模具已经制造完成，则可能需要添加导流槽或限流手段，用以补偿流动缺陷。

31.3.3 注塑机

与流痕相关的注塑机方面因素包括：

- 保压切换（V-P切换）

■ 注塑机性能

31.3.3.1 保压切换

如果注塑机保压切换不佳，产品上可能会出现一条暗线。这条暗线可以被认为是流痕，因为它实际上指明了熔体流动的停滞点。如果在切换过程中注塑机压力显著下降，熔体会发生停滞，机台的保压能力以及产品外观也会受到影响。

图31.3是一个保压切换不佳的案例。从图中可以看出，在保压切换点，注塑机压力和型腔压力均降为零，且注塑机螺杆严重反弹。型腔完全充满之前产生了明显的停滞，从而在该产品的填充末端产生了奇特的停滞线。

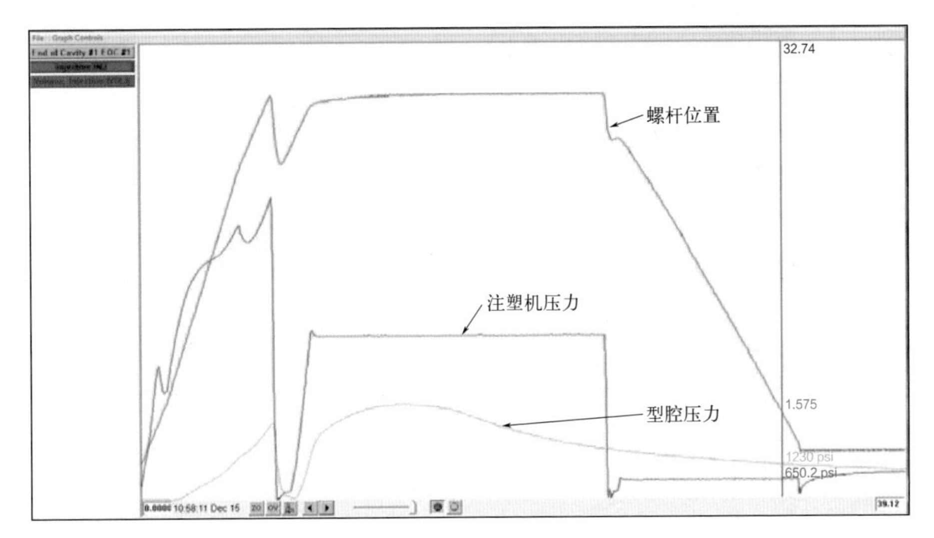

图31.3 速度压力切换不佳

保压切换不佳的原因如下:

（1）切换太早　通常，模具型腔应在填充到95%～98%时进行保压切换。切换太早会造成注塑机升压滞后，即压力先出现下降，当注塑机努力恢复设定压力时，又会出现压力骤升。

（2）保压速度设定过小　如果保压速度设置过小，注塑机在达到设定值前将出现迟滞。通过调整保压速度可以改善这个问题。

（3）液压系统磨损或调节不当　压力的建立依赖于液压油的流动速度，因此，如果泵的输出不足，注塑机将很难快速响应。

关于速度对压力响应的更多信息，请参见第八章注塑机性能。

31.3.3.2 注塑机性能

如果注塑机无法达到工艺参数的设定点，通常会造成产品缺陷。应对注塑机进行评估，确保它能够达到工艺表单的要求。

有关注塑机性能的详细信息，请参阅第八章。

31.3.4 材料

与流痕相关的材料方面因素包括：

- 含水率
- 黏度
- 填料含量

31.3.4.1 含水率

塑料含水率的变化会导致黏度变化。以尼龙为例，它可以在较大的含水率范围（0.05% ~ 0.3%或更高）内进行注塑成型，其黏度也发生显著变化。含水率较高的尼龙流动更好（黏度更低）。由水分引起的黏度变化可能带来各种流痕缺陷。如果材料干燥过度，其黏度的升高可能导致压力受限，这将进一步导致填充时间的波动。

确保成型的塑料已充分干燥。同时检查材料不同时间段含水率的变化。如果成型过程中含水率波动过大，产品上可能会出现许多不常见的流动缺陷。

有关干燥的更多信息，请参见第九章。

31.3.4.2 材料黏度变化

材料黏度会随批次不同而出现波动。如使用宽规格材料或者添加了回料，这种波动会有所叠加。如果在使用新批次材料后马上就出现缺陷，可尝试再换一批材料，观察缺陷是否有所改善。此外，材料的改变也可能引起含水率的变化，而非塑料本身的问题。

如果使用回料，应与100%原塑料配用。在某些情况下，回料可能改变塑料的黏度并产生与流动有关的缺陷。有些材料的黏度会随着回料的使用上升，原因是材料中的润滑剂在最初的成型过程中已经降解。也有些材料黏度会下降，因为塑料的加工过程会造成分子链断裂，导致材料的平均分子量变小。不同的材料和工艺，对材料黏度影响不同。

31.3.4.3 玻纤含量

一般来说，塑料中的玻纤含量越高，就越有可能出现流动缺陷。在项目的设计和规格制定阶段，应评估是否可以用含15%玻纤的材料代替含30%玻纤的材料。玻纤含量越高，熔料的黏度也越高，给产品填充带来的挑战也越大。

此外，当使用含玻纤材料时，玻纤可能会浮在产品表面，呈现出一种流动缺陷。众所周知，含金属粉的材料在几何复杂的模具型腔中会产生很明显的流痕（参见图31.4）。

应确保使用的材料玻纤含量适当。如材料含有着色剂，其配比应当正确。当使用容积式比例混料机时，配比与混料机螺杆尺寸有关，所以使用的螺杆尺寸也应正确。

图31.4 含金属粉色母的材料流痕

第32章 浮纤

32.1 缺陷描述

当加工带有玻纤的材料时，最常见的缺陷是产品表面呈现出不均匀的玻纤痕迹。图32.1是含玻纤产品表面的放大图。

别称：玻纤外露、暗淡、光泽不均。

误判：料花。

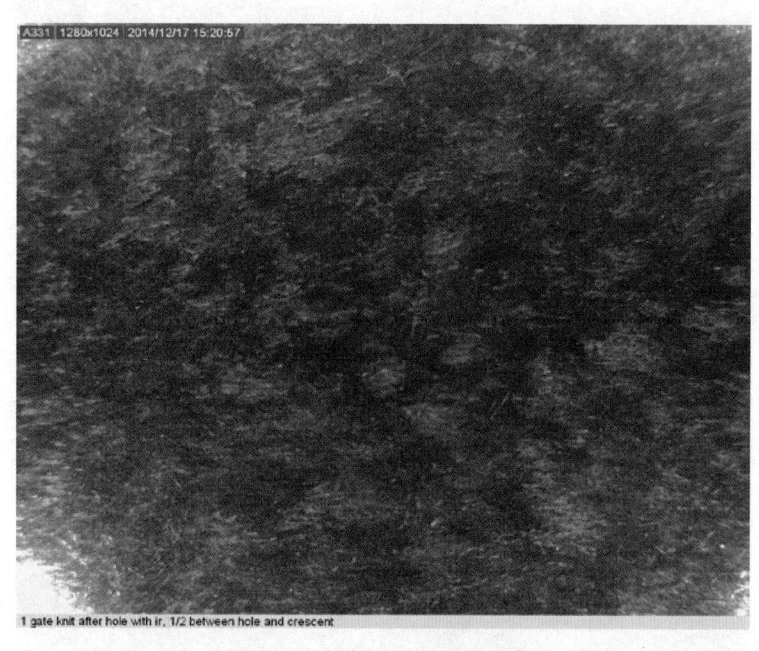

图32.1 存在浮纤的产品表面

32.2 缺陷分析

浮纤缺陷分析如表32.1所示。

表32.1 浮纤缺陷分析

成型工艺	模具	注塑机	材料
注射速度慢	排气不足	注塑机能力	含水率
熔体温度低	热流道温度	注塑机性能	黏度
模具温度低	流动距离		玻纤含量
	浇口		

32.3 缺陷排除

32.3.1 成型工艺

成型工艺对产品浮纤有很大的影响。影响浮纤的工艺参数主要包括:

- 注射速度慢
- 熔体温度低
- 模具温度低

32.3.1.1 注射速度慢

填充速度较慢时，玻纤较容易靠近产品表面。通常情况下，型腔填充越迅速，产品表面质量越好。快速填充可以降低表面浮纤，产品表面看起来会更加均匀，不易出现浮纤。

如果产品表面出现了浮纤缺陷，应验证产品的填充时间和仅填充重量是否与工艺表单相符。保压切换过早可能会导致填充末端比其他区域看起来浮纤更重。

如果填充速度无法优化，尝试适当提高填充速度，观察对外观的影响。应确保注塑机没有出现压力受限的情况，即注射压力大于注塑机最大可用压力的90%的情形。如果注塑机运行接近压力极限，注射速度可能会随时间而出现波动，产品的外观质量也会随之产生波动。

如果生产用的注塑机与打样的注塑机不是同一台，那么首先要评估眼前的注塑机是否能满足注射工艺所需的注射速度。如果增加注射速度无法改变注射时间，注塑机可能无法提供所需的注射速度。有关速度性能评估的更多信息，请参见第八章有关注塑机测试。

含玻纤的塑料要实现快速填充，离不开充分的排气。如果模具排气不足，高速填充时可能会导致产品烧焦（见32.3.2.1节）。

32.3.1.2 熔体温度低

提高熔体温度有助于降低表面浮纤。如果熔体温度太低，产品表面就会出现浮纤。此外，如果熔体温度较低，注射压力也会增加，并导致成型过程中压力受限，使得填充速度减慢。

熔体温度验证可以确定工艺温度是否适当。不要简单地根据料筒温度的设定值来预测熔体温度。熔体温度可以用熔体探针或红外热成像装置进行测量。对照工艺表单和塑料供应商的推荐熔体温度进行验证。

提高熔体温度可使模具填充后获得更好的外观质量。如果产品表面浮纤过重，则应提高温度，直到推荐工艺窗口的上限。但同时也要避免熔体温度过高，否则塑料可能会降解并引起其他缺陷。

在成型含玻纤塑料时，尽量不要使用高背压。当纤维沿着螺杆向前运动时，过度的剪切会导致纤维断裂，从而缩短纤维的长度。特别对于长玻纤塑料，玻纤长度对产品的性能更加重要。需要注意的是：玻纤长度越短，产品外观越好，但物理性能越差。

32.3.1.3 模具温度低

模具温度低是导致产品浮纤的主要原因之一。为了保证玻纤不外露，模具温度一般应设定为推荐温度的上限。

为了获得最佳的外观质量，应使用高温型模温机，同时保持模具温度高于212℉（100℃）。高模温下使用模具应特别谨慎，以免发生安全事故。应采用符合规范的高温管路，而不应在材料方面节约成本。实现更高模温的另一种常见方法是使用热油。

车间里所有模温机都应贴上清楚的标签。这样当一副模具需要使用高温模温机时，操作员可以很方便地找到。如果有模温机需要维修或更换，也是如此。如果用一台标准的模温机替换一台高温模温机，型腔表面便无法达到所需的温度，产品表面质量就会下降。

32.3.2 模具

可能会影响产品表面浮纤的模具相关因素包括：

- 模具排气
- 热流道温度
- 流动距离
- 浇口

32.3.2.1 模具排气

模具排气不畅将导致填充时流动前沿速度降低，气体会滞留在熔体流动前沿，阻碍熔体填充模具。

为了获得最佳外观，含玻纤材料有时需要高速填充，而这时排气不足就容易发生烧焦。如果由于排气不足模具无法以最优速度填充，为了配合工艺必须对模具进行改善。如果迁就模具排气不足的缺陷进行生产，产品的质量将在不合格的边缘徘徊，最终引起层出不穷的麻烦。

含玻纤塑料的熔合线缺陷难以彻底解决，尤其在熔合线末端或填充末端，产品外观较其他区域更为恶劣。为了改善这一缺陷，可在熔合线末端位置增加溢流槽，这样既可以有宽的排气通道，也能产生更多的熔合线，而不是熔接线。

案例分析：含玻纤材料的排气

某产品用含33%玻纤的尼龙6制成。工艺已经优化，产品外观基本良好，但填充末端有两处熔合线。生产样品时，两个浇口堵掉了一个，但填充良好。然而，填充末端的熔合线仍然清晰可见，难以接受。因为新的填充末端恰巧在第二浇口位置，所以决定封闭通往第二浇口的流道，只留下一小截流道。正是这个留下的浇口和流道充当了产品填充末端塑料的溢流槽，并形成了一段外观可接受的熔合线。宽浇口增加了熔接线附近的排气，并使熔体以熔合线的方式流动。

32.3.2.2 热流道温度

如果热流道温度过低，塑料熔体可能会在热流道分流板中冷却。热流道温度设定应考虑物料的熔融温度，以避免塑料熔体在分流板中过热或过冷。

热流道系统中的温度应该用热电偶来控制，而不能用电流百分比来设定。具有优良热量管理的热流道可让熔体始终处于最佳流动状态。热流道系统应成为注塑机供料系统的延伸。

32.3.2.3 流动距离

含玻纤塑料的流动距离过长可能导致填充压力受限。此时，熔体无法继续保持稳定的体积流动速率，模具的填充距离越长问题越严重。随着流速的降低，表面上的浮纤会更加明显。要解决流动距离带来的问题，在设计期间应评估浇口的数量和位置，并与塑料供应商核对流长与壁厚的比率是否满足推荐的数值。

32.3.2.4　浇口

如第32.3.2.3节所述，浇口数量和位置对模具的填充至关重要。浇口和热嘴处阻力过大会导致注射压力的大幅度增加，成型过程中可能会出现压力受限，反过来又会导致注射速度下降。仔细观察注塑机在填充初期的注射压力曲线是否存在一个急速上升阶段，这种压力的急速上升表明存在阻力，使成型工艺窗口变窄。

32.3.3　注塑机

影响浮纤的注塑机相关因素包括：

- 注塑机能力
- 注塑机性能

32.3.3.1　注塑机能力

注塑机最重要的能力是能提供足够的注射速度。为了获得外观合格的产品，注塑机必须能够快速注射。如图32.2是一个实际速度线性度较差的例子。

设定速度	注射量	后松退	切换位置	填充时间	实际速度	误差
0.25	3.3	0	1.2	9.86	0.21	14.8%
0.5	3.3	0	1.2	4.7	0.45	10.6%
1	3.3	0	1.2	2.95	0.71	28.8%
1.5	3.3	0	1.2	2.36	0.89	40.7%
2	3.3	0	1.2	2.03	1.03	48.3%
3	3.3	0	1.2	1.64	1.28	57.3%
					范围	46.7%

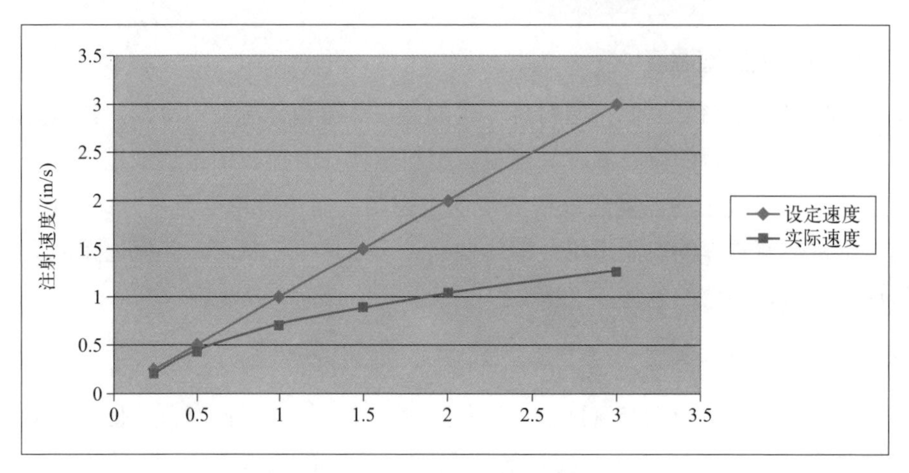

图32.2　速度线性度较差实例

注塑机是否适合加工含玻纤塑料的第二个关键能力是注射压力。如果注塑机没有足够的能力达到压力设定值，速度设定再高也无济于事。高压注塑机往往能支持较高的注射速度和较长的流动距离。

案例分析：注塑机能力不足造成浮纤

某个含33%玻纤的产品，成型工艺在一台非生产的外部注塑机上开发。外部和内部注塑机均可将注射速度设为6in/s。区别是外部注塑机实际速度可以达到6in/s，而内部注塑机只能达到5in/s。在6in/s的注射速度下，产品外观良好。但用5in/s注射时，产品表面出现浮纤。速度试验显示，内部注塑机的速度曲线在5in/s以上均趋于水平。无论输入什么数据，都无法达到更高速度。

这说明试模应在工艺能力较低的注塑机上进行，模具后续才能在其他注塑机运行。如果工艺是在能力较强的注塑机上开发的，则该工艺难以在能力较弱的注塑机上复现。这也是为什么要测试注塑机能力的理由（见第八章注塑机性能）。

32.3.3.2 注塑机性能

请参阅第八章注塑机性能。

32.3.4 材料

与浮纤有关的材料方面因素包括：

- 含水率
- 黏度增加
- 玻纤含量

32.3.4.1 含水率

含玻纤塑料的含水率对产品外观质量有重要的影响，尤其对于尼龙或聚酯材料，它们在水分的作用下会发生严重水解。如果塑料的含水量较高，熔体黏度就会降低，也就是说塑料的流动性变好，这将有利于遮掩出现的浮纤。

应特别注意气候对含水率的影响。夏季湿度大，含水率比冬天高。如果在夏季开发了一个尼龙产品的生产工艺，湿度在上限值（例如0.2%），由于存在水解作用，塑料的黏度会降低，所以产品表面比含水率位于下限时（例如0.01%）更美观。因此在夏季开发工艺时需记住这一点，改善方法是稍许增加一些干燥时间来降低含水率。

注塑成型的另一个挑战是环境因素。如果能在受控环境中生产最为理想，但许多车间并没有这种优越的条件。由于夏季与冬季的气候差异对模塑工艺有很大的影响，因此在工艺开发过程中，需要做大量的分析工作，以尽量适应潜在的季节变化。这就解释了为什么尼龙的干燥时间范围很大，在夏季可能需要12个小时才能使含水率达到冬季干燥2个小时的水平。

关于干燥的更多信息可以参考第九章。

32.3.4.2 黏度增加

如果塑料黏度随批次不同而有所变化，其流动性就会受到影响。如果使用的塑料被认为是“宽规格”的，那么该塑料出现黏度随批次变化的风险也会增加，进而对工艺产生影响。“宽规格”塑料的性质，在批次之间会有更大的波动。

如果发现问题与塑料批次有关，那么尝试用多批次塑料来帮助确定问题。有时成型窗口内，有一些工艺与熔体流动指数（MFI）有很好的相关性。

32.3.4.3 玻纤含量

如果塑料粒子的玻纤含量发生变化，产品外观质量可能也会发生变化。随着玻纤含量的增加，塑料黏度会增加，产品表面出现浮纤的可能也会增加，这将导致第32.3.4.2节中讨论的问题。

在含玻纤的材料中还有其他因素会影响浮纤的产生，例如材料中的偶联剂。施胶剂含有硅烷成分，可促进聚合物浸润玻纤，有助于塑料与玻纤的黏合。如果玻纤未经聚合物包封或浸润，它们在产品表面上就会更明显。

案例分析：玻纤

在本案例中多个塑料件由含33%玻纤的尼龙6塑料粒子注塑而成。工艺稳定，生产顺利。但当更换新批次的塑料粒子后，产品表面立即出现严重浮纤。我们对4M因素包括含水率进行了检查，未发现异常。

该批次塑料粒子用于其他模具时也会出现同样的缺陷。

联系塑料供应商前来分析缺陷。塑料供应商坦率地告知，该批次塑料粒子中使用了来源不同的玻纤。调查表明，替代玻纤中的偶联剂有问题，阻碍了尼龙对玻纤的浸润。

更换新批次的塑料粒子后问题得到了解决，而存在问题的塑料粒子被退回。

玻纤比例增加对加工带来的影响应及时反馈给产品设计工程师，这点也很重要。否则，注塑厂将为无谓的玻纤含量增加而买单。有时候，产品工程师为了让产品更加坚固，会使用含玻纤比例更高的原料，或者从短玻纤材料换成长玻纤材料。必须了解这种变化是有代价的，即出现外观不良的风险有所增加。

第33章 光泽不均

■ 33.1 缺陷描述

产品表面光泽不均是一种外观不合格的缺陷，这种表面亮暗不均的产品可能会引起客户的不悦。图33.1显示了一个光泽不均的案例。

别称：斑点、光亮、表面暗淡。

误判：缩痕、刮伤。

图33.1 光泽不均

■ 33.2 缺陷分析

光泽不均缺陷分析见表33.1。

表 33.1　光泽不均缺陷分析

成型工艺	模具	注塑机	材料
保压压力	模具表面粗糙度	注塑机性能	塑料类型
保压时间	冷却		添加剂
注射速度	排气		
注射阶段的重量	壁厚不均		
模具温度			
熔体温度			

33.3　缺陷排除

产品的表面光泽由模具表面的状态决定，即模具表面是抛光面还是蚀纹面，以及塑料复制模具表面状态的程度。因此，要解决光泽不均的问题，首先应确定模具表面是否得到了精确复制。例如，如果模具表面经过喷砂抛光，则无论用什么工艺生产，产品表面都会是磨砂状的（见第六章关于模具抛光）。

另外要留意产品光泽的等级。与光泽度中等的产品相比，处于光泽度上下极限位置的产品往往更容易出现划痕和损坏缺陷。光泽度为2.5级和3.5级的产品外观和运输后的美观度全然不同。光泽度等级极低的产品（如2.5级）很难获得赏心悦目的外观。

很多时候，所谓的光泽不均其实是一种通透痕缺陷（read-through），即由于产品不同壁厚处的收缩而引起的光泽差异。

33.3.1　成型工艺

常见的成型工艺相关问题包括：

- 保压压力
- 保压时间
- 填充速度
- 仅填充重量
- 模具温度
- 熔体温度

33.3.1.1　保压压力

影响塑件光泽度的主要工艺因素是施加在塑料上的型腔压力。如果型腔压力不够，塑料则无法完全复制型腔的表面状态，这一点适用于所有抛光表面、蚀纹表面和喷砂表面。应对比塑件表面和型腔表面，观察型腔表面的所有微观细节是否都被转印到产品表面上去了。

用放大镜仔细检查型腔表面会发现，抛光面上有一系列的抛光划擦痕迹，皮纹表面也有不同的峰谷特征。为了充分复制这些微观表面细节，必须向型腔中的塑料适当加压。

型腔内压力的变化会引起产品光泽潜在的波动。相比高压区域，低压区域无法完全复制模具表面特征，于是造成了光泽不均，尤其是近浇口区和离浇口最远端之间的区别明显。同时也要注意那些填充较快和补缩前就冻结的区域。

注塑成型面临的挑战之一是如何降低塑料经过型腔时的压力降。其中的关键措施包括通过快速填充来避免填充期间的黏度波动。正确的浇口位置也是确保压力降最小的关键。为了确定浇口的数量和位置，在模具加工之前，应使用模流软件进行模拟分析，例如Moldflow®。

对光泽不均进行缺陷排除时，除了应检查保压压力是否设置正确（需考虑增强比的影响），还应检查是否使用了正确的喷嘴和喷嘴头，具备混料功能的喷嘴会导致注塑机和型腔填充末端间产生较大压力降。

型腔压力传感器将提供型腔内的实际压力数据。如果传感器位于浇口附近和填充末端位置，那么就很容易获得关于型腔内关键因素变化的精确数据。

33.3.1.2　保压时间

如果保压时间太短无法保证浇口完全密闭，会导致浇口附近区域出现光泽不均。如果浇口冻结之前塑料无法保留在型腔内，浇口附近将会出现泄压现象。浇口附近未固化的塑料回流将产生一个局部低压区域，该区域会呈现与产品其余部分不同的光泽。

应验证保压时间是否按照工艺文件正确设置。在工艺开发过程中应进行浇口冻结测试，以确定合适的保压时间。

33.3.1.3　注射速度

一般来说，较快的注射速度会带来较小的压力降和较好的表面复制水平。快速填充形成的表面较光亮，反之表面则较暗淡。快速填充也会使产品补缩更加均匀。

应验证注射时间是否符合记录的工艺参数。注射速度设置可能与记录不吻合，但注射时间必须吻合。如果注射时间和仅填充重量符合记录的工艺参数，那么体积流量也必定相同。

33.3.1.4 仅填充重量

如果由于保压切换过早，仅填充重量（95% ~ 98%）不足，则可能在切换位置形成一条明显的分界线，出现光泽差别。提前切换还会在填充末端形成一个非常明显的异样区域。

检查仅填充重量，确保产品在注射阶段填充到95% ~ 98%。如果出现短射，则应调整切换位置，以注射足够的料量。注意射出时间过短会导致保压阶段起压滞后。图33.2显示了提早切换时的工艺监控数据。注意切换后，螺杆行程曲线的变化有多么明显。当螺杆继续向前移动时，注塑机试图达到设定的保压压力，但花了好几秒钟时间。过早切换会产生许多问题，而光泽不均只是其中一个经常被忽略的缺陷而已。

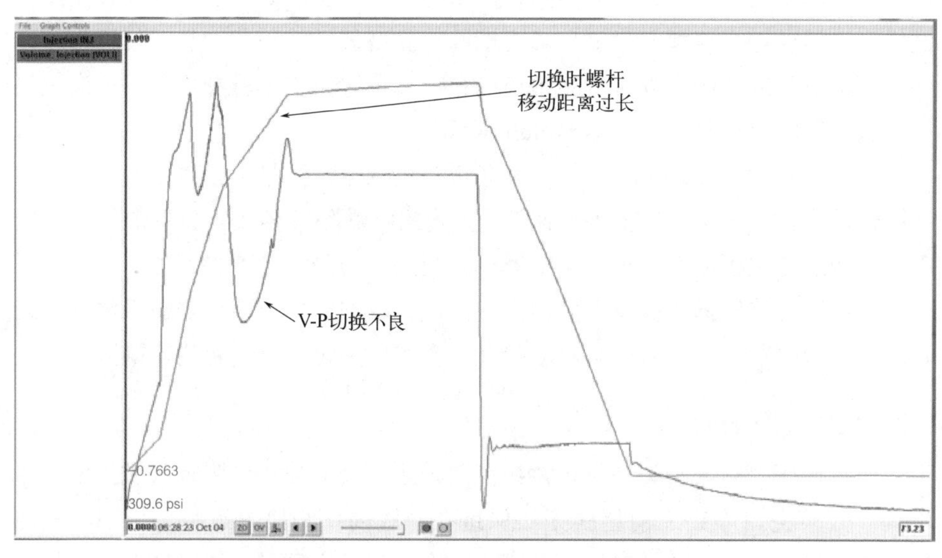

图33.2 显示过早切换的工艺监控曲线

33.3.1.5 模具温度

产品在较低模具温度下产生的光泽度较低，反之则有较高的光泽。当然，温度也是影响塑料转印型腔表面的好坏的因素之一。较高的模温无疑可以让塑料更好地复制型腔的表面特征。

近年来，急冷急热系统已被用来改善产品的外观。型腔表面的温度越高，塑料与型腔钢材接触得也越密实。如模具型腔进行了高抛光，使用急冷急热系统可以生成非常光亮的表面。而如果型腔做了细微的蚀纹，产品表面的光泽就很暗淡。

有时模具温度过高会造成波纹状表面，同时也会出现光泽不均的现象。模具的热量造成了一种效应，产品壁受其影响表面脱离型腔表面，这种现象被称为“热缩”。降低模具温度或增加保压压力可以化解这种效应。

33.3.1.6 熔体温度

当用低熔体温度注塑时，会增加熔体通过型腔的压力损失。随着压力损失增加，光泽度将发生波动。即模具内压力无法保持在一个均匀的水平上，就很可能会引起光泽度的变化。

应验证熔体温度是否与工艺记录表相匹配。如果熔体温度不正确，则应检查以下各项:

- 对比料筒设定温度和实际温度
- 背压
- 螺杆转速

33.3.2 模具

对注塑件光泽度影响最大的是模具本身。影响光泽度的主要因素有:

- 型腔表面粗糙度/蚀纹
- 冷却
- 排气
- 壁厚不均匀

33.3.2.1 型腔表面粗糙度/蚀纹

型腔的表面粗糙度是影响塑件光泽的最大因素之一。譬如无论怎么调整工艺参数，经喷砂处理的型腔表面都不会产生钢琴黑般的高亮光泽。

注塑模具型腔的表面处理方式有很多种，它们包括:

- 抛光
- 蚀纹
- 喷砂/喷玻璃珠

上述三种选项也有许多不同的级别，均可影响产品外观。例如，抛光表面可形成不同等级的光泽度。

如果产品上出现光泽不均匀的缺陷，首先要检查对应的型腔表面。为了进行有效的检查，我们需要使用强光。在检查型腔表面时，经常会发现存在蚀纹磨损或污垢堆积的区域。解决方法是对模具表面进行彻底清洁，有时则需要对型腔表面进行喷砂处理。仔细检查模具表面可以节省大量缺陷排除时间。如果光泽不均缺陷的根源存在于型腔表面，成型工艺是无力彻底解决的。另外，抛光表面上的污垢堆积也会引发缺陷（见图33.3）。

图33.3 清洁的型腔表面（左）与污垢堆积的表面（右）

案例分析：抛光面的污垢堆积

本案例中，注塑材料是含木纤维的聚丙烯。型腔的抛光等级约为SPI A3，用聚丙烯纯料注塑时，产品表面具有良好的黑色光泽。为了一个特殊订单材料换成了含木纤维的聚丙烯。换料后的产品光泽暗淡且不均匀。经过对型腔表面的检查发现有大量污垢堆积，而型腔的钢材也被该木纤维填充塑料产生的气体侵蚀而失去光泽。经过几个小时的研磨膏擦拭，型腔表面才恢复了之前的高光泽。

当模具表面存在蚀纹时，那么表面就有很多微小蚀纹细节，塑料熔体必须被挤压到这些微小特征中去。放大这些蚀纹的峰和谷，很容易看到具体细节。图33.4为蚀纹细节被放大200倍后的情形，塑料必须复制这些纹路中的峰和谷。

图33.4　放大200倍的蚀纹细节

即使型腔表面进行了如SPI A1等级的高抛光，也会残存微观级的抛光痕迹。随着模具抛光等级的提高，越来越细的研磨颗粒会覆盖上一级的抛光线痕迹。如果高倍下观察，即使型腔和产品已经达到了镜面等级的抛光，仍能观察到细微抛光痕迹。

33.3.2.2　壁厚不一致

当产品壁厚发生变化时，不同壁厚区域之间会有光泽差异。由于壁厚不同，塑料经历的保压和冷却速率也不一样。注意，这种光泽不均通常被称为“通透痕”（read-through）。

无论何时，壁厚必须发生过渡时，尝试在这一区域上混合过渡，而不是从一个厚度突然改变到下一个厚度，这样壁厚转换区域的光泽不均就不会明显。

案例分析：壁厚差异

本案例使用的是一款黑色PC/ASA材料。该产品外围设计有一圈台阶，此处壁厚由厚变薄，目的是装配时方便与组件配合。皮纹处理之前，壁厚过渡处痕迹非常明显。皮纹处理之后，过渡痕迹仍无法消除。在此过渡处，浇口冻结时间和保压压力分布的差异成为主要矛盾。最后不得不调整组件和本产品的部分尺寸，使壁厚差降到最小。这样产品才得以合格交付。之前进行的多次工艺实验设计（DOE）证明，无法找到一套有效的成型条件能够消除这种光泽差异。

33.3.2.3 模具冷却

如第33.3.1.5节所述，光泽度受模具温度的影响。如果模具的水路布局不能提供均匀的冷却，产品会呈现光泽变化。模具有效冷却对最终产品质量至关重要，在模具设计过程中必须予以重视。

如果在产品的某特定区域出现了光泽不均缺陷，应先检查该位置的冷却是否充分。使用热图像可协助我们找到产品冷却不佳的区域。表面探针也可以用来测定模具钢的实际温度和寻找热量聚集区域。

如果模具上某一区域的温度高于其余区域，则需要寻找一下原因：可能是由于该区域附近缺少冷却水，或者水管堵塞，或者模具冷却水路布局失当。成型参数设置的一个要点是确保每次运行时模具冷却状态保持一致。每副模具的水路布局图都应备案。这些水路图可以用草图形式，也可以是照片形式，但模具每次安装时水路接法均需保持一致。同时还应记录模具的进出水温度、流量和模具温度。有了上述数据，就可以轻松地对照标准工艺排除各种冷却带来的问题。

33.3.2.4 模具排气

如模具某处排气不畅，填充过程就不会像其他区域那么充分。而一旦填充不充分，塑料就无法与型腔表面充分接触。另外，排气受阻也会影响产品密实压紧型腔表面的可能。

应确认模具整体清洁，排气口通畅。在光泽一致性较差的位置增加排气可以改善产品的外观。排气不畅还容易在型腔表面产生堆积物，影响产品表面的光泽度水平。图33.5显示了一个案例，其中的蚀纹表面因排气不畅造成污渍堆积。

图33.5 排气不畅引起蚀纹表面污渍堆积

有关排气的详细信息，请参阅第七章。

33.3.3 注塑机

由注塑机引起的光泽问题通常与注塑机性能有关（见第八章）。

33.3.4 材料

光泽问题与材料有关的因素包括：

- 塑料类型
- 添加剂

33.3.4.1 塑料类型

一般来说，有些塑料较容易形成光滑表面。事实上，汽车产品的注塑成型已经形成一种趋势，即注塑件尽可能采用低光泽度水平。例如光泽度高低不同的ABS都可进行调制，以满足不同的外观需求。因此应确保选择的塑料能满足所需的光泽度要求。

与聚碳酸酯或丙烯酸类（亚克力）塑料相比，改性塑料如ABS、TPO或ASA在视觉上更显暗淡，而前者往往更有光泽。有些供应商会针对不同应用场景，提供同款材料亚光或高光的版本，因此要注意当前塑料的版本，并在网上查清塑料的光泽度等级。

还应注意，用表面高度抛光的模具成型低光泽度塑料时，可能会导致各种表面缺陷以及外观不一致。因此，选择塑料时对光泽度的考量与对其他特性的考量方式基本相同。

33.3.4.2 添加剂

塑料中很多添加剂会影响产生高光泽度的注塑表面。滑石或矿物质等添加物会导致表面暗淡，而高玻纤含量也会影响产品表面光泽度。如第33.3.4.1节所述，橡胶改性剂会使产品表面光泽度降低。

如第33.3.2.1节所述，使用含木纤维的塑料会对产品光泽度水平和型腔的抛光面产生重大影响。应注意塑料中使用的是何种添加剂。当使用未改性塑料时，应提前预想可能发生的变化。阻燃塑料和增韧塑料容易产生气体，造成模具表面污垢堆积。含玻纤塑料可能会引起型腔蚀纹侵蚀，从而造成光泽变化。

案例：塑料对光泽的影响

本案例中的产品采用黑色TPO材料成型。注塑过程中，操作员注意到产品光泽似乎存在变化。仔细检查后发现，刚开机的产品和后期的产品存在显著的光泽和外观差别。进一步调查发现，注塑机错用了未经验证的材料。

当第一桶塑料粒子用完时，输送口切换到了错误的塑料粒子中。塑料填充剂含量的不同导致了光泽度的改变。

因此，塑料运至注塑机旁即将输入注塑机之前，务必进行验证。

第34章 喷射

34.1 缺陷描述

当塑料熔体无法形成稳定的料流前沿而是以冲击流的形式喷入型腔时，会产生喷射缺陷。熔体会快速流过型腔，直至遇到阻挡，之后将在喷射流附近继续填充。喷射缺陷及形成过程见图34.1和图34.2。喷射的结果会形成喷射痕或料花等表面缺陷。

别称：蠕虫轨迹。

误判：料花。

图34.1 喷射缺陷示例

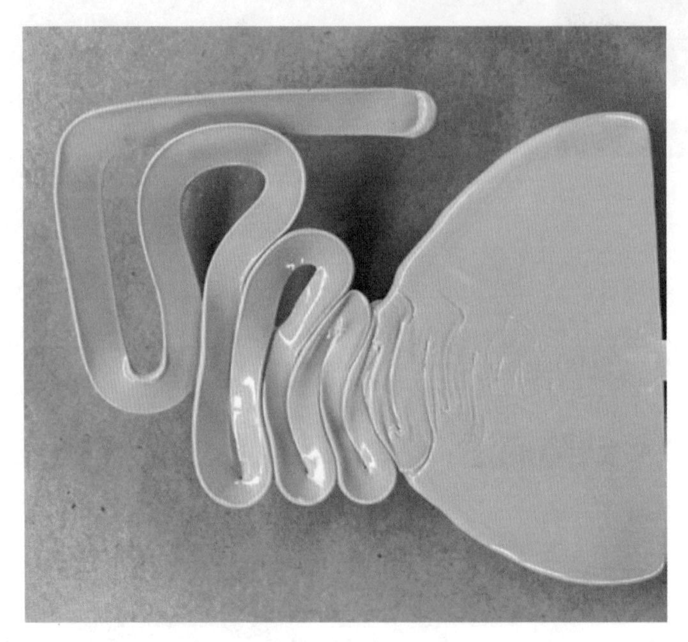

图34.2 喷射的形成

34.2 缺陷分析

喷射缺陷分析如表34.1所示。

表34.1 喷射缺陷分析

成型工艺	模具	注塑机	材料
注射速度过快	浇口位置欠佳	注塑机性能差	
	浇口大小不合适		
	浇口长度不合适		

34.3 缺陷排除

喷射现象的产生和塑料熔体流过浇口的方式紧密相关。当塑料熔体无法紧贴型腔壁流入，而是以失控的形态喷入时就会形成喷射。熔体以蛇形方式流过型腔，在产品表面留下蠕虫状、光泽不均的痕迹。

34.3.1 成型工艺

与成型工艺相比，喷射的产生与模具关系更为密切。工艺参数中的注射速度也会对喷射的形成产生影响。要判断是否会发生喷射，可做一次短射试验。缺陷是喷射痕还是料花，通过观察喷射流就一目了然了。

34.3.1.1 注射速度过快

在注射阶段，注射速度将影响塑料熔体进入模具型腔的方式。如果注射速度过快，熔体前沿无法贴着型腔壁流动，于是会以喷射形态穿过型腔。

降低注射速度会改善喷射，但可能会增加周期时间和产品成本。聪明的做法是立即优化模具，而不是调节工艺将就生产。图 34.3 是 Moldflow 中塑料熔体前沿正常流经浇口的示例。熔体先以慢速流入浇口，熔体前沿一旦形成，再加速填充。该工艺虽稍显复杂，但在其他方法不管用时，值得一试。

图34.3 浇口处正常的流动前沿（Moldflow）

熔体进入型腔并继续填充的过程中，流动前沿的形成非常重要。做个短射试验可以帮助我们确认熔体前沿的流动是否正常，观察是否存在流动不稳甚至流动异常。喷射的熔体一旦折回，还会引起困气，在喷射痕上叠加料花等缺陷。

34.3.2 模具

大多数喷射问题源于模具设计，主要因素包括：

- 浇口位置
- 浇口大小
- 浇口长度

34.3.2.1 浇口位置

造成喷射的主要原因之一是浇口位置不当。浇口一般不宜设置在产品壁厚中央。否则，进入型腔的塑料熔体将无法贴着型腔壁流动，于是便产生喷射。浇口的位置设置应正对型腔壁或型芯壁。

理想的浇口位置可让熔体进入型腔后，立即撞击在型腔壁或其他结构上。所谓“撞击”是指熔体流进入型腔时遇阻而产生的碰撞。如果熔体进入型腔时没有障碍阻挡，可人为设置一根顶针、镶针或其他突出结构形成阻挡。这样熔体就可产生撞击，避免喷射。通常设置的突出物高度不低于名义壁厚的50%。需要留意的是，这种变化可能会造成外观面通透痕。

34.3.2.2 浇口大小

浇口厚度设计不当也会造成喷射。一般情况下，扁平状的浇口容易导致喷射。但有时扁而宽的浇口反而能避免喷射。因此，浇口大小的确定要随机应变。图34.4显示了一个扁而平的浇口，而且浇口也较长。

如果由于浇口扁平而引起喷射，可以尝试逐步增加浇口厚度，观察厚度对喷射程度的影响。随着浇口不断增厚，浇口的冻结时间增加，周期时间延长，产品的生产成本也会上升。接下来的一个案例分析表明，缺陷排除人员对浇口的最终尺寸应采取积极灵活的心态，不应主观地认为浇口厚就一定能改善喷射问题。

案例分析：浇口减薄后的变化

一般认为，浇口越薄，产生喷射的可能性越大，但有时却恰恰相反。本案例中的聚丙烯产品最初设有两个直径为0.11in的牛角浇口，浇口附近存在喷射和拉伸缩痕。为了改善缺陷，将浇口改为0.050in × 0.110in 的扁平浇口。此矩形浇口消除了喷流，但缩痕依旧。再将浇口修改为0.025in × 0.110in，所有缺陷全部消失。当浇口厚度从0.050in降至0.025in时，注射压力从10000ppsi（塑料熔体压力）增加到了13000ppsi。此案例中通过减薄浇口大大改善了工艺。这再次证明了排除缺陷时，保持积极灵活的心态至关重要。

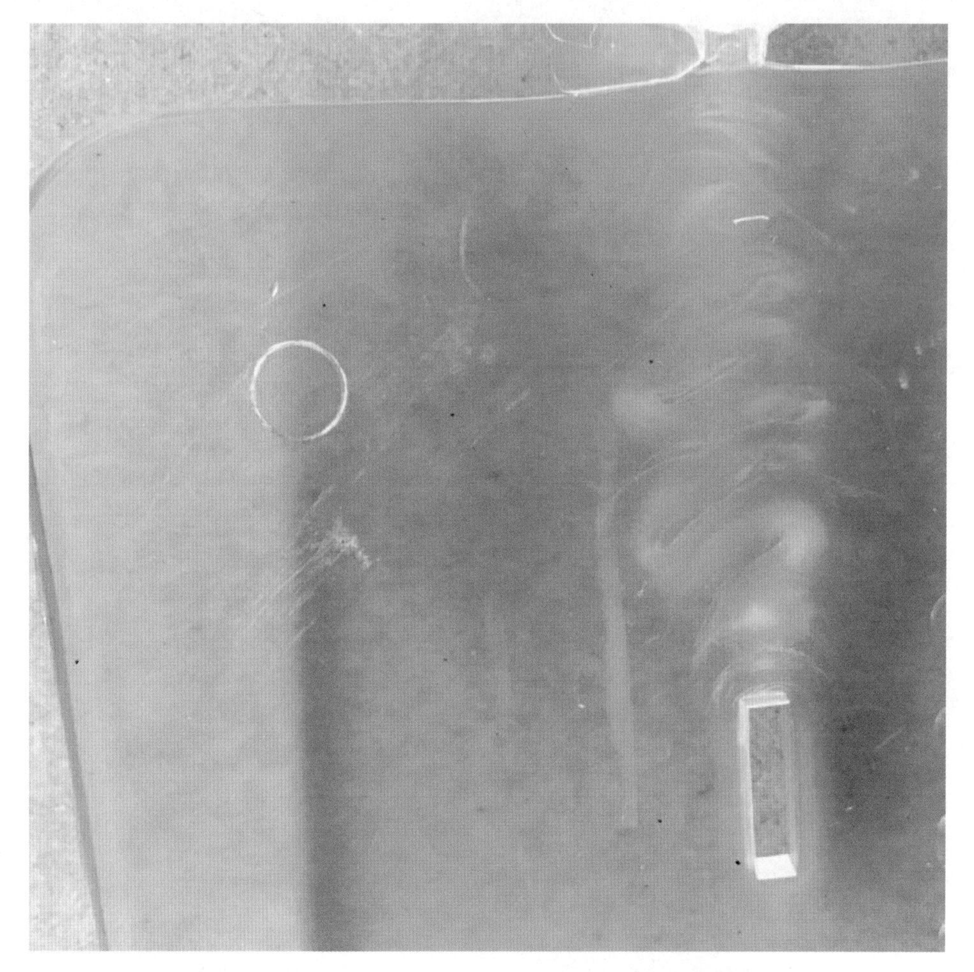

图34.4　聚碳酸酯产品上的喷射：注意喷射周围的乳白色印迹

34.3.2.3　浇口长度

浇口长度是指保持浇口深度在型腔上留下的实际长度，即从型腔到流道末端的距离。

浇口长度会影响喷射出现的概率。浇口越长，积聚在浇口处即将射进型腔的受压塑料熔体量就越多。通常，浇口长度应控制在0.03in（0.8mm）以内。

如果浇口长度过长，应由模具厂将其改短，从而改善由于浇口长度引起的喷射以及其他缺陷。

34.3.3　注塑机

产生喷射的大部分原因与注塑机无关；当然，性能不良的注塑机也可能引起喷射。

请参阅第八章注塑机性能。

34.3.4　材料

如果浇口和成型工艺不正确，几乎所有塑料都会出现喷射现象。

第35章 产品粘定模

35.1 缺陷描述

产品既会粘在模具的动模侧，也会粘在定模侧。根据粘模的位置不同，应对的方案也不相同。

35.2 缺陷分析

产品粘定模缺陷分析如表35.1显示。

表35.1 产品粘定模缺陷分析

成型工艺	模具	注塑机	材料
保压压力过高	型腔损伤	工艺控制不良	含水率不当
熔体温度过高	缺少脱模斜度		材料型号错误
模具温度过高	表面光洁度差		缺少脱模剂
未设置解锁速度	真空效应		
	多型腔不平衡		
	型腔表面模垢		
	动模侧缺乏细微结构		

35.3 缺陷排除

产品可能完全粘在模具定模侧。一旦定模侧粘模，开模时会听到类似开裂的声音。当怀疑定模侧粘模时，开模后不要立刻顶出产品，可先检查一下哪些部位发生了粘模，哪些部位已被顶针带离了型腔。

35.3.1 成型工艺

可能导致产品粘定模侧的工艺参数有:

- 保压压力过高
- 熔体温度过高
- 模具温度不当
- 未设置解锁速度

35.3.1.1 保压压力过高

出现定模侧粘模现象往往表明型腔压力过高。由于产品无法进行充分收缩，因此难以脱离型腔。保压压力过高会引起型腔内产品补缩过度，而定模侧细微结构较多的模具尤其容易受补缩过度的危害。

操作员应对照工艺文件验证保压压力，并在此基础上对压力进行调整。评估压力时，应始终关注塑料压力，就是考虑了注塑机增强比后的压力。

35.3.1.2 熔体温度过高

熔体温度过高也会导致产品粘模，原因有以下两点:

（1）熔体温度过高会导致塑料降解，更容易产生粘模。

（2）熔体温度高也会增强型腔压力传导到模具各个部位的能力。有关粘模时的高压问题，请参见第35.3.1.1节。

应确认熔体温度符合材料供应商的推荐值。如果熔体温度过高，需对以下影响熔体温度的工艺参数进行验证，包括:

- 料筒温度
- 背压
- 螺杆转速

35.3.1.3 模具温度

模温也会影响粘模。如果模具温度过高，产品会因收缩不足而无法有效地从模具中脱离。模具温度过高还会导致型腔内压力降减少，产品保压更充分，更容易粘定模。而当模具温度过低时，产品则容易粘在动模。

改善模具的冷却能力可以防止出现粘模（见第十四章模具冷却）。

35.3.1.4 开模时的解锁速度

如果开模启动速度过快，产品倾向于粘在定模。产品和模具之间可能存在真空，开模速度慢一点有利于释放真空。此外，开模解锁速度过快时，产品上的细微结构无法及时脱离型腔，产品会出现倾斜，然后出现粘模。

如果产品粘在定模，应降低开模解锁速度，看看情况是否有所改善。如果确有改善，则采用STOP方法，寻找由模具引起的根本原因，如型腔里存在倒扣等。

35.3.2 模具

与模具有关的粘模原因有:

- 型腔损伤
- 脱模斜度不足
- 表面光洁度
- 真空效应
- 多型腔不平衡
- 型腔表面存在模垢
- 动模侧缺乏细微结构

35.3.2.1 型腔损坏

模具分型面或型腔损坏会引起产品粘模，比如型腔损坏后产生的倒扣会阻碍产品脱模。

应检查型腔里是否存在刮痕、划痕或磕伤。同时，用手抚摸分型面，看看是否存在毛刺造成的倒扣。如果模具有损伤，应及时修理，以免出现粘模。

为避免损坏型腔，操作时禁用钢制工具。因钢制工具可能损坏型腔表面，在必须使用工具取出粘模产品时，应使用铜制工具。切记，即使铜制工具也有可能损坏高抛光或蚀纹表面，因此使用工具从型腔中强脱产品时须格外小心。

35.3.2.2 脱模斜度不足

塑料件需要有脱模斜度才能从型腔壁上脱离。脱模斜度是型腔侧壁、型芯或凸台表面与开模方向之间形成的夹角。由于存在脱模斜度，开模时产品会很快脱离与型腔壁的接触。如果产品结构的脱模斜度为零，塑料件在脱模的过程中将始终与型腔壁接触。在没有脱模斜度的情况下，产品要从型腔表面上脱离的唯一途径只能是收缩。

不同的塑料，对应的脱模斜度也不一样。黏附性高的塑料需要增加额外的脱模斜度。对于产品因收缩而容易包裹型腔的位置，需要设置更大的脱模斜度。

当然设计脱模斜度也需要谨慎，因为它会影响产品的厚度。深加强筋如有较大的脱模斜度当然有利于脱模，但是加强筋顶部厚度可能因此变得太薄，无法有效填充。应对产品设计进行分析，验证现有的脱模斜度是否合适，特别留意脱模斜度可能导致壁厚出现问题。

35.3.2.3 表面光洁度

随着蚀纹深度的增加，产品所需的脱模斜度也随之增加。蚀纹带来的无数倒扣会粘住产品。没有足够的脱模斜度，产品就无法从蚀纹上脱落。蚀纹面上缺乏脱模斜度会导致粘模或蚀纹刮伤。

如果型腔需要进行蚀纹处理，蚀纹深度应与脱模斜度相匹配。蚀纹公司通常会提供每种蚀纹所需的脱模斜度。一般的经验法则是：蚀纹深度每增加0.001in，脱模斜度应相应增加1°。如果脱模斜度无法满足要求，那么只能减少纹路的深度，产品才不至于粘模和划伤。图35.1是蚀纹的局部放大图。其中岛形纹理组织的顶部和侧壁粗糙面是对型腔进行氧化铝颗粒喷砂造成的。请注意，纹理的侧面呈线条状，这是喷砂介质形成的微纹理。要避免型腔中的纹理造成粘模，就需要克服所有微观层面的倒扣。

图35.1 蚀纹局部放大图

用320目的砂纸顺向抛光过的表面能够进行有效脱模。对于聚丙烯、TPE或TPU等软质塑料，提高抛光度反而会增加塑料与模具表面之间真空度，增加粘模的可能性。

35.3.2.4 真空效应

对于高抛光模具，塑料对型腔钢材表面产生的附着力会引起真空效应。软性塑料潜在的粘模风险尤为显著。

一旦出现高抛光引起了真空效应，导致产品发生粘模，首先应考虑降低抛光等级。第二种方法是在隐蔽的地方放置气顶，气顶可以让空气充入产品和模具表面之间的间隙，消除真空效应。

对于某个特定产品，首先要了解产品的表面要求，然后确定所用塑料的抛光等级。如注塑材料为TPU，抛光面容易出现粘模，如能进行型腔表面喷砂处理，将有利于产品脱模。

35.3.2.5 多型腔平衡

对于多腔模具来说，型腔间的不平衡度应控制在3%以内。如果模具型腔之间存在不平衡，每个型腔内的成型工艺其实都不一样，如型腔压力会有差异，这反过来会导致收缩率的差异，使得部分型腔出现粘模。

可用多型腔平衡测试来测定模具不平衡度，一旦大于3%，则必须找出产生不平衡的根本原因。

有关更多细节，请参见第十二章关于多腔模的平衡性。

35.3.2.6 模垢

原材料中析出的模垢也会导致产品粘模。模垢和熔体相混合，尺寸较大时，甚至会形成轻微倒扣。

提前检查模具表面是否已彻底清洁。如果模垢问题常常出现，应改善模具的排气。可使用清洁剂来清除模垢。一些模垢可以用树脂去除剂、柠檬酸类清洁剂或像ZAPOX这类的清洁剂清除。对于TPU这类塑料，型腔需要进行喷砂，以便消除模垢引起的粘模问题。

案例：TPU粘模

某产品采用邵尔硬度为85的TPU注塑而成。该型号TPU一旦遇潮或在料筒中滞留时间过长就会发生降解，黏性大幅增加。更糟糕的是，如果用降解材料注塑，形成的模垢将难以清除。为了去除堆积和防止粘模，应将模具卸下进行喷砂加工。喷砂后，分型面即可复原，但应谨防TPU再次降解。

应对所有工艺工程师进行培训，如何观察清料过程中熔体的黏度变化。如果熔体呈现黏稠状，很可能已经发生了降解，这时需要用更长时间清洗料筒。

35.3.2.7 动模侧细微结构

如果模具动模侧缺乏足够的细微结构来固定产品，开模时产品容易黏附定模。因此，在设计过程中，正确选择动模和定模很重要，产品应留在具有丰富细微结构的定模侧。

如果动模侧缺乏足够特征，以下技巧可以改善粘定模的问题：

- 动模侧增加倒扣
- 动模侧增加皮纹
- 动模侧喷砂处理
- 在定模侧加装预压顶出机构

35.3.3 注塑机

工艺控制是注塑机与粘模有关的关键步骤，所有工艺设置都应能够精确控制。如果设定值无法精准达成，就与输入错误参数无异。需要精确控制的主要参数是：温度、压力和速度。

仔细检查注塑机上实际值与设定值是否一致。要特别留意的包括各段温度是否超过设定值以及 V/P 切换后，压力是否能迅速回到设定值。

有时设定压力与注塑机上压力表实际读数不匹配。在这种情况下应该相信哪个压力数值？当然应该相信与工艺监控系统连接的仪表或压力传感器上的数值，因为只有它们才能够提供实际压力的精确值。如有必要，也可更换压力表和注塑机的压力传感器，以获得更准确的数据。

35.3.4 材料

影响产品粘模的材料因素包括：

- 含水率
- 材料类型
- 脱模剂的使用

35.3.4.1 含水率

水分会导致某些塑料加工时发生降解并且变得黏稠。尤其在加工吸湿性塑料时，应确保塑料已经过干燥，所含的水分比例合适。

含水率可用水分测试仪进行检测。如果含水率过高，应适当延长干燥时间，让材料彻底干燥。

当发生粘模时，一般都会停机对模具进行抛光或维修。在停机期间，材料一直在料筒里持续干燥着。重新开机后，粘模问题消失了。很多人误认为原来是模具的问题，抛光解决了粘模问题，但实际上却是延长干燥时间起了作用。所以每当解决粘模问题时，不要把重点首先放在改模上，而应先验证塑料中的含水率。

有关干燥的详细信息，请参阅第九章。

35.3.4.2 材料类型

有些塑料较容易粘模，如TPU、聚酯和聚碳酸酯等。

如第35.3.4.1节所述，水分可能成为粘模的一个主要因素。当加工过程中含水率过高时，会发生水解反应。上面所列容易被水解的塑料，需要彻底干燥并保持干燥状态，以避免粘模问题。

半结晶塑料的收缩率大于无定形塑料，更有利于塑料收缩，脱离定模（假设模具设计时已考虑了产品会向模具顶出侧的型芯收缩的因素）。较大的收缩量和冷却速率交互作用，既有可能减轻也可能加重粘模的程度。

应当注意，型腔表面的光洁度不同，各种塑料的粘模程度也不尽相同。由于和模具表面之间存在真空效应，多数软性塑料，如TPE或TPU粘模倾向更大。喷砂可使型腔表面容易脱模。如果不得已需保留抛光表面，则应在不显眼的位置安装气顶，以消除表面真空。

35.3.4.3 脱模剂的使用

如果所选材料的添加剂中没有足够的脱模剂，产品可能粘模。如果塑料批次更换后正好发生粘模，则表示本批次塑料可能有潜在问题。

有时塑料供应商会在塑料中加入强化脱模剂。一旦出现严重粘模，应与客户对当下的塑料是否合适进行评估，必要时找出备用方案。

有时材料中会加入辅助添加剂，诸如硬脂酸锌。如果模塑的产品使用了脱模添加剂，应验证其添加比率是否正确。

手动喷洒脱模剂并不能从根本上解决粘模问题。开机前在模具上喷点脱模剂的情况并不少见，但如果模具需要定期喷洒才能避免粘模，则应查明原因。否则，一旦忘记喷洒脱模剂，生产不久产品还会粘住，并造成停机和模具损坏。开机前使用脱模剂，应确认其类型，特别是产品有涂装要求或需满足食品安全等级要求时更应谨慎对待。

第36章 产品粘动模

36.1 缺陷描述

产品既会粘在模具的动模侧，也会粘在定模侧。根据粘模的位置不同，应对的方案也不相同。

图36.1显示塑料粘在模具型芯的细微结构上。

图36.1 塑料粘模具型芯

36.2 缺陷分析

产品粘动模缺陷分析如表36.1所示。

表36.1 产品粘动模缺陷分析

成型工艺	模具	注塑机	材料
保压压力不当	表面光洁度	注塑机性能不良	原料类型不对
熔体温度不当	注射量不足	顶针板问题	含水率不当
模具温度不当	脱模斜度不足	机械手操作问题	缺少脱模剂
顶出速度过快	模垢		
冷却时间不当	滑块或斜顶		
	损伤、腐蚀、毛刺		
	冷却不足		

■ 36.3 缺陷排除

产品粘动模型芯的原因多种多样，而工艺参数设置不当就是其中的原因之一。如果仅靠调整工艺来解决粘模问题，会导致工艺窗口变窄。为了取得最佳结果，应深入分析并彻底改善模具现有的问题。

36.3.1 成型工艺

与产品粘模有关的成型工艺因素有:

- 保压压力不当
- 模具温度不当
- 周期时间不当
- 顶出太快
- 熔体温度不当

36.3.1.1 保压压力

保压压力设置不当，产品会粘动模。

当保压压力设定得太低时，塑料可能会大幅收缩，并牢牢地“吸附”在动模芯上，导致产品无法脱模。可尝试提高保压压力，让产品补缩更充分，以降低其收缩程度。然后评估增加压力后粘模情况是否有所改善。如果大幅收缩的确是造成粘模的主因，那么“仅填充”的产品大概率也会粘在动模侧。

如果保压压力太高，并且模具动模侧有多处凹陷特征，那么这些凹陷特征处可能出现补缩过度。过度补缩造成的塑料收缩也会导致产品粘模。如果这些凹陷特征有粘模迹象（有变形出现），则尝试降低保压压力，然后评估粘模是否得到改善。

排除缺陷时，首先应检查保压压力是否按照既定的工艺规范设置。还要确保注塑机上实际压力达到了设定值。型腔压力传感器有助于反馈型腔中的实际压力状况。

36.3.1.2 模具温度

模具温度设置过高或过低，都可能成为产品粘定模的原因。

模具温度过低，产品可能补缩不足，这将引起剧烈的收缩，造成粘模。而高模温下的半结晶塑料会形成较大的晶粒，导致收缩加剧。所以这种由于模温不当引起的粘模，解决起来会相当棘手。

如果模具温度过高，产品可能出现过度补缩，卡在产品的筋条或凸台上。而温度较高的型腔中压力降下降，会造成型腔末端压力较高，引起粘模。

需验证模温机的设定温度、实际型腔温度和产品顶出温度是否符合工艺要求。如果模温机设置不当，需要进行适当调整。如果模温机设置正确，但模具温度或产品的顶出温度不正确，则需要更深入地检查冷却参数（参见第十四章模具冷却）。

36.3.1.3 冷却时间不当

在某些情况下，冷却时间过长，产品在动模型芯的细微结构上收缩较大，也会引起粘模。而冷却时间超出合格产品所需的情形时有发生。一般情况下，一旦产品温度低于塑料玻璃化转变温度（许多注塑厂使用热变形温度或HDT），顶出时就不会发生翘曲。许多注塑厂无缘无故地将冷却时间设置得过长。应依靠数据进行决策。如果将成型周期缩短，产品质量仍然保持稳定，那么就可以用此工艺进行生产。

而当冷却时间太短塑料还没硬化时，就无法从模具中顶出。要保证产品冷却时间充分，防止粘模。极端情况下，顶针会“刺穿”尚未硬化的产品，卡在顶针上。

应对照既定工艺对目前的工艺进行评估，如果冷却时间设置不正确，应予以调整。在工艺开发过程中，应尽量尝试提高模具运行速度，消除产品过度收缩的风险。

36.3.1.4 顶出过快

顶出速度过快可能导致产品留在模具的动模侧。顶出速度过快，产品会产生翘曲，因而粘模。产品也会粘在斜顶上，无法平稳地脱离动模。有时模具和产品之间会形成真空，较慢的顶出速度反而能打破真空，使产品更容易脱模。

尽管降低顶出速度可能改善动模侧的脱模，但我们还是可以采用STOP方法，确定是否有其他因素导致粘模。不应用延长注塑周期时间的做法绕开模具缺陷！比如可用增加倒扣的方式降低产品随斜顶移动的可能性，这样即使不降低顶出速度，也可以彻底解决粘模。

36.3.1.5 熔体温度

熔体温度不合适也会引起动模侧粘模。熔体温度过低可能导致型腔压力不足，接下来就会产生顶针处严重收缩。而提高熔体温度既可能增加收缩，也可能减少收缩，因模而异。在某些情况下高温熔体会降低压力，减小收缩；而有时高温的效果却恰恰相反，因为冷却速度的降低提高了结晶度。

如果从以上因素中都找不到影响粘模的原因，可以尝试调整熔体温度。改变熔体温度时，请务必留意浇口冻结状态和最终产品尺寸的变化。

36.3.2 模具

由于模具引起产品粘动模的因素包括：

- 表面光洁度
- 顶出面积不足
- 脱模斜度不足
- 型腔表面模垢
- 滑块或斜顶行程不足
- 型腔存在损伤、腐蚀或毛刺
- 冷却不足

36.3.2.1 表面光洁度

模具动模型芯表面光洁度是否满足要求，往往容易被忽略，而这却是产生粘模的一个主要原因。多数情况下，动模上的电火花加工纹或机加工刀纹会阻碍产品顶出。一般用320目的砂纸进行顺向抛光就能有效地脱模。在有些情况下，过度抛光也会导致粘模，但一般来说抛光到位是顺利脱模的关键。要用手电筒对产品细节进行检查，确定电火花加工或机械加工刀纹已经去除。

36.3.2.2 顶出面积不足

如果模具没有设计足够的顶出面积，产品会粘在动模侧。模具的顶出设计应与冷却设计和支撑柱设计取得平衡。

在可能的情况下，应尽量选用尺寸较大的顶针，以避免由于顶针过细发生的变形。使用直顶可以增加顶出受力面积，并使顶出力均匀分布。足够的顶出面积将有助于消除粘模和顶针印，甚至能缩短成型周期。

36.3.2.3 脱模斜度不足

不同的塑料有着不同的脱模斜度要求。有了脱模斜度，产品离开模具时与型腔间才能产生间隙，并顺利脱离。产品设计和模具设计时都应充分考虑脱模斜度因素，查询选用塑料的标准要求，并设计合理的脱模斜度。

36.3.2.4 型腔表面模垢

在注塑过程中，塑料熔化时产生的气体会引起型腔表面模垢，从而导致粘模。模具表面应始终保持清洁，如果持续存在模垢问题，应尽量改进模具排气（见第七章和第十九章）。

36.3.2.5 滑块或斜顶行程不足

如果滑块或斜顶行程不够，倒扣特征可能使产品无法从模具中脱出。模具设计时，应检查所有的斜顶和滑块，确保行程足够。在模具上机时，也应确认顶出时斜顶有足够的顶出行程。

产品要从模具零件上脱开，两者之间需要有间隙。有时产品会随模具零件一起移动，比如产品粘在斜顶上而不是留在动模侧。这时，需要在动模芯上加一些筋条或其他形式的倒扣，防止产品与模具零件一起移动。如有可能，多根斜顶的运动方向应该相反，这样可以抵消产品顶出时随某根斜顶单向移动的可能。

36.3.2.6 型腔存在损伤、腐蚀或毛刺

型腔如有损伤会导致粘模。损坏后的型腔里出现毛刺，会卡住产品。故应去除所有毛刺。模具排气不畅的位置会产生腐蚀，随着时间推移，困气便会侵蚀型腔，导致表面光洁度下降，影响脱模。

当发生产品定模粘模时，可在动模型芯上加设倒扣（也称反拔槽），以防产品粘定模。但倒扣的数量和离顶针的距离，需仔细权衡。如果倒扣设置过多，产品反过来会粘动模，顶出时将产品拉伤，产生塑料碎屑，造成产品其他缺陷或模具损坏。

其他损坏包括液压抽芯或者液压顶出机构。请确保顶出产品的油缸无泄漏并且连接正确。

36.3.2.7 模具冷却不足

模具冷却不足会影响产品顶出。产品冷却不充分时，难以从模具中被顶

出。通常冷却不足时，为使产品顶出时不被损坏或出现粘模，只能通过延长冷却时间加以解决。

模具设计阶段对模具的冷却布局要通盘考虑，应仔细评估冷却水路的布局和影响范围，兼顾模具的顶出要求。同样，如果对应的模具热交换过高，超出模温机的冷却能力，那么模具内便无法实现紊流，冷却效果就大打折扣（这进一步突出了4M工艺的重要性，其中关键因素之间都有交互影响）。

36.3.3 注塑机

造成粘模的注塑机因素包括：

- 注塑机性能
- 动模板
- 机械手取件机构

36.3.3.1 注塑机性能

请参阅第八章注塑机性能。

36.3.3.2 动模板

如果注塑机动模板的移动不顺畅，模具的动模板便可能会倾斜，顶出力将无法均匀地分布在产品上，产品会卡在顶针上。

应确认注塑机所有顶棍长度一致，否则会引起模具动模板倾斜。也应检查注塑机上的顶出板衬套是否磨损。如果动模板出现摇晃现象，就一定存在异常。

应确认顶棍的长度合适。如长度不够，斜顶则可能无法达到设定行程，模具上的倒扣就会卡住产品。上模时，应调节顶棍长度，保证模具有最大顶出行程。

还应检查顶棍的数量是否足够。55吨的注塑机用一根中心顶棍基本可满足需求。但如果在300吨的注塑机上使用单根顶棍就稍显不足，它会引起动模板倾斜。

36.3.3.3 机械手取件机构

用机械手从模具中取产品方式不当，也会产生粘模。与机械手相关的粘模原因有：

（1）机械手将产品回推到斜顶上并卡住。

（2）机械手无法将产品从模具中垂直取出，导致产品部分特征卡在模具上。

仔细观察机械手在抓取产品时的动作，对机械手的异常动作进行程序优化。在机械手臂端增加夹爪、夹爪手指模块或定位块，这些措施都能提高产品抓取时的稳定性。

36.3.4　材料

造成产品粘动模的原材料因素包括：

- 塑料类型
- 含水率
- 脱模剂
- 黏度

36.3.4.1　塑料类型

一些塑料更容易粘在模具中，包括：

- TPU
- 聚酯
- 聚碳酸酯

无论何种塑料，型腔壁拥有足够的脱模斜度很关键。需充分了解原材料供应商推荐的脱模斜度以及收缩条件。

对于TPU和聚酯，任何工艺不当造成的材料降解，都将增加粘模的可能性。有时这类塑料在正常生产过程中，顶针突然将产品穿透。这表明塑料中水分超标了！对于TPU和聚酯，注塑前应使用干燥原料进行一次彻底的清料操作。

案例分析：TPU粘模

TPU是热塑性聚氨酯，降解时会变得非常黏稠。TPU还对水分、温度和停滞时间的变化极为敏感。

本案例中的产品会出现间断性粘模。粘模发生时，塑料会在模具表面留下残留物。为了有效消除这些残留物，模具需要反复进行喷砂处理。

评估开机程序，发现两个问题：

（1）开启机时，塑料粒子干燥不足　这样产品就总会出现粘模。应对所有技术人员进行培训，在启动模具前验证含水率。

（2）开机前未对料筒彻底进行清料处理　因为该塑料对温度和停滞时间变化非常敏感，所以操作员应了解，该模具的停机应控制在较短的时间内。

培训以及设置清晰的开机程序以避免粘模发生。

36.3.4.2　含水率

第 36.3.4.1 节中提到的大多数塑料对含水率敏感。应确保在成型前将塑料充分干燥（更多细节请参见第九章材料干燥）。

36.3.4.3　脱模剂

为了加工方便，大多数塑料中都添加了脱模剂和润滑剂，使用前要确认它们加入的比例是否正确。如果更换批次后开始出现粘模，就说明原料中脱模剂含量与前批次有所区别。

在工艺启动期间使用喷雾脱模剂在所难免。但对批量生产而言，这个做法并不值得提倡。离开了脱模剂，模具就无法正常生产，那么说明模具本身就有问题，应对问题加以识别和解决。通过增加操作员和脱模剂来保证正常脱模，就像给成型工艺贴了昂贵的“创可贴”。

36.3.4.4　黏度

塑料黏度的变化会影响塑料在型腔中的保压和冷却方式。低黏度（更容易流动的）塑料在型腔中能更好地传递压力，也会影响产品的收缩和冷却。射入模具的材料黏度本身会发生变化，而工艺的变化也会进一步改变材料黏度。应反复确认的指标有:

- 熔体温度
- 料筒温度
- 背压
- 螺杆熔料转速
- 料筒尺寸
- 增强比
- 填充率

上述每个工艺参数都会引起黏度变化，从而改变产品的粘模程度。

第37章 顶针印

37.1 缺陷描述

顶针印是出现在产品表面顶针位置的一种缺陷，该位置会呈现发亮或发白现象，如图37.1所示。

别称：顶出痕。

误判：通透痕，光泽度变化。

图37.1 顶针印

37.2 缺陷分析

顶针印缺陷分析如表37.1所示。

表 37.1 顶针印的缺陷分析

成型工艺	模具	注塑机	材料
保压压力不当	粘模	注塑机性能	脱模剂
模具温度不当	顶出面积不足	顶出板	含水率
熔体温度太高	脱模斜度小	保压切换	填充剂
顶出速度太快	型腔间不平衡		
冷却时间不当			

37.3 缺陷排除

顶针印是顶出力作用在产品壁造成产品变形的一种缺陷。很多因素都会影响产品壁变形趋势，从而产生顶针印。

37.3.1 成型工艺

由于工艺问题造成顶针印的因素有：

- 保压压力不当
- 模具温度不当
- 熔体温度太高
- 顶出速度太快
- 冷却时间不当

37.3.1.1 保压压力不当

保压压力对产品收缩程度以及是否会发生粘模有很大影响。无论动模的细致特征如何，过保压或保压不足都有可能产生顶针印。

过保压会降低注塑件的收缩量，筋条和其他结构特征便会卡在型芯里。一旦顶针强行将粘模产品从型芯中顶出，就会产生顶针印等外观缺陷。

保压不足会引起较大收缩，注塑件粘在模具型芯的细致特征上，这种过度收缩也会导致顶针印。

在改善顶针印时，可尝试加大或减小保压压力。压力变化后，确认顶针印是否有所减轻。

37.3.1.2 模具温度不当

与保压压力一样，模具温度不当也会造成顶针印。通常，模具温度高，产品表面就难以硬化，容易产生顶针印。可用温度测头或热成像仪测量产品表面温度，确定是否存在热点，热点处顶出时易产生顶针印。

模具温度太低时，产品脱模前就有大幅收缩。这时即使产品壁已经充分固化，型芯侧较大的收缩会使产品包紧型芯，顶出时仍然会产生顶针印。

37.3.1.3 熔体温度太高

在较高熔体温度下注塑时，产品硬化慢，很容易出现顶针印。注塑成型中热量管理非常重要。如果产品太热，顶针处出现表面应力或变形的机会就会变大。

应验证熔体实际温度与既定工艺以及材料供应商推荐的温度范围是否吻合。如果熔体温度过高，需要调查高温的根本原因。在某些情况下，提高熔体温度是为了解决其他缺陷，比如薄壁区域填充难的问题。如有可能，先设法找到引起熔体高温的根本原因，然后再看是否可以减轻顶针印。

37.3.1.4 顶出速度太快

如果顶出速度太快，也可能产生顶针印。有的产品使用注塑机的极限速度顶出，就会出现问题。放慢顶出速度，观察顶针印是否改善。用慢速让产品从模具中轻松顶出。虽然放慢速度成型周期会略微增加，但如果问题得到解决，还是值得一试的。

37.3.1.5 冷却时间不当

产品在模具中冷却时间长短对顶针印有以下两种影响：

（1）冷却时间过长，收缩剧烈，产品会粘在模具动模侧，从而在顶出过程中产生顶针印。

（2）如果冷却时间太短，顶出时产品无法抵抗顶出力引起的变形，也会产生顶针印。

检查产品顶出前的温度，如果温度高于材料热变形温度（HDT），则应加强冷却，从产品中带走更多热量。如果产品顶出时温度较低，可以尝试缩短冷却时间，并检查顶针印是否得到改善。当改变冷却状况或整个成型周期时，需确保产品尺寸和其他关键参数均无异常。

37.3.2 模具

模具上引起顶针印的因素有：

- 粘模
- 顶出面积不足

- 脱模斜度太小
- 型腔平衡不良

37.3.2.1 粘模

如果产品粘在模具动模上，就会产生顶针印。

为避免粘模，应检查如下内容：

（1）动模侧倒扣　分型面边缘翻卷或者型腔损坏可能造成倒扣。另外流道拉料杆上的拉料槽可能加工过深，引起粘模。如果存在以上情况导致粘模，先予以解决。

（2）模具动模侧蚀纹　如果模具动模侧有蚀纹，应设置适当的脱模斜度，以便脱模。

（3）模具动模侧机加工刀痕　型芯上如有加工刀痕需抛光予以去除，以方便脱模。一般顺向抛光后脱模较为顺利，并可避免出现顶针印。

案例分析：PP料产品的顶针印

本案例中，某聚丙烯（PP）材料制成的产品上有顶针印，尝试了各种工艺方法改善均不见效。有位模具工程师检查产品后提出顺向抛光型芯可能有所帮助。用顺向抛光法抛光型芯后，果然解决了问题。这是“不让工艺迁就模具缺陷”的典型案例。

37.3.2.2 顶出面积不足

每个注塑件都需要一定力的作用，才能从模具中顶出。这个力会通过顶针和斜顶传递到产品上。如果顶出面积偏小，顶针上单位面积的顶出力就会很大，容易产生顶针印。

足够的顶出面积对于模具顶出功能举足轻重。一般来说，将产品细微结构从模具型芯中推出来要比拉出来更理想。尽量在产品的细微结构下方使用顶针、斜顶或司筒，以方便产品顶出。使用直径较大的顶针，可防止顶针变形，因为顶出力分散到了较大区域。如果筋条下面不能布置顶针，则要确保其周围布置有足够多的顶针。在潜伏式浇口或牛角浇口的产品上，顶针应布置在浇口附近，浇口顶出可更加顺利。

由于直顶可提供更大的顶出面积，故设计时尽可能加以应用。

37.3.2.3 脱模斜度太小

虽说脱模斜度是产品设计应该关注的要点，但在模具设计中也应予以重视。要从没有脱模斜度的型腔里脱模，产品将沿型腔壁拖拽，增加脱模力不说，还将导致产品粘模或产生顶针印，甚至顶针将产品顶穿。

有时客户图纸上给出的脱模斜度很小，后续生产中多数都会出现问题。这时应坚持采纳原材料供应商推荐的脱模斜度。当然通过抛光来适当弥补一些脱模斜度的不足，让产品脱模更为顺利，这种做法也是可取的。

37.3.2.4 型腔平衡

如果一套多型腔模具所有型腔之间彼此不平衡，会使每一个型腔的成型工艺产生差异。填充不均匀会引起某些型腔保压过度而另一些型腔保压不足，这样部分产品上可能出现顶针印。

如果试图通过工艺来调节填充平衡，工艺窗口会变得非常狭窄。此时应调整模具，使每个型腔的工艺效果一致。

第十二章有更多关于型腔平衡的内容。

37.3.3 注塑机

以下注塑机因素影响顶针印：

- 注塑机性能
- 顶出板
- 保压切换

37.3.3.1 注塑机性能

注塑机应具备不断重复既定工艺的能力。既定的注塑机工艺参数中有任何一个参数（比如压力和顶出参数）发生变化，就有可能产生顶针印。

有关注塑机性能的详细信息，请参阅第八章。

37.3.3.2 顶出板

顶针受力不均匀也会引起顶针印，受力不均可能由顶棍长度不同造成。注塑机顶棍长度不一致，推动模具顶针板的力就不均匀，从而产生顶针印。务必确保顶棍长度相同，并且每一根都要锁紧。

顶出不均匀的另一个潜在原因可能是注塑机顶板或顶出油缸本身已经损坏。观察顶板是否发生翘曲，如果存在翘曲，模具顶针板受力必然不均匀。注塑机顶出系统过度磨损会引起模具和产品多种顶出问题。有时是顶出导套磨损了，有时是顶棍没有锁紧，造成顶板上的孔产生变形。

37.3.3.3 保压切换

注塑机从注射阶段切换到保压阶段是否顺畅，是另一个容易被忽略但会造成顶针印的因素。有时，注塑机切换的响应时间不够，压力却已达到要求，型腔压力就会快速上升。图37.2显示了一个工艺监控系统的截屏，其中注塑机注射压力峰值远远高于设定值，型腔压力曲线显示了这种切换会导致产品过保压，进而产生顶针印。

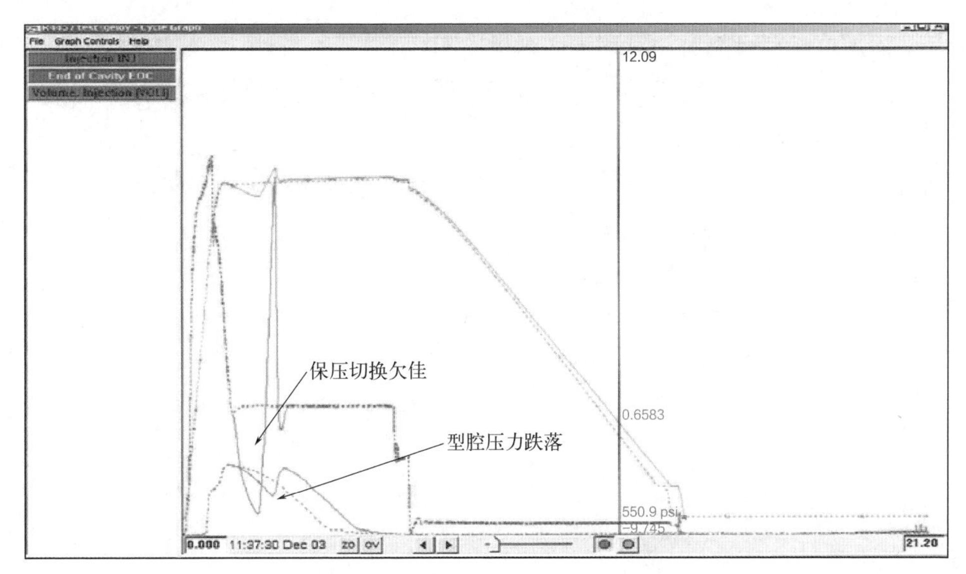

图37.2 工艺监控截屏显示保压切换时型腔压力快速上升

37.3.4 材料

导致顶针印的原材料相关因素有:

- 脱模剂
- 含水率
- 填充剂

37.3.4.1 脱模剂

大多数成型材料中都含有某种形式的润滑剂和脱模剂，用以提高成型加工性。材料如果含有脱模剂，其应用效果更好。工艺开发过程中，加入脱模剂是否能提高材料在某应用场景下的可加工性需要进行评估。

将含脱模剂（例如硬脂酸锌）的母料添加到原材料中时，需要确保添加量合适、配比正确且搅拌充分。不应想当然地认为配比肯定正确，尤其在莫名其妙地出现粘模和顶针印等缺陷时。

37.3.4.2 含水率

注塑成型含水分较多的吸湿材料时，往往更容易出现粘模。此时顶出产品所需顶出力较大，可能出现顶针印。

有关更多详细信息，请参见第九章。

37.3.4.3 填充剂

添加填充剂可能对顶针印产生积极影响：

（1）成核作用　半结晶材料的成核作用使产品壁固化更好，从而降低了产生顶针印的风险。

（2）产品刚度　添加填料使产品壁更坚硬，更能抵抗顶针印缺陷。

第38章 通透痕

38.1 缺陷描述

通透痕是注塑件外观的一种光泽度差异缺陷，它表现为产品背面的某些结构特征从外观上显印出来，如图38.1所示。

别称：亮印、顶针印、斜顶印、厚薄过渡印。

误判：顶针印、缩水印。

图38.1 顶针通透痕

38.2 缺陷分析

通透痕缺陷分析如表38.1所示。

表 38.1 通透痕缺陷分析

成型工艺	模具	注塑机	材料
保压压力不当	产品变形	注塑机性能不良	
型腔温度不均	斜顶定位		
	冷却方案		
	壁厚变化		

38.3 缺陷排除

由于通透痕往往是由模具和工艺因素共同引起的缺陷，因此解决起来颇具挑战性。出现通透痕的根本原因通常是模具零件产生了收缩或变形。先检查产品背面是否有顶针、斜顶以及壁厚发生变化的位置。在处理通透痕问题时，善用STOP缺陷排除法中的观察方法尤其重要。

38.3.1 成型工艺

工艺对通透痕的影响包括以下两个方面：

- 保压压力太高
- 模具温度不当

38.3.1.1 保压压力太高

保压压力太高会导致两个问题：

（1）高压会引起模具零件变形，如顶针、斜顶和顶板的变形。请参考第38.3.2.1节有关模具零件变形。可减小保压压力，确认压力改变后通透痕有何变化。

（2）保压压力太高可使型腔压力出现差异，不均匀的型腔压力又会引起产品收缩差异，于是产品上会出现通透痕。

38.3.1.2 型腔温度不均

型腔温度不均匀会使注塑件光泽度出现差异。如果某些模具零件没有充分冷却将导致收缩差异。因此，冷却和收缩不同会使产品产生光泽度变化。

应确保型腔表面温度均匀。可用测温计测量型腔表面的实际温度，模温机的设定并不总能反映真实的模具温度。参考既定的工艺资料，核实模具表面温度和产品顶出温度。

38.3.2 模具

通透痕产生的根本原因通常与模具相关，例如：

- 模具零件变形
- 斜顶定位
- 冷却
- 壁厚变化

38.3.2.1 模具零件变形

模具零件变形是造成通透痕最常见的原因之一。模具零件在注塑压力的作用下发生变形。当压力撤掉后，模具零件回弹，于是在产品表面留下通透痕。

通常容易发生变形的模具零件有顶针、斜顶、型芯和顶针板。通透痕就能反映出这些零件的外形。

在缺乏有效支撑的情况下，顶针、斜顶和条状型芯等零件长度越长，在型腔压力作用下发生弯曲的可能性就越大，回弹后在塑料背面留下的通透痕也越明显。因此需确保这些模具零件有足够的支撑，尽量缩短无支撑部分的长度，以避免变形。

为减少顶针板变形，有必要在顶板底部配置止动销，支撑变形区域。如果仅使用四个标准止动销，模具零件还是可能发生弯曲变形，产生通透痕。故在模具设计时，应尽可能多布置止动销以防止变形。

38.3.2.2 斜顶定位

如果斜顶和斜顶槽底部贴合不好，斜顶就可能在注射压力作用下后退，留下通透痕。

将斜顶和斜顶座清洁干净后涂上蓝丹，检查斜顶和斜顶座的贴合是否良好。图38.2显示了斜顶座和斜顶槽侧部及底部有蓝丹转印的部位。图38.2是注射结束产品顶出后拍摄的。可以推断合模后，斜顶并未很好地和斜顶座贴合，所以造成产品注射后的斜顶通透痕。当消除了斜顶在注塑过程中的窜动间隙后，其定位质量得到了改善，通透痕便不再出现。

38.3.2.3 冷却

减少收缩不一致，确保整个模具冷却均匀很重要。滑块及大斜顶等大型模

图38.2 斜顶座和斜顶槽侧部及底部有蓝丹转印的部位

具零件的冷却方法需不断进行优化。如使用铜合金这类热传导效果较好的升级材料可以改善冷却效果，但关键点在于冷却水路必须接通这类铜合金零件。否则，铜合金材料良好的热传导性将把塑料热量快速吸收过来，使其温度高于周围的模具温度。因此，使用铜合金等升级材料时，务必要接通冷却水，让塑料中的热量有转移出口。可在模具细微结构上安装细小的喷水管，其方法不胜枚举（见第十四章模具冷却）。

造成通透痕的根本原因究竟是斜顶温度过高还是注射压力下的斜顶移位，或是模具零件变形，大多数情况下很难确定。但是经验表明，比较典型的案例都是斜顶移位或模具零件变形造成的，而非温度过高。因此，在模具设计时，上述两个问题都要妥善予以解决。

测量模具表面温度和产品顶出温度有助于确定模具中的热点位置。如果模具长期存在冷却问题，应让有经验的模具工程师研究如何创造性地提高模具冷却效果。与在模具设计阶段就考虑好冷却方案相比，模具制造结束后才想到要加强冷却措施，其代价要高昂得多，而前者是消除生产隐患的唯一途径。

38.3.2.4 壁厚变化

塑料产品设计的基本原则之一是保持壁厚均匀。如果塑料件壁厚发生变化，该区域的补缩和冷却速度就会变化，这将导致产品收缩率差异。因此在产品设计期间，应尽一切努力来缩小壁厚的变化。较厚的区域应适当减薄，以保持壁厚均匀。如果产品某些区域无法减薄，应尝试壁厚逐步过渡的设计手法，这有利于减少因壁厚突然过渡而产生通透痕的可能。

如果某个产品上必须有壁厚变化，另一个有助于解决通透痕的方法是在产品可视表面上设计隐藏通透痕的结构，比如增加美工线。另一种方法是在模具表面增加蚀纹，这也可以将通透痕的影响减小到最低程度。

38.3.3 注塑机

在注塑生产过程中，应定期对注塑机性能进行校正（见第八章）。

38.3.4 材料

通透痕缺陷会出现在不同类型的材料上。材料对通透痕的主要影响来自其黏度变化。无论是由于来料批次不同，还是材料含水率变化，所带来的材料黏度变化都将造成型腔压力变化，从而导致通透痕缺陷的产生。

第39章 划伤

■ 39.1 缺陷描述

划伤缺陷包括产品从模具中取出前后出现的所有划痕、擦伤、损坏或表面污染等缺陷。图39.1是操作损伤的示意图。

别称：操作损伤、划痕、刮擦、破损。

误判：料花、污染、模具损伤。

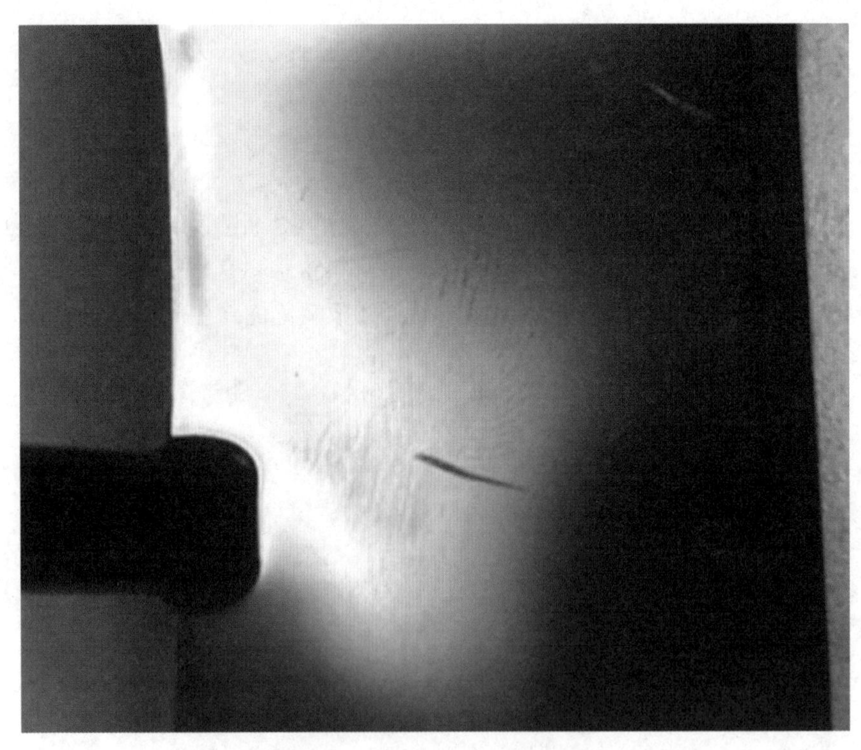

图39.1 操作造成的表面划痕

39.2 缺陷分析

划伤缺陷分析如表39.1所示。

表39.1 划伤缺陷分析

成型工艺	模具	注塑机	材料
机械手抓取	蚀纹	注塑机性能	材料类型
顶出问题	顶出不足		
产品包装	分型面损伤		

39.3 缺陷排除

改善划伤的关键是缺陷的准确界定。假设产品缺陷是一个划痕，却被当作是料花，那么排除方法可能南辕北辙，相去甚远。运用STOP法解决划伤问题很重要，特别是“观察”这个步骤。要仔细查看每个作业过程是否有发生损伤的可能。

39.3.1 成型工艺

为了便于讨论，以下模具打开过程中的作业都视为产品操作：

- 机械手作业
- 顶出
- 产品包装

39.3.1.1 机械手作业

使用机械手取件可以避免产品顶出掉落收纳箱过程中造成损伤，更好地保护产品。

但是，机械手本身也会造成划伤。最常见的是机械手末端关节（EOAT）调试不当，造成夹具框架碰到产品，留下划痕。

另一个造成产品划伤的影响因素是夹爪未调整好，甚至夹爪将产品直接切断。应在夹爪上包裹一些软性材料，防止其金属部件夹伤产品。

注意观察机械手的整个取件过程中，产品是否会触碰注塑区域内的其他物体。有时，机械手的产品抓取高度不够，移动过程中产品会与围栏发生碰擦，留下划痕。夹爪释放产品时，应确认高度合适，掉落时才不致碰伤，产品也不会因发生翻转导致表面碰伤。此外，从高处掉落到传送带上的产品，时有翼片或一些细微结构发生折弯或断裂（参见图39.2）的情况发生，应加以避免。

图39.2 掉落传送带上时撞弯的翼片

另外需要确认机械手末端关节上的真空吸盘是否完好无损，污损或破损的吸盘也会划伤产品。有个方法可以用来验证划伤是否是真空吸盘造成的。用记号笔在产品上围绕吸盘画圈做上记号。一旦产品上出现划痕，就可与有记号的产品比对，确定是否是机械手夹取时造成的。

如果机械手取件时产品温度仍很高，直流道为熔融状态，则应格外注意，切勿让流道碰到产品，以免造成产品烫伤。应仔细观察机械手将产品和流道放到传送带上的过程，如有可能，应分开放置流道和产品，这样可降低产品损伤的风险。

还要注意注塑机的顶出行程，如果行程调整不当，机械手会碰伤产品。顶出行程和机械手取件位置应互相配合，其中一个调整后另一个也要作相应调整。

39.3.1.2 顶出问题

一般注塑生产中，产品顶出后会直接掉落到滑槽或者传送带上，而不是由机械手抓取。这时，产品会互相磕碰而造成划伤。对于非外观件产品，可以保留这种取件方式，适当缩短开、关模时间，也能缩短成型周期。只要产品适合，生产时不用机械手取件更为有利。

但不用机械手取件，产品顶出时可能会碰到模具其他部位而造成损伤。比如，产品碰到导柱并粘上了润滑油，或因顶出速度太快，产品弹到动模型腔上导致碰伤。

如果直流道温度尚未降低，它和产品一起掉落到滑槽或传送带上时，可能会将产品烫伤。这时可以使用流道夹爪抓取流道，与产品分开处理。改善直流道的冷却或者减小直流道直径也是可行的。此外，把模具浇口套改成热嘴，同样可以解决这个问题。

在确定产品取出方案时要格外谨慎，无论产品掉落滑槽、传送带，还是由机械手抓取，都必须评估发生划伤的风险。如前所述，对于外观要求较高的产品，必须使用机械手来防止划伤。

要注意顶出机构（尤其是斜顶）回位时产品可能被拉回模具型芯，这将会导致斜顶变形。如果产品顶出时不能一次顺利脱模，模具就需要改进。

39.3.1.3 产品包装

为保持叙述的一致性，我们把包装涵盖在成型工艺环节中。将注塑好的产品交由机台操作工处理，也可能造成产品损坏：

- 操作工的首饰或皮带扣刮伤产品
- 双手不干净而污染产品
- 产品触碰工作台
- 包装方法不当
- 产品掉落
- 产品堆叠
- 包装方式设计不合理，没有起到保护作用
- 应分格包装或分层包装的产品进行了散装
- 修边不当

上述情况都有可能造成产品划伤，通过离机后的全检可挑出包装造成的不良品。

案例分析：产品划伤

本案例说明了要想彻底排除缺陷，首先要准确识别缺陷。某PP产品因“料花”导致报废率居高不下。用STOP方法的“思考”步骤推理，不含填料的PP材料通常不应有料花产生。在接下来的“观察”环节里，发现所谓的“料花”，实际上是操作工不慎将产品碰到工作台尖角上形成的划痕。把工作台的尖角处理后，“料花”就不见了。

如果产品上容易出现划伤，操作工应逐件处理产品，避免因操作造成的划伤。很多个产品堆积在工位上相互碰撞，很容易导致划伤。

39.3.2 模具

模具上的某些因素容易造成操作损伤，例如：

- 蚀纹
- 顶出面积不足
- 分型面损伤

39.3.2.1 蚀纹

当模具上有蚀纹时，对于一定的脱模角度，蚀纹不宜过深，否则容易导致脱模时产生拉伤。脱模斜度不合适，蚀纹尖点在脱模时会擦划产品，产生划痕。

蚀纹深度每增加0.001in，其脱模斜度需相应增加1°。

另一个要注意的细节是分型面翻边造成的倒扣。当产品从模具中顶出时，型腔分型面上的这类倒扣也会拉伤产品。可以用油石快速清理分型面上的倒扣。可用指甲轻轻扫过分型面上疑似有翻边的地方，如指甲有被拉住的感觉就说明存在倒扣。

39.3.2.2 顶出面积不足

模具顶出机构应拥有足够的顶出面积，才能使产品顺利脱模。如果顶出面积不够，产品可能会粘模，并导致很多缺陷，比如顶针印。

产品应该从模具中被推出而不是拉出，顶针设计时应注意这点。换句话讲，顶针、司筒和斜顶应尽量顶在产品陷入型芯最深的部位。如果顶出机构只能将产品从模具中拉出，筋条或凸台粘模的可能性就很大。

其他可能造成拉伤的情形是产品粘在斜顶或滑块上，在顶出过程中随之移动。为避免这个问题，应对斜顶和滑块进行充分的顺向抛光。另一个技巧是在斜顶附近的顶针顶端增加“甜甜圈”，它们是一些圆形槽，让产品停留在顶针上，避免随斜顶一起移动。

顶针板导柱对预防潜在的顶出损坏很重要。如果顶针板无法平衡地向前顶出产品，就会造成产品粘模或刮擦。

39.3.2.3 分型面受损

如果模具分型面边缘出现翻边或有毛刺，产品会出现拉伤或擦伤。如果划痕位置固定，缺陷通常是由模具问题导致，应修复受损的分型面。

39.3.3　注塑机

如果操作划伤是由注塑机造成的，最有可能是注塑机性能问题（请参阅第八章）。

39.3.4　材料

凡涉及原材料和操作划伤问题时，应意识到某些原料更容易被划伤和损坏，比如软质原料的产品表面更容易损坏。对于软质材料，即使是浇口与产品的分离动作，也可能造成产品变形和损坏。

第40章 短射

40.1 缺陷描述

短射是型腔未被塑料熔体完全填满而产生的缺陷，如图40.1所示。

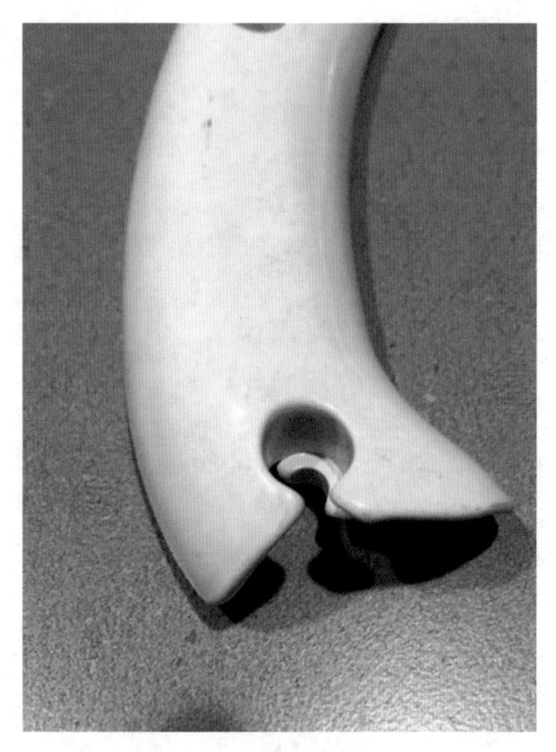

图40.1 短射

40.2 缺陷分析

短射缺陷分析如表40.1所示。

表40.1 短射缺陷分析

成型工艺	模具	注塑机	材料
注射重量不足	排气不良	止逆环损坏	黏度变化
压力受限	型腔不平衡	喷嘴不匹配	含水率过低
注射速度过低	浇口或热嘴堵塞	料筒磨损	进料不稳定
保压压力过低	塑料熔体滞留	注塑机性能不良	未完全塑化
保压切换不当	热流道温度过低	喷嘴漏料	污染
无料垫	热流道分流板漏料		
无背压			
熔体温度过低			
模具温度过低			

40.3 缺陷排除

在解决短射问题时，应着眼于为什么熔料到达短射位置时会发生缺料或者压力不足的现象。运用STOP方法可以系统地解决潜在的问题。

40.3.1 成型工艺

与成型工艺相关的潜在原因有：

- 注射重量不足
- 压力受限
- 注射速度过低
- 保压压力过低
- 保压切换不当
- 无料垫
- 无背压
- 熔体温度过低
- 模具温度过低

40.3.1.1 注射重量不足

当使用RJG分段注塑成型技术时，注射阶段应填充到95%～98%，如果型腔在注射阶段填充不充分，便会发生短射。

验证注射阶段“仅填充”的产品重量与工艺文件中要求的是否一致，如果重量太轻，应调查是否存在下列现象：

- 注射量太小
- 切换位置太大
- 喷嘴漏料
- 止逆环漏料
- 热流道分流板泄漏
- 注射阶段注射时间设定不够

在调整注射量或保压切换位置之前，应确保塑料不会发生泄漏。很多案例中会用增加注射量来解决短射，结果从热流道分流板中泄漏的塑料反而越来越多（见图40.7）。

注射阶段的“仅填充”重量对于确保模具填充的可重复性至关重要。如果填充重量偏轻，可能是填充过程中的体积流量发生了变化。

40.3.1.2 压力受限

成型工艺中的所谓压力受限是指在注射阶段没有足够的注射压力来达到和维持设定的注射速度。影响压力受限的因素有：

（1）注塑机性能。注塑机无法提供足够的压力。

（2）注射峰值压力设定太低。应确保它比实际注射峰值压力高大约20%，以适应黏度的变化。

（3）进料系统堵塞。金属块或其他污染物可能卡在喷嘴或热流道分流板中，导致压力突升。

（4）喷嘴或热流道温度过低。

（5）塑料流经喷嘴、流道、浇口或产品时压力损失较大。

在注射阶段，如果压力受到限制，注射速度就会变慢。图40.2在工艺监控系统上显示了一个注射压力受限的工艺曲线；注意看，由于注塑机受到压力限制，液压压力曲线在保压切换前变得平缓，并且速度曲线也开始下降。

在工艺开发过程中，应确保注射压力不受限制，设定的注射压力必须高于模具填充所需峰值压力（至少高出10%）。如果在工艺开发过程中使用了注塑机最大注射压力仍然受到压力限制，应努力找出压力损失较高的原因，并加以消除。

注射阶段实际压力损失较高也有可能是注塑机本身的原因。先检查注塑机的喷嘴，确保喷嘴类型和喷嘴头直径符合要求。再检查喷嘴是不是混炼型的，塑料通过这种喷嘴时压力降往往会有所上升。

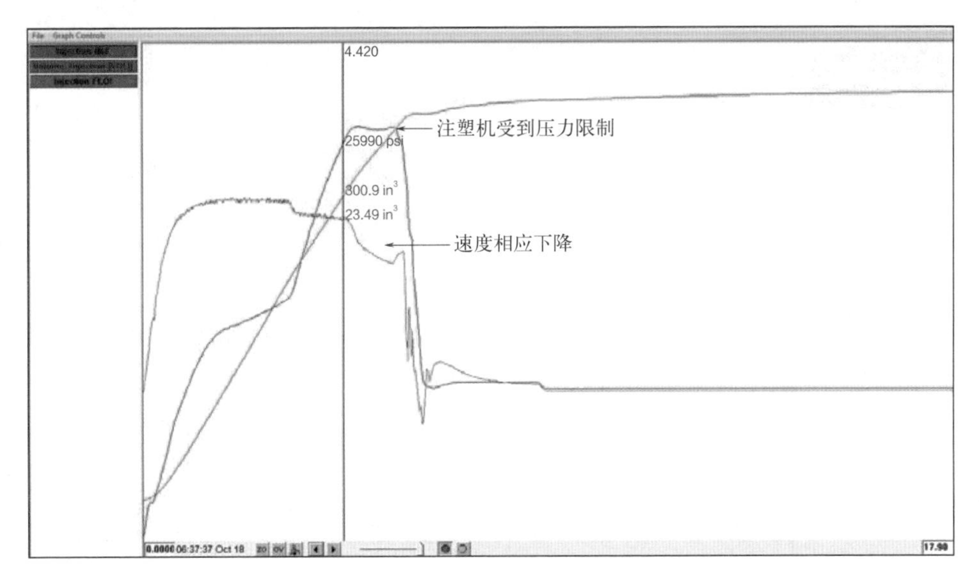

图40.2 压力受限的工艺曲线

以下模具因素也可能导致压力损失升高:

- 到产品壁的流动距离
- 浇口类型、尺寸和长度
- 流道长度、类型和尺寸

评估引起模具压力降过高的常用方法是进行压力损失测试——用短射法将塑料填充至型腔的不同位置，并记录每一模的压力峰值。但最新的研究表明，传统的压力损失测试法可能产生误导[1]。

40.3.1.3 填充速度偏慢

如果将填充阶段的填充速度设置太低，型腔将无法完全填满。对于大多数工艺而言，填充越快越好，因为这将有利于保持一致的黏度，由此填充型腔产生的压力损失也有限。

检查注塑机到达保压切换点所需的填充时间。如果填充时间太长，表示注射阶段的实际速度偏慢。如果实际填充时间比设定填充时间长，应提高填充速度设定值，使实际填充时间与设定填充时间一致。通常用实际填充时间和“仅填充”重量来度量模具的实际注射速度（cm^3/s），而注塑机电脑屏幕上的填充速度设定值没有任何意义。例如，有些注塑机使用百分比来表示设定的填充速度。只使用“仅填充”重量和填充时间来确定注射阶段的注射工艺。图40.3是工艺监控系统的曲线图，它显示在填充速度下降时相应型腔压力的下降，这种型腔压力降低会导致短射。

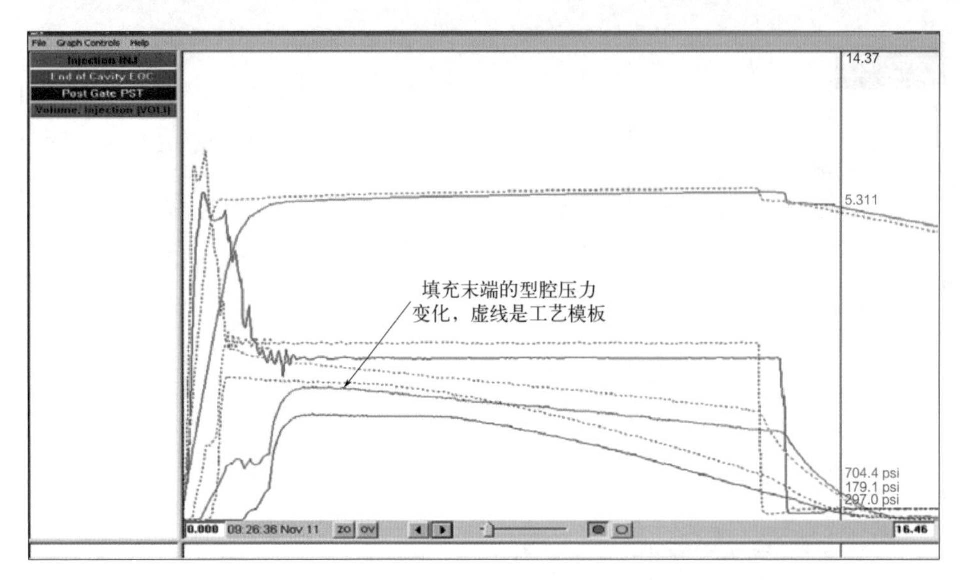

图40.3 工艺监控显示模板曲线（虚线）和降低填充速度后的实际工艺曲线

在某些案例中，较高的注射速度会引起浇口附近的筋条或其他细微结构出现短射。这时候，熔体前沿首先沿着阻力最小路径流动，随着型腔中压力增加，熔体再折返填充筋条等细微结构。在这种情况下，垂直于熔体流动方向的筋条风险更大。此时，降低注射速度有利于改善筋条短射现象。在降低注射速度之前，需先检查模具上筋条或细微结构位置的排气是否足够。

应避免用工艺来迁就模具缺陷。为减小飞边，虽然可以通过调整注射速度或保压切换位置实现，但是这样做可能导致短射。很多时候，绕过模具问题进行生产会带来其他缺陷。

40.3.1.4 保压压力过低

如果保压阶段压力过低，注射阶段完成切换后，填充无法结束。如果采用RJG分段注塑成型技术进行分析将更为清晰，在不加保压的情况下，将模具型腔填充至95%～98%。保压阶段将继续向熔体施加压力，此时模具型腔剩余2%～5%的部分就会被填满并压实。模具中某些细微结构，比如薄的筋条需要足够高的型腔压力才能填满，否则，就会出现短射。

比较实际保压压力与工艺设定的压力是否一致。如果配备了型腔压力传感器，可验证型腔压力与模板值是否匹配。在使用液压注塑机时，应考虑到设备的强化率。如果实际压力比较低，要找到原因。有时候仅仅是数据设定错误，但也可能是设备自身存在问题。

40.3.1.5 保压切换

从注射阶段速度控制切换到保压压力控制的过程也可能导致短射。根据注塑机到达设定保压压力的响应快慢，产品可能产生飞边或无法填满。图40.4的工艺控制数据显示保压切换压力响应效果欠佳。请注意，随着注塑机从填充切换到保压，三条型腔压力曲线是如何随注塑机压力下降而变化的。有关保压切换响应的详细信息，请参阅第八章注塑机性能。

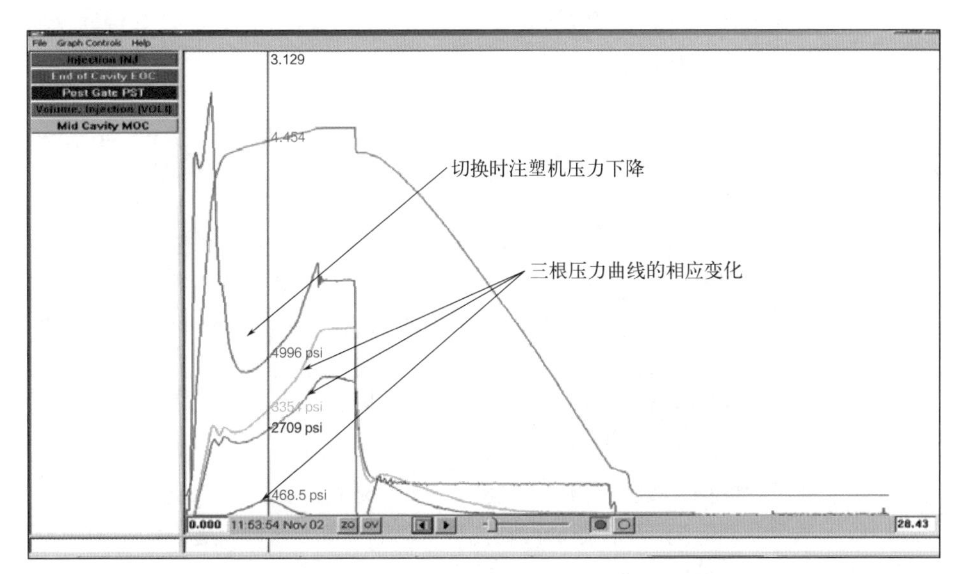

图40.4 工艺曲线显示速度对压力变化响应欠佳

40.3.1.6 无料垫

料垫是型腔充满后螺杆头部剩余的料量。如果没有料垫，注塑机就无法将压力传递给型腔里的塑料。

应检查螺杆前端是否存有料垫。如出现料垫为零的现象，说明注射量太小，或者有漏料发生。可能出现漏料的位置有:

- 止逆环
- 喷嘴头和浇口套的接触面
- 热流道分流板内部
- 模具分型面

如果注塑机没有料垫，并且上述位置也不存在漏料，那么应核验“仅填充”产品重量，然后调整注射量和切换位置。

监控料垫的一致性对于监控整个工艺过程的稳定性极富价值。一旦料垫值下降低于极限值时，可设置触发警报。

40.3.1.7 无背压

这个问题最容易发生在清洗注塑机料筒以后。在清洗料筒时，如果背压较大，螺杆通常很难到达设定的注射量，此时一般需要降低背压。但如果背压降到零或非常低，注射量将变得很不稳定，并且熔料密度低，容易导致短射。

如果为了清洗螺杆降低背压，清洗完毕应将其恢复到设定值，这点很容易忘记，故应反复确认。另一种做法是使用减压（即松退）而不是降低背压来将螺杆拉回到原来的注射位置。

案例分析：无背压

本案例中，工艺技术员为料垫不稳伤透脑筋。在故障排除过程中，技术员发现料垫已趋于零。为了解决料垫不足的问题，技术员在检查了“仅填充”的注射量后，加大注射量并调整了V/P切换位置，但依然无法解决料垫不稳的现象。于是技术员向工艺工程师求救。工艺工程师到达后，使用STOP方法和4M基础的8项检查方法，很快就确定了该工艺的问题根源是背压为零。将背压调整到设定的压力值后，工艺恢复正常。

造成上述问题的原因是：为了让螺杆达到熔料极限，技术员在清料时降低了背压。熔料完成后重新启动注塑机时却忘记将背压恢复到原设定值。

这个案例提醒我们，重新启动注塑机时应检查工艺参数是否与记录的一致，并且坚持用STOP方法分析潜在的原因。

40.3.1.8 熔体温度过低

熔体温度过低时，通常熔体黏度会有所上升，材料流动变得困难。高黏度材料很难充满产品的细微结构，并且导致压力损失增加，产生短射。

检查熔体温度与工艺文件是否相符，并且与材料特性相吻合。通常提高熔体温度有助于难填充的模具。但增加熔体温度会延长冷却时间，并导致材料降解。使用熔体测温头或热成像仪测量熔体温度，如果温度过低则予以升温。

40.3.1.9 模具温度过低

模具温度过低时塑料熔体填充型腔的能力会受到影响，产品壁的冻结层变厚，塑料熔体在型腔中的流动受到阻碍。由于模具表面温度较低，可能导致模具在注射初始阶段存在填充较为困难的区域。随着塑料熔体注入型腔，模具表面温度开始升高（见图40.5）。

持续运行后应测量和记录模具表面温度，就能得到模具运行时的表面温度数据。模具温度控制器上的设定值并非模具的实际温度。也可以利用热成像仪测量产品顶出后的温度。

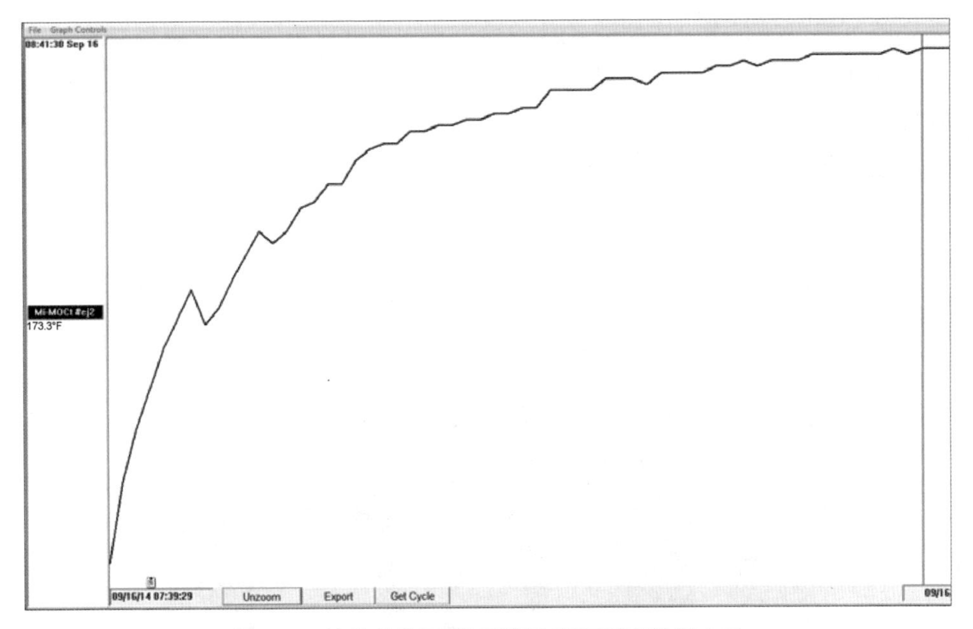

图40.5 连续注塑50模后模具表面温度持续上升

40.3.2 模具

由于模具问题引起短射的因素包括:

- 模具排气
- 型腔平衡
- 浇口或热嘴堵塞
- 塑料卡嵌
- 热流道温度不当
- 热流道分流板漏料

40.3.2.1 模具排气

排气是产生短射最主要的原因之一。如果模具排气不畅，型腔中的困气会造成短射或烧焦。

要解决短射缺陷，首先应保证型腔表面清洁，排气道通畅。型腔表面不清洁，排气就不畅。某些材料在成型过程中有气体析出，排气道就更容易堵塞，应格外留意。

有关排气的更多细节见第七章。

40.3.2.2 型腔平衡

如果模具各个型腔之间彼此填充不平衡，那么有的型腔出现短射时，有的型腔可能已经充满。多型腔模具的填充不平衡度应小于3%，所有型腔才能处于同样的工艺条件下。如果型腔间存在不平衡，填充过程就会有停止/启动效应，在压力相等的条件下，塑料熔体会沿着阻力最小路径流动。结果有的型腔先填充，有的型腔滞后填充，这样就会导致不同型腔之间填充和补缩出现延迟。

图40.6显示了一套8腔模具由于剪切速率造成的不平衡现象。可以观察到内侧型腔比外侧型腔填充得更快。更多细节见第12章型腔间平衡的内容。

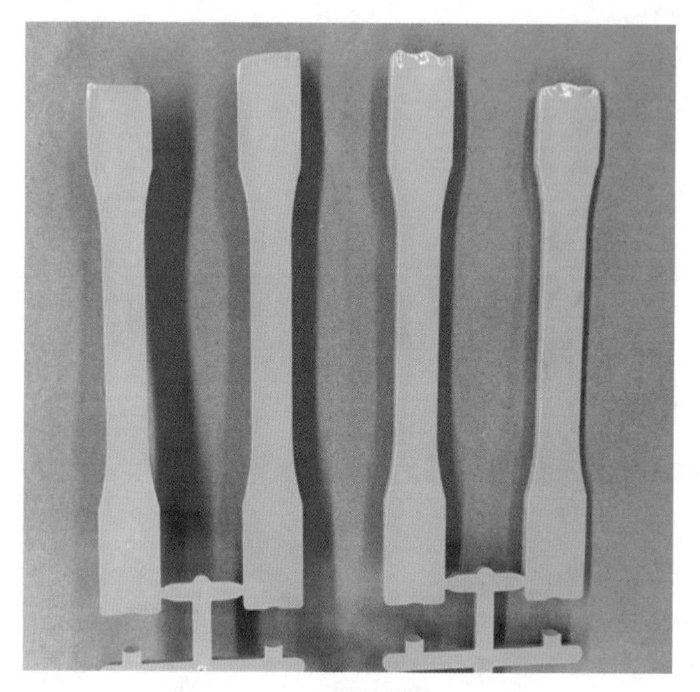

图40.6　剪切诱导的型腔不平衡

40.3.2.3　浇口或热嘴堵塞

如果有异物堵塞浇口或热嘴，型腔的流速将受到限制。塑料熔体流动不畅，造成短射。最常见的堵塞物是金属屑。当然，模垢或高温熔料污染也会造成热嘴堵塞。

无论是多腔模具，还是多浇口单腔模具，评估所有热嘴能否提供相近注射量的一个有效方法是进行一次“仅填充”注射。如果发现某个热嘴填充滞后，可能就存在异物堵塞。

一旦怀疑存在热嘴堵塞，应由有资质的模具维护技工清理热流道的热嘴。要谨防现场技工擅自清理热嘴，尤其是低残量型热嘴。低残量型热嘴内部有一个金属分流梭，清除热嘴里金属屑时，很容易损坏分流梭。

案例分析：热嘴中的异物

本案例中的产品有8个直接式热嘴。注塑过程中，产品上有个位置出现欠注，怀疑该位置附近的两个浇口存在异常。

40.3.2.4 塑料卡嵌

某些产品上有筋条一类的细微结构因粘模而缺损，看上去极似短射缺陷。因此，在解决问题前，应先检查型腔，确保没有塑料嵌在模具细微结构中。有时，产品细微结构因粘模撕裂并嵌在型芯，造成产品上的细微结构缺失。

如果模具上出现塑料卡嵌，很可能是细微结构抛光不足，容易粘模。应检查筋条上是否存在电火花加工（EDM）痕迹或抛光不良的部位。一般清除了电火花纹就可避免粘模再次发生。

另一个可能加剧粘模的原因是开机调试时使用了已降解的塑料，它们又脆又黏。因此在成型易降解的塑料前，应彻底清洗料筒和热流道中的滞料。另外，开机调试应采用“仅填充”模式而非全保压压力。

有些原材料容易挥发气体，如果较深的模具结构上排气不足，就会形成模垢，此时产品细微结构上好像出现了短射，应清理模垢并增加排气，防止问题重复发生。

40.3.2.5 热流道温度

热流道温度过低会导致模具填充时压力降增加，而热嘴和嘴头温度对塑料流动有着较大影响。

应确认所有热流道加热区都设置正确，并确保所有加热区的电流数及热电偶读数正确。如果热流道温度控制器设置正确，但有些加热区不加热，请检查以下各项目：

（1）热流道电源线：应确认热流道加热区按编号正确连接，检查电源线针脚有无完全插入。

（2）模具上的热流道插头：确认插头无损伤，电源线连接牢靠。

（3）试用另外的电源线：如果试用别的电源线后问题得到了解决，那么查一下那根换下的电源线，看看插头针脚间的连接是否正常。

（4）经过工艺验证后，需要对热流道加热线圈和热电偶进行检查。

由于热流道异常产生过热而造成的材料降解也会导致短射。应验证热电偶是否安装正确并且温度读数准确。还要验证热流道各加热区加热是否正常，且没有超过设定温度。

40.3.2.6 热流道分流板漏料

如果塑料未能正常射入型腔，热流道的分流板可能是发生漏料的位置之一，损坏的分流板会导致塑料泄漏（见图40.7）。当分流板出现漏料时，如果技术员反而增加注射量，那就如同雪上加霜，会使问题更加复杂（谨记前车之鉴，技术员应首先清除分流板中的塑料）。这也很好地说明了拥有STOP意识有多重要。如果模具无法投产，会导致维修成本和时间代价都很高昂。通过监控料垫可以及早发现漏料问题，这样会降低分流板的损坏程度，维修也更省力。

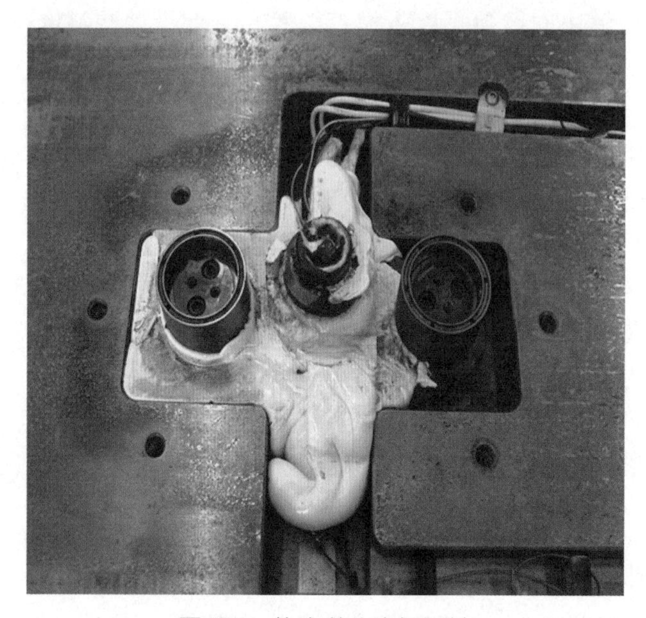

图40.7 热流道分流板漏料

热流道分流板漏料的一个常见原因是所谓的“冷启动”。塑料被射入型腔前，热流道必须充分均匀加热，并达到一定温度，确保分流板中的所有塑料都已融化。

有些案例中，分流板漏料严重，塑料甚至烧焦冒烟，及时发现隐患对此类故障的处理非常关键。

40.3.3 注塑机

很多注塑机故障都会导致短射，例如：

- 止逆环泄漏
- 喷嘴形状不匹配
- 料筒磨损

- 注塑机性能不良
- 喷嘴漏料

40.3.3.1 止逆阀泄漏

螺杆头上止逆阀的作用是防止塑料在注射过程中倒流。如果止逆阀已出现磨损或损坏，它将无法起到密封作用，塑料便会通过止逆阀倒流。图 40.8 是典型的滑环式止逆阀，图 40.9 是球形止逆阀。

图40.8 滑环式止逆阀

图40.9 球形止逆阀

如果止逆阀出现泄漏，模次间的料垫波动值会增大，或料垫始终趋于零。观察止逆阀泄漏的另一个线索是留意注射阶段螺杆是否在旋转，因为塑料回流会使螺杆发生旋转。只要保压切换位置足够大，料垫就不会降到零。延长保压时间可清楚地让我们观察到螺杆是停止前移，还是继续前移直到触底。

40.3.3.2 喷嘴形状不匹配

可供注塑机使用的喷嘴和喷嘴头有很多种，每种喷嘴头都对压力分布产生影响。与喷嘴相关的问题如下。

（1）喷嘴类型　混炼喷嘴产生的流动阻力比标准开放式喷嘴大得多。混炼喷嘴内部配有静态混炼部件，用以改善塑料的混色效果。它可以补偿螺杆塑化的不足，但治标不治本。很多事情都是一分为二的：混炼喷嘴可以改善混合效果，但也增加了塑料熔体的压力降以及材料降解的潜在可能性。

（2）喷嘴或喷嘴头长度　应养成习惯，使用尽可能短的喷嘴和喷嘴头。通常装有下沉式热流道浇口套的模具才需要使用加长喷嘴。长喷嘴和喷嘴头会增加压力降，并且时常有加热不稳的问题。以长度为8in（约203mm）的喷嘴配以4in（102mm）的加热圈为例，其加热效果受加热圈在喷嘴上的位置影响，尤其是热电偶的相对位置影响。

（3）喷嘴头类型　最常见的三种喷嘴头是通用型（GP）、尼龙专用型和全锥形喷嘴头。市场上也有混炼喷嘴头出售。不同喷嘴头产生的压力降、剪切效应以及污染风险均有所区别。通用型喷嘴头在接近喷嘴孔的位置往往存在死角，容易导致污染。

（4）喷嘴头孔径　喷嘴头孔径应与模具浇口套孔径相匹配，通常直径比浇口套小1/32in（约0.8～1.0mm）的喷嘴头注射效果最佳。

在工艺开发过程中，包括喷嘴长度、孔径和类型在内的所有信息都应详细记录，并且在每次后续的生产前加以确认，一旦忽视任何细节，都可能给生产带来很多麻烦。在注塑成型中应多关注“不起眼的小事”。要建立可重复的工艺，就应眼中无小事。

40.3.3.3　料筒磨损

有时貌似止逆阀存在缺陷，但实际原因却是料筒出现了磨损。要确定是止逆阀还是料筒有问题，可以尝试将注射量和切换位置增加1in（25.4mm）后继续进行注射。如果此时料垫仍然保持稳定（与更改注射量和切换位置前比较），说明料筒中有些部位出现了磨损。

成型玻璃纤维填充的材料会增加料筒磨损。很多案例中，用低硬度料筒生产玻璃纤维填充的材料不到六个月就会出现磨损。加工玻璃纤维填充的材料应选用双合金型耐磨材料制成的料筒，甚至选用双合金型硬质合金料筒和CPM-10V高耐磨料筒。选用料筒时，应先确定塑料型号，随后选用硬度匹配的料筒。

料筒直径可用内径规进行测量，而螺杆直径可用外径千分尺和架在两条螺棱上的量块进行测量。

40.3.3.4　注塑机性能不良

注塑机必须拥有实现所有参数设定值的能力。验证注塑机性能是注塑成型缺陷排除过程的重要工作。有关注塑机性能的详细信息，请参阅第八章。

40.3.3.5　喷嘴漏料

如果注塑机喷嘴出现漏料，那么其保持稳定型腔压力的能力就会大打折扣。泄漏的位置主要有以下几处。

（1）喷嘴头和浇口套接触的区域。无论是喷嘴头或是浇口套的球径受损，塑料熔体都会从两者的缝隙中泄漏。另一个隐患是喷嘴的球径不对，这也会在喷嘴与浇口套的接触处产生间隙。图40.10就是一个喷嘴与浇口套接触处漏料的案例。

图40.10　喷嘴与浇口套接触处漏料

（2）在注射单元向前移动之前，要确保喷嘴头和浇口套上泄漏的塑料已清除干净。如果采用热流道，则应确保浇口套座清洁。该界面如长时间受反复挤压会造成损坏，导致泄漏。

（3）注塑机料筒末端任何组件未拧紧，都有可能产生原料泄漏。容易泄漏的区域可能在喷嘴头与喷嘴之间、喷嘴与接头之间、接头与端盖之间以及端盖与料筒之间。安装其中任何一个组件时，都应确保安装表面清洁干净（没有熔化的塑料），并确保所有组件拧紧力矩符合标准。

40.3.4 材料

由材料问题引起短射的原因有:

- 材料黏度变化
- 材料含水率不达标
- 进料量不稳
- 塑化不彻底
- 材料污染

40.3.4.1 材料黏度变化

黏度是原材料流动阻力的一个度量。当黏度增加时，材料流动就变得困难。材料黏度增大会带来的两个主要问题是:

（1）高黏度材料无法流入模具中难填充的区域。

（2）高黏度会使整个型腔的压力降增加，从而降低填充末端的型腔压力。

所有材料的黏度都会随时间变化。如果使用规格宽泛的材料，变化幅度更大。实现注射时间的可重复性需要充足的注射压力，黏度变化是关键原因之一。如果实际压力接近压力限制，那么随着黏度增加，就会出现压力受限和短射。

如果更换另一批材料后立即出现短射，则很可能是黏度变化造成的。一套稳健的工艺应该能够吸收外界扰动引起的黏度波动。验证黏度对工艺影响的一种方法是，在工艺开发过程中使用多批次材料进行验证。如果某工艺无法在黏度变化的全部范围内都生产出质量合格的产品，那么在模具中安装传感器并采用Decoupled-III® 工艺应该是最好的选择。RJG的 Decoupled-III® 工艺借助型腔压力传感器进行补缩至保压阶段的切换，它有助于型腔总在相同条件下开始补缩。另外，安装在填充末端的型腔压力传感器可以轻松地监视是否有短射出现，并设置可疑模次产品的自动分选。

40.3.4.2 材料含水率不达标

水分会降低尼龙材料的黏度。含水量高的尼龙比干燥的尼龙更容易填充型腔。干燥尼龙对黏度的不利影响足以导致短射，甚至压力受限。故加工尼龙时应确保含水率合理并保持一致。

有关材料干燥的详细信息，请参阅第九章。

40.3.4.3 进料量不稳

在螺杆恢复过程中，如果无法持续向注塑机供料会使螺杆处于欠料状态，注塑的一致性下降，会导致短射。

如果原材料是从一个容器中吸出，应确保输送软管持续畅通。

含长玻纤材料和回收料的供料比较困难，有时候需要增加一个振动器，以避免粒子在下料口因架桥而阻塞。

使用中央供料系统时，如果供料系统的加料时间安排不当，会导致注塑机缺料。此时需要调整注塑机的加料时间，使供料系统中的所有注塑机有足够时间持续加料。经常检查料斗，确保加料时间跟上注塑机的熔料节奏。

40.3.4.4 塑化不彻底

塑化不彻底的塑料会堵塞浇口，导致短射。塑化不彻底是指未塑化的粒子通过螺杆后到达料筒计量区。塑化不彻底的问题在注塑聚甲醛时最常见，但在其他半结晶材料中也会发生。对于多型腔模具，未熔化的塑料影响更大，因为它会影响型腔间的填充平衡。未熔化物通常会卡在浇口处，直至注塑压力升高，把它们挤过浇口为止。这样就会产生短射。不均匀的熔体也会影响止逆阀阀座，导致填充重量不一致。

案例分析：塑化测试

- 注塑至少10min，将料筒移开模具，进行空射。
- 马上进行熔料并再次空射。
- 继续熔料并空射，直到未熔化粒子出现在空射熔料中。如果这种情况在空射三次以内出现，表明熔料质量不好，因塑化不彻底出现缺陷的概率会很高。

40.3.4.5 材料污染

如材料被异物污染也会产生短射。即外来杂质以固体形式随熔体流动，卡在浇口中引起短射。

应检查材料是否曾暴露于潜在的污染源。关于污染的更多细节请回顾第二十三章相关内容。

参考文献

[1] Beaumont, J., Questioning the Science in Injection Molding: What are you Actually Getting in a “Pressure Drop Study” Originally published in SPE Plastics Engineering Magazine; http://www.beaumontine.com/questioning-science-injection-molding-actually-getting-pressure-1oss-study/

第41章 缩痕

41.1 缺陷描述

缩痕是指产品表面出现的不符合平整度要求的凹陷，如图41.1所示。缩痕和缩孔相互关联，只不过缩孔是出现在产品内部的，并不影响产品表面质量。

别称：无。

误判：通透痕。

图41.1 缩痕

41.2 缺陷分析

缩痕缺陷分析如表41.1所示。

表41.1 缩痕缺陷分析

成型工艺	模具	注塑机	材料
保压压力太低	冷却水路堵塞	注塑机性能	黏度变化
保压时间太短	冷却设计不良	保压切换	成核剂
注射量不足	热流道温度太低或太高	止逆环泄漏	发泡剂
料垫不足	阀针浇口未启动	喷嘴类型	
注射速度太慢	壁厚问题	气辅系统异常	
模具温度太高	型腔平衡		
熔体温度太高或太低	浇口尺寸、位置和数量		
	拉缩痕		

41.3 缺陷排除

由于塑料在成型过程中会产生收缩，塑料产品的厚壁区域都有出现缩痕的倾向。如果产品设计不合理，不但缩痕的出现在所难免，而且很难纠正。因此，在产品设计过程中，必须遵循壁厚与加强筋关系的原则。另外，还应遵循设计准则，比如为了减轻缩痕，不应将浇口设置在壁厚由小变大的位置。如果任由操作员通过调整参数来解决缩痕，效果极其有限。因为这违背自然规律。

以下缩痕缺陷改善的前提是产品设计无明显缺陷。

41.3.1 成型工艺

影响产品缩痕的成型工艺包括：

- 保压压力太低
- 保压时间太短
- 注射量不足
- 料垫不足
- 注射速度太慢
- 模具温度太高
- 熔体温度太高或太低

41.3.1.1 保压压力太低

保压压力使塑料熔体填满型腔并补偿塑料收缩。为了消除产品缩痕，必须对型腔中的塑料熔体施加足够的压力。很多人凭经验设定保压压力，但是最好根据产品外观和尺寸需求来确定保压压力。

首先检查是否按工艺表单设置保压压力。应仔细检查是否有人在注塑机上增加了压力段数。如果压力设置不正确，应加以调整。

有些注塑机可以设定补缩或保压速度，应确保保压速度设置足够大，以使注塑机达到设定压力。如果保压速度设置太低，注塑机将难以达到设定的保压压力。

注意，不要因迁就模具问题而调整保压压力。例如，由于模具分型面存在损伤，就降低保压压力，但降低压力又会导致产品缩痕。应努力解决模具缺陷，而不是用工艺来迁就模具分型面损伤。

41.3.1.2 保压时间太短

模具中的型腔压力由保压压力建立，并由保压时间维持。在大多数情况下，保压时间设置应大于浇口冻结时间，此时浇口中的塑料熔体已经固化，以防止型腔中的塑料熔体流出。

确定模具是否应进行浇口冻结测试。如果尚未完成浇口冻结测试，则应花些时间去做测试。如果已经完成测试，可以比较一下设定的保压时间与浇口冻结所需时间。如有必要，增加保压时间以确保浇口冻结。

浇口没有冻结通常会导致浇口附近产生缩痕，缩痕甚至直接出现在浇口处。当然，保压时间设置得太短也会使产品产生缩痕。如果模具上安装了型腔压力传感器，就会在保压阶段结束时看到型腔压力突然下降。图41.2显示了在浇口没有冻结情况下eDART® 的工艺曲线。请注意观察，浇口处的型腔压力曲线与保压结束时注塑机压力曲线会同时下降。

注塑机上关于保压阶段的叫法有多种，如补缩、保压、第二阶段等。理解注塑机针对不同参数设定值的反应，并灵活运用各参数非常重要。通常情况下，注塑机上有补缩和保压参数设定的，只需设定保压即可。应同时观察压力曲线或压力表，确定注塑机对保压参数设置有何反应。

41.3.1.3 注射量不足

当使用RJG的分段成型工艺时，注射阶段保持模具95% ～ 98%的注射量至关重要。且应记录每模的注射重量。

要检查注射阶段的产品重量，应将注塑机上的保压压力和保压速度设置为0。此时应该填充到产品95% ～ 98%，然后称重短射产品，并与记录的注射阶

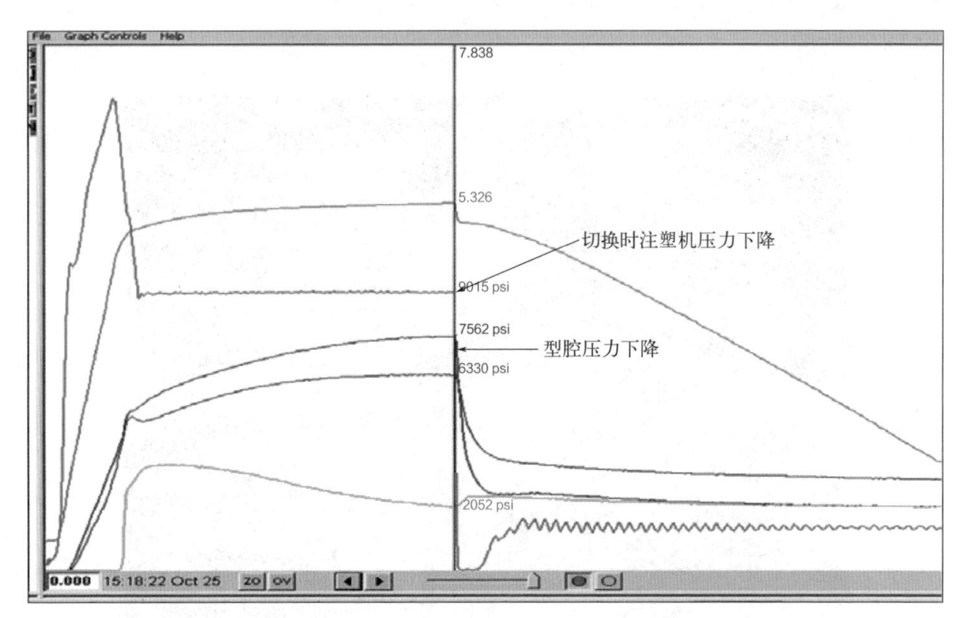

图41.2　浇口未冻结的eDART®工艺曲线

段产品重量进行比较。如果注射重量太轻，应按以下步骤调整参数以达到所需的产品重量：

（1）确认注塑机有足够的料垫（最小约0.25in，或6.4mm）。

（2）如果料垫足够，可以尝试减小切换位置。

（3）如果料垫不足，请参见第41.3.1.4节。

（4）如果由于注射量太小而导致料垫不足，需调整注射量。

41.3.1.4　料垫不足

为了将注塑机压力传递到型腔，注塑机螺杆头前方必须保留部分料垫。记录和跟踪料垫值很有意义。如果料垫不足，则需确定塑料的去向，比如是否出现了塑料泄漏。可能发生塑料泄漏的区域包括：

- 止逆阀
- 喷嘴头和浇口套之间
- 热流道分流板

料筒、止逆阀、喷嘴头或浇口套磨损或损坏都会导致漏料。热流道分流板开裂也会导致漏料（见图41.3）。如果注塑机因为漏料而出现料垫不足，务必不要继续增加注射量！材料泄漏对模具和注塑机会造成伤害，维修起来不但费用高而且耗时久。对于闯祸的员工来说，抠出分流板里溢料的经历，可能是一个不错的经验教训。

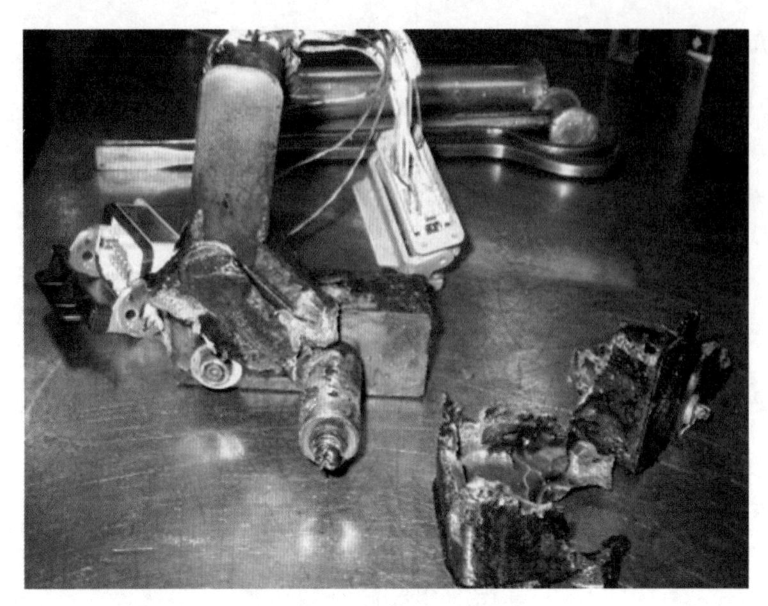

图41.3 热流道分流板漏料

如果止逆阀泄漏，应检查以下各项：

- 确保松退设置正确
- 注意观察注射过程中的螺杆状态，如果止逆阀泄漏，在注射过程中螺杆会旋转
- 将产品和料柄保留在模具中，继续向模具中注射塑料，如果螺杆仍然向前移动，则为止逆阀泄漏
- 尝试将注射量和保压切换位置各增加 1in（25.4mm）并进行注射，如果螺杆切换位置仍然较大，则表明料筒存在磨损而非止逆阀磨损

41.3.1.5 注射速度太慢

当注射阶段以较慢速度填充模具时，材料黏度会更高，从而导致整个型腔内的压力降更大。黏度增加可能会降低补缩产品的能力。

实际注射时间应与记录的注射时间相匹配。如果注射时间与工艺表单不符，应调整注射速度。注射时间可重复是关键工艺要求之一。如果由于烧焦之类的问题而降低了注射速度，则应维修模具。

41.3.1.6 模具温度太高

模具温度过高会影响塑料冷却速度。模具温度越高，塑料熔体收缩越大，缩痕也越严重。

应确保模温机水温和流速设置正确。如果流速降低到无法继续形成紊流时，水流的冷却潜力会大受影响。可以使用流量计来测量水的流速。如果手边没有流量表，可以关掉回水管道，让冷却水流到水桶里同时计时。用水桶可以大致测量冷却水流速，但要意识到结果可能存在偏差，因为水在自由流动时是没有背压的，当所有管道都连接起来时就会产生闭合回路背压。有时，模温器上的锥形阀没有打开，新鲜的冷却水无法进入回路，时间久了水温就会升高。

检查水管连接是否正确，例如，是否连接了进水管。检查是否有球阀被关闭，造成水流堵塞。当心水路中夹杂的空气，或称为“气阻”。在启动模具之前，所有管路均应彻底用水冲洗，并确认回路均有水流流过。

产品脱模后的热成像图可以显示模具上的集热区域。如果这些区域与工艺开发期间拍摄的原始热成像图不匹配，说明模具可能发生了故障。

另一个需考虑的因素是工厂的冷却水温度。如果使用冷却塔，冷却水温度会随季节而变化。在寒冷的冬季，冷却水温度可能只有65℉（18℃），而在夏季水温可能高达85℉（29℃）。冬季开发的成型工艺中水温较低，夏天水温较高时，工艺就无法再现。因此，应将水温设置在全年的最低水平上。如果工厂有中央冷水机，那么全年都可以达到较低的温度。

更换模温机时应注意，更换前后的流量和冷却能力必须相同。比如注塑机之前使用的模温机为7.5匹（1匹＝745.7W），如果换成了3匹，流量就会降低，无法实现紊流，水的冷却能力也将大大降低。

41.3.1.7 熔体温度太高或太低

熔体温度对于稳定的工艺至关重要。注塑成型工艺的一个重要任务是热传递管理。理解熔体温度的重要性，并在成型过程中保持一致和可重复，将有利于减少产品质量的波动。

熔体温度应记录在工艺表单上，便于缺陷排除时核实。如果熔体温度与工艺表单不符[由于存在测量精度误差，允许范围在±10℉（±5.5℃）]，则应调查影响熔体温度的设置，包括:

- 料筒温度
- 背压
- 螺杆转速

如果熔体温度较高，塑料冷却需要的时间就较长，并且产品会出现额外收缩，产生缩痕。熔体温度对半结晶材料的影响尤为明显，因为如果材料冷却速度较慢，塑料熔体结晶度会更大，从而产生较大的收缩。

较低的熔体温度会造成型腔内压力降增加以及压力分布不均匀。型腔增压是减少产品缩痕的关键。另外，熔体温度过低会导致短射。

41.3.2 模具

模具本身问题会造成产品缩痕，这些因素包括：

- 冷却水路堵塞
- 冷却设计不良
- 热流道温度
- 阀针浇口未启动
- 壁厚问题
- 型腔平衡
- 浇口尺寸、位置和数量
- 拉缩痕

41.3.2.1 冷却水路堵塞

模具要产生高效冷却就必须保持所有水管通畅。如果存在水管堵塞，水流受限甚至没有水流，模具温度就会升高并产生缩痕。

在工艺开发期间，应测量并记录通过冷却回路的水流量。一旦在工艺开发过程中建立了冷却能力基准，缺陷排除时就可以作为参考。如果发现流经回路的水量减少，多半是冷却管路需要清洗了。

造成冷却水路堵塞的因素包括：

- 聚四氟乙烯生胶带残留
- 水路结垢
- 隔水片插入太深
- 机加工留下的金属屑

冷却水路结垢是模具中出现热点的一个主要原因。水垢是一种绝热体，它会降低模具中冷却水的冷却能力。

注塑工厂必须制定一套水质处理计划。如果工厂里的水没有经过适当处理，冷却水管内就会形成矿物质堆积，如图41.4所示。最严重的时候水垢会完全阻塞冷却水回路，严重影响冷却效果。如果模具中的水路出现结垢现象，那么注塑机热交换器和下料口处也难免受到波及。模垢还会造成液压油过热。

如果模具上有结垢，可用机械钻孔或化学酸冲洗两种方法去除沉积的矿物质。

图41.4 严重结垢的水管

41.3.2.2 冷却设计不良

如果模具无法在产品厚壁区域或细微结构处提供足够的冷却，那么这些区域就会产生热点。模具中的热点往往会导致缩痕缺陷。应尽可能使用隔水片或喷水管来增强冷却效果。只要能接通冷却水，用铜基合金制成的镶件也可有效改善上述集热位置的冷却状况。

41.3.2.3 热流道温度

如果热流道设定温度或者运行温度高于所需要的温度，那么分流板中的塑料就会吸收更多的热量，最终导致产品缩痕。

需确认所有热流道区段的设置均为记录的温度值，并且保持读数相互吻合。要警惕持续有满额电流需求的区段以及完全没有电流需求的区段，这些现象表明有些区段出现了故障。

41.3.2.4 阀针浇口未启动

阀针浇口用机械方式封闭浇口。如果阀针没有启动向前，浇口就无法封闭，于是型腔中的塑料可能倒流，造成产品缩痕。

应确认所有阀针浇口接线正确。检查模具阀针前进的最大距离，保证阀针能够重复到达封闭位置。

如果所有接线正确，但阀针并未进行往复运动，试着手动触发电磁阀，观察是否可以移动阀针。如果可以，需检查浇口开关的触发器或计时器是否工作正常。如果手动仍无法移动，则可能存在压缩空气或液压接头未插好、液压缸泄漏或电磁阀无法工作等故障。

41.3.2.5 壁厚问题

保持均匀壁厚是塑料产品设计的基本要求之一。即使产品设计无误，模具中仍有可能存在厚壁区域。所有厚壁处收缩都比较大，原因是此处充分补缩之前，它与浇口之间的薄壁区熔体早已冻结，使得厚壁区无法充分补缩。可用千分尺测量壁厚，或剖开横截面检查。浇口应设置在厚壁区，避免填充由薄到厚，厚壁区域尚未完成补缩，塑料已冻结。在比产品壁厚薄的筋条上设置浇口应尤其谨慎，因为浇口会在产品壁厚补缩完成之前冻结，故仅靠加大浇口尺寸无法解决这个矛盾。

引起缩痕缺陷的与厚壁相关的模具因素还包括：

（1）动模镶针太短形成厚壁区　如果缩痕发生在动模镶针上方，首先应检查镶针高度，再用卡尺检查产品在镶针处的厚度。如果镶针过短，应予以更换。

（2）筋条底部圆角过大　如果筋条与壁厚的比例接近某材料允许的最大值，并且筋条根部增加了圆角，这里很可能会出现缩痕。要排除这个缺陷比较棘手，因为只有通过型腔烧焊才能改正。可使用所谓小球测试法进行壁厚测试：想象一粒小球沿着厚度为公称壁厚的产品壁滚动。如果小球滚到某个位置将要掉落但却被卡住，该位置应该会出现缩痕。图41.5为小球测试法的示意图。圆圈代表滚过公称壁厚的小球：如果球碰到筋条，掉落后停止滚动，表示此处有出现缩痕的可能。如果有打印的产品剖面图，就可以用圆形模板模拟壁厚的小球测试。

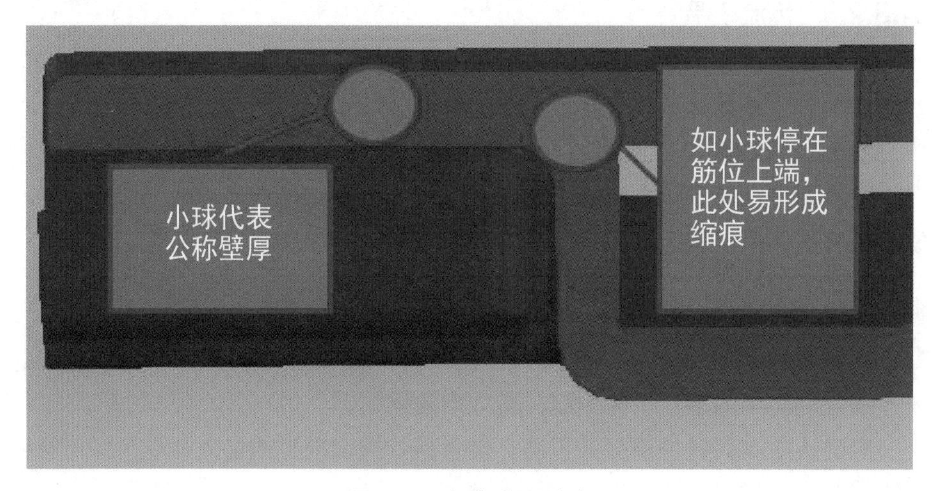

图41.5　小球壁厚测试

41.3.2.6 型腔平衡

型腔间的不平衡会造成某些型腔补缩过度而另一些又出现缩痕的现象。如果多腔模具各个型腔显示程度不同的缩痕，那么应检查模具型腔的平衡程度。

有关更多信息，请参见第十二章。

41.3.2.7 浇口尺寸、位置和数量

如果浇口尺寸过小，产品补缩之前浇口可能已经冻结。虽然确定浇口尺寸有很多经验法则，但大多是粗略估计。当材料通过浇口时会产生剪切，浇口越小剪切力越大，有时小尺寸浇口反而产品补缩更好。

不要轻易下浇口尺寸应该加大的结论。有时，增加浇口尺寸只会导致周期时间增加，而无法改善产品缩痕。尤其要避免在多腔模具上轻易改变某个浇口的尺寸，因为这将会造成剪切速率、注射压力和浇口冻结时间的不平衡。应找出造成不平衡的根本原因，而不是尝试通过调整浇口尺寸来平衡型腔的注射时间。

如果浇口距离产品细节特征太远，细节特征就很难补缩。应验证熔体的流动距离以及细节特征离浇口的距离，以确保填充末端的这些细节特征能够得到充分补缩。在某些情况下，可能需要额外增加浇口，向产品提供足够的补缩压力。还应注意有时在模具填充过程中，浇口附近的筋条或凸台反而容易冻结，而产生缩痕缺陷。

41.3.2.8 拉缩痕

在顶出过程中，有时流道和浇口会拉住产品并在浇口处形成缩痕。这在潜伏式浇口或牛角浇口中比较典型。

如果在顶出过程中浇口有拉缩痕，首先应检查浇口是否正常冻结。如果浇口已冻结，有可能是产品没有充分冷却就被顶了出来。可以尝试增加冷却时间，检查缺陷是否得到改善。如果增加冷却时间改善了缩痕，那么应寻找解决方案来改善浇口区域和流道的冷却以缩短周期。这时，红外热成像仪可以派上用场。

还有一种可能是由于浇口粗大，顶出时无法与产品完美分离。比如较粗的潜伏式浇口或牛角浇口往往不易拉断，会导致缩痕。如果浇口太粗，应在烧焊后改细。通常，薄而宽的浇口在提供相同体积流量的前提下冻结得更快，而且折断效果更好。

同样，如果凸台之类的细节特征发生粘模，产品顶出时，对应的产品表面会拉出缩痕。如果缩痕正对凸台，应检查凸台是否抛光良好，或留有加工或放电（EDM）的痕迹。

41.3.3 注塑机

缩痕与注塑机有关的因素包括：

- 注塑机性能
- 保压切换
- 止逆阀不稳定
- 喷嘴头的类型和尺寸
- 气辅系统异常

41.3.3.1 注塑机性能

有关注塑机性能问题，请参见第八章。

41.3.3.2 保压切换

保压切换是指注塑机从注射阶段速度控制切换到保压阶段压力控制的过程。切换后如果注塑机无法达到设定的保压压力，产品就会出现缩痕。图41.6显示了注塑机运行过程中，保压速度较慢时压力响应的工艺监控曲线。请注意观察此压力曲线，在切换后压力下降，需要好几秒钟才能达到设定压力。型腔压力曲线也随着注塑机压力曲线成比例下降。在本案例中，因注塑机保压速度设定太低才造成如图所示的切换方式。

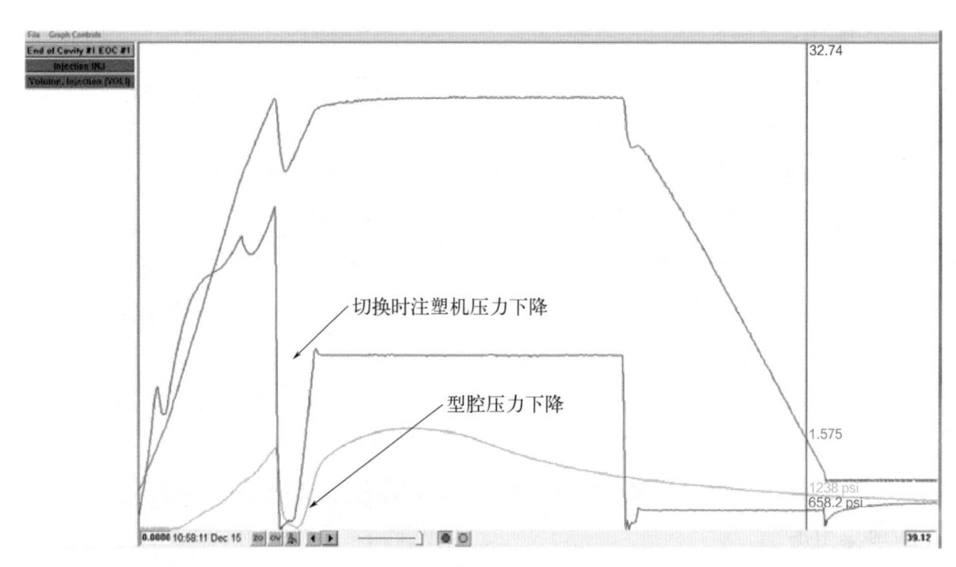

图41.6 eDART®工艺监控显示注塑机速度对压力响应欠佳

图41.7显示了某台注塑机的不良保压切换响应。同图41.6一样，注塑机压力大幅下降至设定值以下，然后骤升至设定值以上，最后稳定达到设定值。

注塑机保压切换障碍可能有多方面原因，包括：

- 补缩或保压体积和速度设置错误：如果这些参数设置错误，注塑机在切换时就会反应欠佳。应根据需要调整参数以达到更好的切换效果。

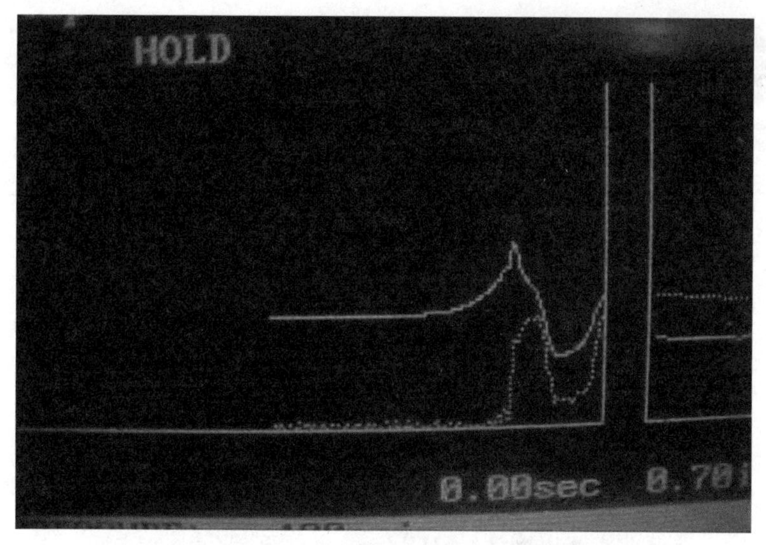

图41.7 注塑机显示的保压切换响应曲线

- 注射量不足：如果注射阶段填充不足（低于95%～98%），注塑机切换时缺乏阻力，通常会导致切换不良。应调整注射阶段重量，使其与记录的工艺相匹配。
- 注塑机液压阀调节不当：如果液压阀调节设定不当，注塑机在切换时就无法正确反应。可能需要调整注塑机液压阀来纠正缺陷。

41.3.3.3 止逆阀不稳定

当止逆阀存在熔体泄漏时，型腔压力就无法达到应有的水平，于是产品可能出现缩水。有关测量止逆阀性能的详细信息，参见第八章。

止逆阀出现磨损、破损或被异物污染时会导致泄漏，应更换止逆阀。

41.3.3.4 喷嘴头类型

如果注塑机喷嘴头的类型或孔径不正确，可能会使压力降增加而导致缩痕。使用不合适的喷嘴或喷嘴头，实际型腔压力会出现巨大变化。见图41.8，5/32in（4mm）和3/16英寸（4.8mm）喷嘴头孔径之间的型腔压力差。

验证喷嘴类型以及喷嘴头类型和尺寸应作为工艺设置的一部分。如果喷嘴或喷嘴头选择不当，在进行缺陷排除前需要更换。混炼喷嘴的压力降与普通喷嘴的压力降有很大差异。排除缺陷时，不应想当然地认为喷嘴和喷嘴头的类型和尺寸都正确。

有一个简单的技巧可以保证不会用错喷嘴头。将一枚7/8in的螺母焊在模具一侧，然后将要用的喷嘴头拧进螺母。每次注塑机换模时，便可换上正确的喷嘴头。无论谁走近模具看一眼，就知道喷嘴头是否已从模具一侧取下并安装

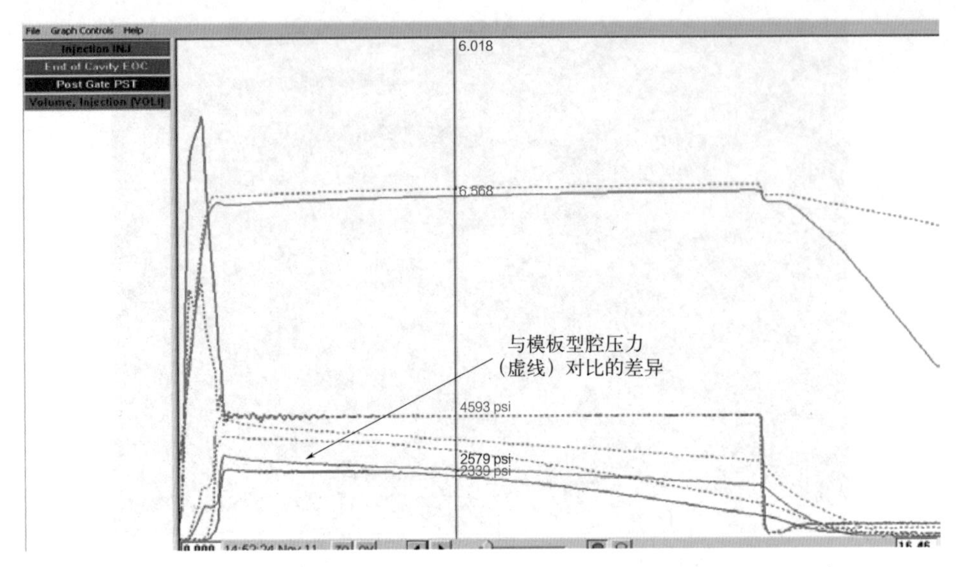

图41.8 喷嘴头孔径为5/32in和3/16in的型腔压力数据（RJG eDART®）

在注塑机上。

41.3.3.5 气辅系统异常

气辅成型的细节不在本书的讨论范围内。但是，谈到缩痕缺陷就无法回避此项技术。如果产品是通过气辅成型并且存在缩痕缺陷，则应首先从气辅工艺方面进行缺陷排查。需要检查的因素包括：

- 注射阶段重量
- 气体注射压力
- 气针功能
- 溢流功能
- 氮气供应水平
- 气体增压泵工作状况
- 供气时间

41.3.4 材料

缩痕与材料相关的一些潜在因素包括：

- 黏度变化
- 成核剂
- 发泡剂

41.3.4.1 黏度变化

材料黏度的明显变化会影响整个型腔的压力降。黏度可能随进料的批次或含水率（对吸湿性材料）的变化而变化。

黏度的显著变化也会导致切换压力的变化。如果切换压力比正常情况高，那么材料黏度可能已经上升。应核实材料进货证明并检查含水率。

41.3.4.2 成核剂

如果加工的材料是半结晶材料，成核程度将影响材料的结晶度，进而影响材料的收缩率。如果收缩率增加，产品表面可能会出现缩痕。

应先检查成型的材料是否正确。如果使用了成核添加剂，需检查添加比例是否正确。

41.3.4.3 发泡剂

如果使用发泡剂来帮助补缩产品，那么添加量必须保持一致，否则，材料的发泡能力会发生变化。

同样，在使用发泡剂时，不应在保压阶段对塑料加压。对型腔中的材料过度加压会限制发泡剂的发泡能力，导致不必要的缩痕。

第42章 料花

42.1 缺陷描述

料花是一种产品表面上出现银色或白色条纹的缺陷。有很多缺陷都被称为料花，因此，首先应确认缺陷是否真正为料花。料花缺陷案例如图42.1所示。

图42.1 料花

别称：银纹。

误判：划痕、磨痕、流痕、脱皮/冷料。

42.2 缺陷分析

料花缺陷分析如表42.1所示。

表42.1 料花缺陷分析

成型工艺	模具	注塑机	材料
干燥	排气	螺杆设计	污染
熔体温度太高	热流道温度	温度控制	过度潮湿
松退	冷料井	产品损坏	材料错误
背压	直流道和喷嘴头孔径	下料口开裂	发泡剂
滞留时间	尖角和浇口剥落	工艺控制不足	
螺杆转速	润滑油		
下料口温度	型腔开裂		
下料稳定	漏气		
	文丘里效应		

42.3 缺陷排除

在解决料花缺陷时，首先要确认该缺陷的确是料花。许多其他缺陷也被归入料花范畴。以下是常常被误判为料花的一些缺陷：

- 产品运送中造成的表面划痕
- 流痕
- 污染导致的分层

在缺陷排除工作中，我们应该秉持眼见为实的态度，亲自去探究真相。

一旦确定面对的缺陷确实是料花，我们首先要问："料花是遍布整个产品还是仅仅出现在某个特定区域？"该问题的答案可为解决料花提供初步指导。

- 料花出现在整个产品上还是仅随机出现在某些区域，决定了关注点应放在材料上还是工艺上
- 如果料花出现的位置具体且固定，通常应将注意力放在模具上

这是初步处理料花时的一般指导原则。

42.3.1 成型工艺

可能导致产品出现料花的成型工艺方面因素包括：

- 干燥

- 熔体温度太高
- 松退
- 背压
- 滞留时间
- 螺杆转速
- 下料口温度
- 下料不稳定

42.3.1.1 干燥

产生料花最常见的原因之一是塑料含水量过高。水分在材料注塑温度下会变成气体。图42.2显示了产品表面上的料花放大图。塑料熔体裹挟着气体直到接触型腔表面后，熔体流的泄压使气泡在型腔表面留下料花。ABS、PC、PA、TPU、PC/ABS等吸湿性材料都会吸收环境中的水分，因此这些材料都需要干燥。

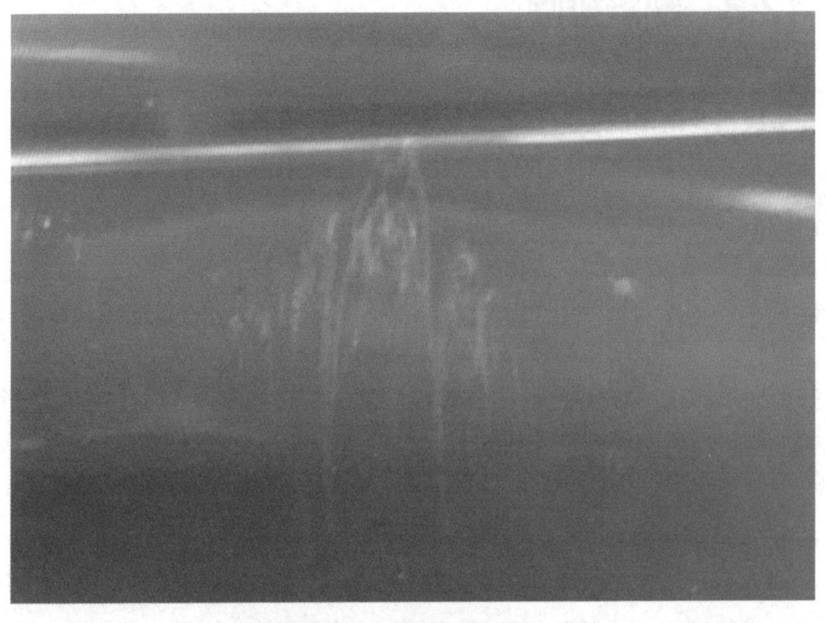

图42.2 料花放大图

有些像滑石粉之类的添加剂加入非吸湿性塑料后，塑料也需要干燥。

材料供应商会为吸湿性材料推荐干燥温度和干燥时间。应遵循这些干燥规范，以确保材料足够干燥并顺利完成加工。

有效的干燥离不开以下因素：

- 干燥温度
- 干风

- 空气流量
- 干燥时间

为了保证材料足够干燥，上述四个因素必须同时满足要求。干燥温度不够，材料即使干燥了四小时也没有任何意义。一般除湿干燥机的空气露点为−40℉（−40℃）。干燥有助于塑料粒子中水分的释放，低露点让干风更好地吸收塑料粒子中的水分，气流让温暖的干风更好地与塑料粒子接触，而粒子中的水分满足含水率要求则需要足够的时间。有关干燥的更多详细信息，请参见第九章。

在成型加工之前可以使用水分分析仪来检验材料的含水率。市场上主要的水分分析仪使用的分析方法有以下两种。

（1）卡尔・费歇尔滴定法　该方法依赖精密分析设备以及化学试剂，测试出的塑料水分含量比较真实。

（2）失重法　该方法在测试开始时使用精密天平称重材料。材料加热后剔除了其中的水分，水分分析仪将根据重量的损失计算出水分百分比。此方法运用方便，但精度较差，这是因为减少的重量中还包括其他物质，比如残留单体或低分子量添加剂。

每家工厂应对水分分析仪的适用性进行评估。卡尔・费歇尔滴定法的结果更准确，但成本高昂，这是因为它采用的是实验室级别的设备，操作和维护都需要较高的技能。

应该理解，仅仅将材料干燥到应有的水平是远远不够的。干燥过的材料暴露在潮湿环境中会像海绵一样吸收水分。很多材料如果暴露超过15min，含水率就会超标以致无法有效加工。为避免出现料花缺陷，将材料从干燥料斗运输到注塑机时，留在干燥料斗外面的材料越少越好。可以通过几种不同的方式来实现以上要求，它们包括：

- 在注塑机上使用小容量的单射料斗。这样干燥料斗外面的材料量可保持最少。根据所需的注射量，在单射料斗上设置磁感应接近开关。
- 将干燥料斗安装在注塑机的下料口上方。可以消除材料从干燥料斗转移到注塑机料斗时的所有风险。这对于小容量的料斗相当有效，但是随着料斗容积的增大，更换材料时的清理工作也将会变得更麻烦。

案例分析：干燥

聚氨酯（TPU）是一种对水分非常敏感的材料，只有当含水率控制在0.02%以下时才能顺利进行加工。TPU容易发生水解反应，导致分子量降低。

发生这种降解时，材料黏度将显著下降，这从注塑机的切换压力上就可以反映出来。潮湿状态的TPU会呈现高黏性，加工时很难从模具中取出。采用卡尔·费歇尔滴定法和失重法检测TPU含水率的经验表明，在潮湿的月份，材料停留在干燥机外的最长时间不能超过5min，否则其水分含量将超过0.02%的标准值！因此，应确保每位员工都了解保持材料干燥的重要性。

42.3.1.2 熔体温度太高

热塑性塑料都有给定的成型温度范围。如果塑料在规定温度范围之外进行加工，就会发生热降解。材料降解产生的废气被困在熔体流中，会导致产品表面出现料花。图42.3为带有降解后料花的材料。

首先应检查料筒温度设定值是否正确（匹配工艺表单）。其次，应确认实际温度在设定值的5°F（2.8℃）范围内。如果某个区域实际温度超出标准，应检查并确定加热圈是否正常工作。如料筒温度实际值高于设置值20～30°F（11.1～16.7℃），表明料筒内存在过高剪切。这种高剪切可能是由于背压过高、螺杆转速过快或料筒温度分布不当而造成的。当加热区段温度超过设定值时，工艺就不再受控。

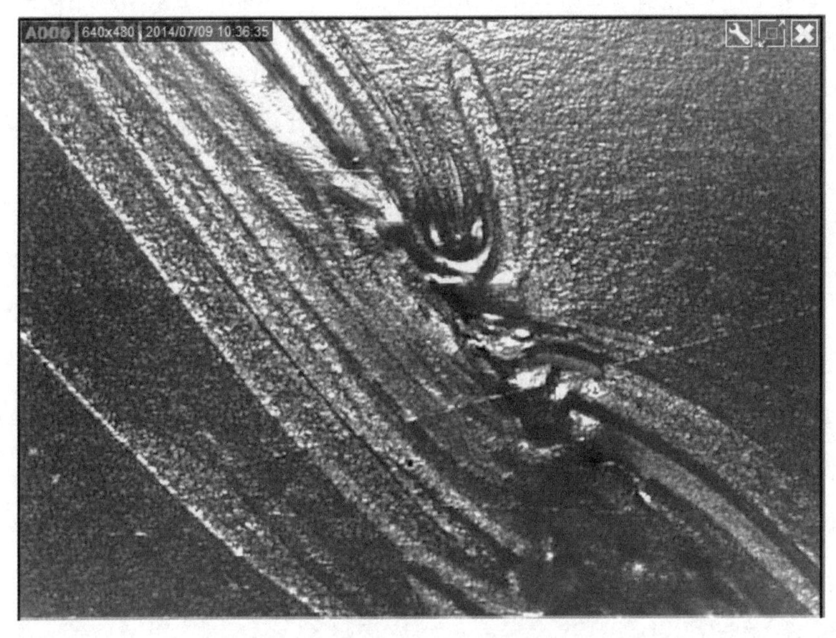

图42.3 材料降解产生料花的显微镜照片

排除料花缺陷时，首先要确认塑料熔体温度在推荐的温度区间之内。温度过高和过低都会产生料花，尽管过热是最常见的原因。要始终牢记，注塑机上的温度设置无法反映材料的真实熔体温度。在某些情况下，由于螺杆剪切发热，熔体温度实际值可能会超过料筒温度设定值50℉（27.8℃）甚至更高。

加热圈经常会被烧坏。可以使用电流表检查耗电量来检出烧坏的加热圈。如果有加热圈烧坏，料筒里会出现低温点，加热也会不均匀。加热均匀对于维持工艺稳定，避免产生废品至关重要。

42.3.1.3 松退

螺杆过度减压（松退）会导致周围空气被吸入注塑机喷嘴孔中而在产品表面形成料花。如果需要较大减压来避免喷嘴头流涎，应该弄清楚其中的原因，如流涎往往是由过热或者材料降解造成的。

42.3.1.4 背压

背压对于塑料熔体质量至关重要。背压不足时，熔体会含有空气且欠均匀。在熔化过程中的部分熔体压缩会挤出困在未熔化颗粒间的空气。背压通常设置为500～3000psi，具体取值需根据给定工艺需要多少剪切和混合决定。当实际背压趋近该范围下限甚至低于这个范围时，可能会导致料花。

在注塑机清料时采用低背压有利于螺杆复位，但必须在注塑机生产时将其调回设定值。这一点常常被忽视，有一种不用减小背压的代替方法，即清料时用手动减压按钮将螺杆回退到接近所需注塑量的位置。如果改变了背压，就有可能忘记调回原来的设定点。

如果背压设置得太高，材料可能因过热而降解。如42.3.1.2节所述，熔体温度起着十分重要的作用，而由背压产生的剪切是熔化过程中不可或缺的组成部分。高背压通常用来加强色母的混合效果，弥补螺杆设计的缺陷。但这种用工艺迁就螺杆缺陷的做法却缩小了工艺窗口。

42.3.1.5 滞留时间

滞留时间定义为塑料在注塑机料筒中加热的时间，它由两个参数决定：

- 注塑机料筒容量与模具注射量的比例
- 周期时间

滞留时间随着上述两个数值的增加而增加。在熔融温度下滞留时间太长，许多材料会发生降解。

理想情况下，给定模具的注射量应在额定料筒容量的25%～75%，因成型材料而异。当滞留时间增加时，材料降解的风险也会增加。如果滞留时间过长，最好将熔体温度保持在推荐范围的下限，这可以通过剪切输入和料筒温度的设定来实现。

42.3.1.6 螺杆转速

当螺杆转动时，螺杆与料筒之间的剪切会产生大量热量。随着螺杆转速增加，剪切热量也增加，材料的熔体温度有可能会超过上限。螺杆应在注塑机模板打开之前约2～3s复位。

42.3.1.7 下料口温度

如果通过下料口的循环冷却水过冷（低于环境露点），下料口就会出现冷凝水。一旦冷凝水滴入下料口，就会和塑料一起流到料筒中。下料口温度应控制在120～150℉（48.9～65.5℃）之间，首先是为了避免产生冷凝水，其次要防止产生过多的热量，使颗粒黏结在一起堵塞下料口。

42.3.1.8 下料稳定

如果原料加料速度不一致，螺杆旋转复位时就会缺料。不一致的加料方式会导致复位时间延长，从而引起材料过热并产生料花。因此应保证料斗始终处于加料状态。可以通过以下两种方法检测加料过程是否一致：

（1）如果加料机不停地运行，通常表明它与注塑机保持同步方面存在问题。造成这种情况的根本原因可能是原料供应不足，加料机的过滤器堵塞或加料棒未插入原料中。

（2）螺杆恢复时间不稳定。

42.3.2 模具

如果料花位置固定，模具可能存在问题。在解决与模具有关的料花时，关键要在料流前端找到导致料花的原因。通常，料花会出现在模具微细结构附近数英寸的产品表面上，这就是问题所在。有许多模具方面的因素会引起料花，它们包括：

- 排气
- 热流道温度
- 冷料井
- 直流道和喷嘴头内径
- 型腔锐角
- 浇口剥离
- 润滑油
- 型腔开裂
- 空气泄漏

- 文丘里效应

42.3.2.1 排气

模具排气的不良影响是造成产品料花的最大原因之一。大多数情况下，改善排气，料花就会消失。如果通过清洁模具分型面可以在短时间内改善缺陷，那么就更应该考虑优化排气。所有在塑料熔体流中产生的气体以及型腔中的空气都应通过排气槽排出。许多注塑厂都会低估正确排气的重要性（有关排气方法和设计参见第七章）。

案例分析1：排气不足引起的料花

料花出现在离浇口大约2 ~ 3in处，且偏向型腔一侧。料花不像直接来自浇口。模具多次往返模具车间进行排气检查。最终分型面周边都增加了排气槽，排气效果大大提高。生产部门反馈如果在靠近浇口的分型面垫一层铝箔，缺陷就会消失，他们意识到排气还有改善空间。仔细观察铝箔放置的位置很靠近流道，而这个区域几乎没有排气槽。从注塑机上卸下模具，并增加了流道附近的排气槽。当模具安装到注塑机上重新启动时，料花完全消失!

流道的排气与产品的排气同等重要（见第七章排气方法和设计）。

案例分析2：螺丝固定柱引起的料花

本案例中的螺丝固定柱高度为1in，中央有一个盲孔。料花出现在料流方向上固定柱的后方。下模后，由模具车间研究解决方案。经观察发现固定柱上的顶针和司筒都没有设置排气槽。模具车间在顶针和司筒上都增加了环形排气槽。当模具再次运行时，料花消失了。如果固定柱上有细微成型结构，还可以在结构上增加排气孔，将气体引向碰穿面排出（参见第七章排气）。

42.3.2.2 热流道温度

热流道实际上是注塑机料筒的延伸，就像料筒会产生过热现象一样，热流道系统也会过热。

出现与热流道相关的料花问题时，首先要确保热流道温度设置正确。如果热流道温度设置错误，材料可能会发生降解并导致料花。此外，还要确认热流道实际温度是否已达到设定值，并未高于或低于设定值。

对热流道分流板进行详细检查，以确认热电偶区段是否接错。一旦出现这种情况，多半是在模具制造或在模具维护期间，热电偶线插错了端子。如果热电偶线“接反”，当热流道控制器将电流输送到“A”区时，就无法收到热电偶的信号反馈，因为“A”区的热电偶实际上读取的是“B”区的读数。这种失误会导致热流道的分流板中存在潜在的低温点或高温点。新式热流道控制器大多能检测到此类故障，而老式控制器则无法做到。使用老式控制器检测此类故障，需手动逐个打开加热区，并观察该区段的热电偶是否有所反应，温度是否上升。如果热电偶接线错误，必须加以纠正。此外，热流道控制器电线可能会接错接头，产生上述同样的故障。

如果热流道中存在死角或流道错位，材料就会滞留在这些地方，引起料花缺陷。热流道的通道应尽可能保持顺滑无死角，以免引起材料堆积。遗憾的是，这个分流板加工问题往往被忽略。一旦热流道装进模具，模具架上注塑机，除了用工艺调试绕开缺陷，别无选择。分流板加工完毕才来解决问题代价非常昂贵，因此，应在之前把好验证关。

如果热流道分流板存在损伤而发生泄漏，那么损伤的地方会滞留材料，并使材料发生降解。通常，热流道的启动步骤不当会导致热流道泄漏。向模具中注射塑料之前，必须先均匀加热分流板。热流道冷启动会增加分流板开裂的可能性。不同的热流道有其特定的工作温度范围，而各组件之间的配合关系也是根据该温度下的热膨胀系数而定的。如果热流道的设定温度偏离设计温度，那么各组件间的热膨胀差异可能会造成间隙，从而产生料花。

案例分析：热嘴

本产品由聚碳酸酯材料制成，模具配有四个低残留热嘴，浇口附近有料花出现。由于某种原因，本产品需要高速填充和补缩。但高速填充却带来了料花缺陷。检查浇口和分流梭式热嘴后发现，浇口直径为0.050in（1.27mm），浇口截面积为0.00147in^2（0.95mm^2）。将浇口直径扩大到0.0625in（1.59mm），浇口截面积随即增加至0.00258in^2（1.66mm^2，截面积增加了75%）。通过解除热嘴的限制，料花缺陷得以解决。

42.3.2.3 冷料井

冷料、料屑和流涎会导致料花缺陷出现在填充开始的位置附近。从直流道通向分流道和浇口的过渡处都应设置冷料井。流道顶针应避免产生飞边或料屑，否则会引起看似料花的缺陷。还要确认直流道拉料杆倒扣不能太大，否则也会留下料屑。冷料、料屑或流涎等诸多缺陷都会形成看似料花的外观缺陷。

42.3.2.4 直流道和喷嘴头孔径

在注塑行业中，直流道和热流道喷嘴孔径都有不同的设计标准。最常见的喷嘴孔径分别为1/8in、3/16in、1/4in、5/16in和3/8in，标准直流道孔径尺寸分别为5/32in、7/32in、9/32in等。标准直流道设计应配合以上喷嘴孔径并留有1/32in（0.8mm）的间隙，这有助于防止直流道粘模。因此，直流道孔径为5/32in（4mm）的模具应使用1/8in（3.2mm）的喷嘴，这样就可实现最佳流动并避免直流道粘模。

另一方面，热流道孔径应等同于公称流动通道尺寸，不留间隙。因此喷嘴头尺寸应与热流道孔径完全匹配。这样热流道就成了料筒的延伸部分，减少了流动路径中的滞留点。如果在喷嘴头和热流道进料孔之间存在滞留点，材料就容易发生降解，从而导致料花。有时，出现料花的根本原因是操作员忘记更换喷嘴头，使用了不匹配的喷嘴头而产生了滞留点。每副模具对应的喷嘴孔径应记录在案，必要时应予以更换。

切忌当喷嘴头孔径大于直流道孔径时运行模具。这时冷流道的直流道会产生粘模现象，如果是热流道的话则进料孔上会产生剪切点和滞留点。

42.3.2.5 尖角

导致料花的另一个模具方面因素是型腔中存在尖角。有时，材料流过尖角区域后就会在下游出现料花。该现象可以通过打磨尖角和增加圆角来加以改善。

42.3.2.6 浇口料屑

如果潜伏式浇口或牛角浇口设计不当，会引起流纹或料花状的外观缺陷。这是在浇口与产品分离时有料屑从浇口剥落而造成的。如果在型腔浇口附近发现料屑，基本可以确定缺陷由此引起。判断该缺陷还有个技巧，即在两次循环之间用手持式气枪对着浇口吹气，然后观察缺陷是否消失。参见第四章有关浇口和流道设计。

如果料屑是造成缺陷的根本原因，用放大镜就能发现在料花的起点处存在可见的斑点。

42.3.2.7 润滑剂

有时料花是由模具上使用的润滑剂引起的。比如斜顶或顶针上的油脂会流到型芯表面。这种润滑脂会带到产品表面上，留下料花。同样，润滑剂和金属保护剂也会粘在嵌件上并从型腔表面渗出，导致料花。如果从模具车间返回的模具出现料花，多半是润滑剂使用过多造成的。模具的润滑切忌过度。否则，擦掉多余的润滑剂事小，有时甚至得拆卸模具才能解决缺陷。

42.3.2.8 型腔开裂

型腔开裂是导致料花的另一种模具异常。如果型腔裂缝延伸至冷却水路，水会渗到型腔表面，产生料花。型腔上的裂纹一般肉眼可辨，表现为型腔表面出现水滴。有些情况下，只有合模并锁紧模具才会出现水滴。因此，检查裂纹时，应始终合上模具，观察在锁模压力下是否有裂纹。短期解决模具裂纹的方法是使用逆流模温机，但这会影响模具的冷却能力。彻底排除缺陷的方法是修复裂纹。在模具设计期间应注意尖角容易引起开裂。

42.3.2.9 漏气

如果模具用气顶脱模，将塑料注射到型腔里时，气顶漏气会将气体带入熔体，造成料花。因此，只有在脱模将要开始时，才能给气顶加压。

在生产气辅产品时，气针漏气会将氮气带入熔体流，从而导致料花。同样，如果打开气阀过早，产品上会出现料花。气辅产品的生产复杂性较高，在缺陷排除过程中必须考虑这一点。

42.3.2.10 文丘里效应

在某些情况下，型腔中流动的塑料熔体会越过筋条而无法填充正常，可能会将滞留在筋条中的空气吸入熔体流，从而在产品上产生料花。要避免出现此缺陷的关键是确保筋条排气通畅。调整填充速度可能改善此缺陷，但不能解决根本问题，并且会缩小工艺窗口。

案例分析：填充末端筋条的料花

该案例中的产品材料为聚丙烯（PP）。在距填充末端大约2 ~ 3in（50 ~ 76mm）的地方，筋条附近出现了料花缺陷，而且无法消除。对模具进行改进，筋条的尖角处加圆角，并增加了顶针帮助排气。但所有改进并没有解决料花缺陷。为了逐一消除所有引起缺陷的可能因素，决定在产品末端增加周边排气槽。排气道也增加了0.060in（1.52mm）的直段，并且排气槽深度扩大到了0.001in（0.025mm）。重新生产时，料花消失了。然而，几天后缺陷再次出现。检查模具发现排气槽已经被堵塞。原因是模具分型面上承重面积太小而避空面太多，分型面容易被压塌并堵塞排气口。疏通排气口后，料花不再出现。

42.3.3 注塑机

有时，造成料花的根本原因是注塑机本身的故障。这类故障尽管比较罕见，一旦出现你会陷入“上下求索仍不得其解”的窘境。下面是部分与注塑机相关的潜在因素：

- 温度控制
- 螺杆设计
- 下料口开裂
- 螺杆、料筒或止逆阀损坏
- 工艺控制不佳

42.3.3.1　温度控制

注塑机的热量控制不当是注塑产品出现料花的常见原因之一。温度太高和太低都可能导致材料降解，从而形成料花。当温度过高时，材料会发生热降解，产生气体，导致料花。而当温度太低时，螺杆和料筒中会产生过高剪切力，这也会导致材料降解。大多数新式注塑机都有加热圈过热失效的检测功能，这将有助于及时发现故障。如果没有检测到加热圈故障，可使用“电流表”检查加热圈上的电流。

42.3.3.2　下料口开裂

下料口裂纹会导致冷却水渗入进料中。这种情况很少发生，而且很难诊断。必须清理掉下料口的材料，并拆除料斗才能看到是否有裂纹和漏水。如果出现下料口漏水，无论材料干燥得多么好，都会出现料花缺陷。

42.3.3.3　螺杆设计

螺杆设计不当会导致熔体质量不佳，进而产生料花。这会发生在通用螺杆加工半结晶材料而螺杆的压缩比或长径比（*L*/*D*）不足的情况下。这种组合会导致熔体质量变差。最坏的情况是，熔体流中的未熔颗粒造成表面缺陷，并留下料花痕迹。轻一点的情况是，未熔融颗粒之间的空气无法从熔体流中排出，并一直困在熔体流中。

通用螺杆充其量只能作为万能螺杆的权宜代替品。根据成型材料的不同，可能需要订制具有特殊压缩比、长径比和混料结构的螺杆，这样才能提供足够不含气体的熔体。图 42.4 显示了标准的通用螺杆。

图42.4　通用螺杆

42.3.3.4 螺杆、料筒或止逆阀损坏

螺杆、料筒或止逆阀损坏会造成材料滞留以及形成高剪切区域，进而产生料花。材料滞留的任何位置都可能引起材料降解。降解后材料释放气体，这些气体包裹在塑料熔体流中，最终形成料花缺陷。预防性维护检查程序中应该包含螺杆、料筒和止逆阀的损坏检查。

清洁螺杆时必须谨慎。有时，用研磨机清洁螺杆会留下划痕和粗糙表面。一般建议使用铜丝纱布清洁螺杆，铜丝不易划伤螺杆表面。一旦螺杆被刮擦或损坏，材料滞留的可能性会增加，最终造成料花、褐纹或黑斑等缺陷。

42.3.4 材料

有些料花缺陷是材料本身引起的。基于材料的潜在因素有：

- 污染
- 过度潮湿
- 用料错误
- 发泡剂

42.3.4.1 材料污染

污染是最常见的材料导致缺陷的原因。原材料会被异物、灰尘、纸片或其他潜在污染源污染。所有异物都可能导致料花缺陷。污染物可能在任何温度下降解，导致气体逸出，并在塑料熔体流中产生气泡。异物污染还可能导致产品表面分层，产生类似于料花的外观。材料供给环节上的任何一环都可能引起材料污染，如供应商场地、运料车、筒仓、盛料纸箱、干燥料斗或注塑机料斗等。因此，把材料装入料仓或料斗时，应采取预防措施，避免材料的交叉污染（如图42.5）。

42.3.4.2 材料过度潮湿

材料过度潮湿会导致严重问题。即使是非吸湿性材料，一旦表面水分过多，成型时也会出现料花缺陷。如果把手伸入潮湿材料中，能感觉到湿气，那么即使正常情况下不用干燥的材料（如聚丙烯），此时也需要通过干燥来去除表面湿气。

案例分析：聚丙烯上的料花

本案例中，聚丙烯产品表面出现了从没出现过的料花。在缺陷排除过程中，发现装料的纸箱曾经存放在屋顶破漏处。材料输入注塑机时，潮湿不堪，于是出现了料花。材料干燥几个小时后，料花不见了。有时筒仓里的材料会因为漏雨或仓盖未盖好而变得潮湿。

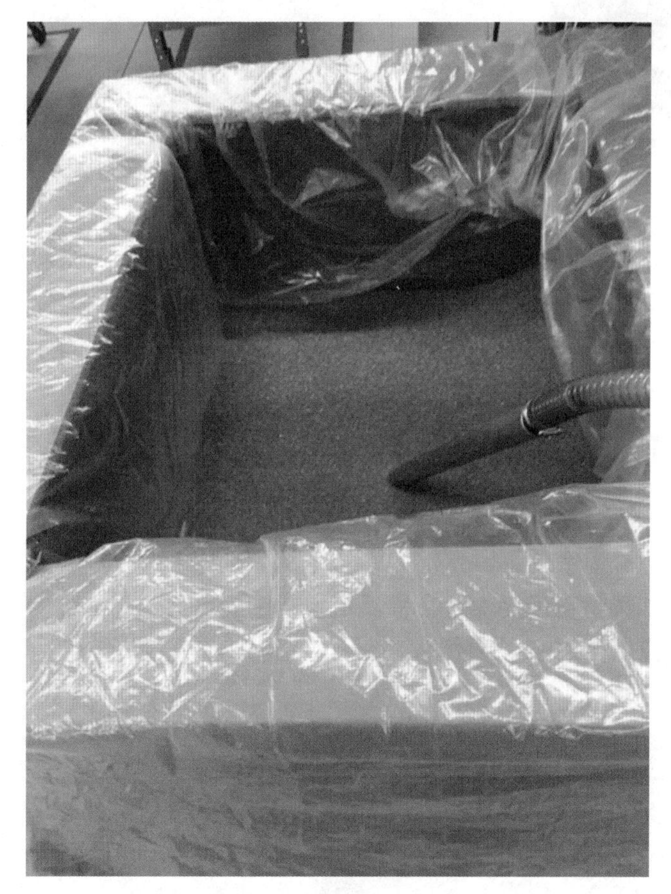

图42.5 敞开的盛料纸箱存在潜在污染风险

42.3.4.3 用料错误

应确保加入注塑机的材料准确无误，确认物料标签与物料清单上的要求相符，否则各种缺陷都可能产生。请注意，严重的材料降解甚至会带来安全隐患。

42.3.4.4 发泡剂

当使用发泡剂或采用微发泡工艺时，人们会刻意将气体引入充满塑料的料筒中。这种在内部会生成气体的材料经常用于厚壁产品中，用来规避缩孔，减少重量并缩短周期时间。由于材料中充满气体，所以整个产品上都有料花的痕迹。有些工艺可用来改善产品表面质量，例如气体反压工艺。但是当此工艺与发泡剂或微发泡工艺叠加运用时，要完全去除所有表面的料花非常困难。

如果在本来无需发泡的材料中加入了发泡剂，则会产生料花。可参照处理材料中污染物的方法进行处理。

第43章 直流道粘模

43.1 缺陷描述

直流道是流道系统的一部分，是塑料从注塑机喷嘴进入模具的入口。当模具打开时，如果直流道仍然留在模具定模侧的浇口套中，就称为直流道粘模。典型的直流道如图43.1所示。

图43.1 典型的直流道

43.2　缺陷分析

直流道粘模缺陷分析如表43.1所示。

表43.1　直流道粘模缺陷分析

成型工艺	模具	注塑机	材料
保压压力太高	浇口套倒扣	喷嘴故障	含水率
保压时间太长	浇口套抛光不当	注塑机性能	材料类型
冷却时间太短	直流道拉料槽	射座前进压力	添加剂
模具温度太高	浇口套冷却		
喷嘴温度太低	尖角		
直流道折断	直流道或流道过粗		

43.3　缺陷排除

直流道粘模有多种原因。当出现直流道粘模时，下一模注塑将无法进行，并引发注塑机报警。取出粘模直流道的方法为：加热黄铜螺丝并将其插入直流道根部，等螺丝周围的塑料固化，用钳子或滑锤起拔器拉拽螺丝，将直流道拔出。在尝试取出粘模的直流道时，务必检查浇口套圆角处是否存在飞边。在拔出直流道之前，应先清除其根部周围的飞边（可用加热的黄铜棒熔化飞边）。

43.3.1　成型工艺

造成直流道粘模的工艺缺陷包括：

- 保压压力太高
- 保压时间太长
- 冷却时间太短
- 模具温度太高
- 喷嘴温度太低
- 直流道折断

43.3.1.1 保压压力

如果保压压力较高，会导致直流道过度补缩而造成粘模。直流道通常是产品和流道系统中最粗的部分，因此直流道需要较大的补缩压力。

应验证是否已将保压压力设置为记录的工艺值。如果怀疑压力过高，可用仅填充注射验证压力对直流道的影响。如果在仅填充阶段直流道并未出现粘模现象，则表明是直流道的过度补缩限制了直流道的收缩。

如果直流道的粗端形成了缩孔（void），即使保压压力较低也会导致直流道粘模。这是因为含有缩孔的直流道通常会在模具打开时拉断。如果发现直流道被拉断，而且内部存在缩孔，则应增加保压压力，消除缩孔。

43.3.1.2 保压时间太长

如果浇口冻结后继续施加保压压力，压力只会加在分流道和直流道上。一旦保压时间过长，就会导致直流道过度补缩而粘模。除了潜在粘模，多余的保压时间还会导致周期时间增加和流道重量增加，这两种情况都会增加注塑成本。此外，注塑机将花费更多的能量来提供超时压力，这也将增加成本。

保压时间应该根据浇口冻结时间测试进行评估（见第三章科学注塑部分）。

如果工艺要求浇口冻结，为保险起见，可在现有浇口冻结时间上增加5% ～ 10%的变化量，以确保浇口冻结。有些公司会选择一个给定的时间量来延长浇口冻结时间。无论选择哪种方法，都应确保始终遵循该方法来设定保压时间。

检查保压时间，并验证它的设置是否正确。还要验证浇口冻结时间，并确定保压时间设置得当。如果在保压阶段有额外的时间，可尝试缩短保压时间，并确定它对粘模的影响。为了保持周期时间的一致性，可将从保压阶段中节约的时间加到冷却时间中。与以往一样，必须了解对产品的要求。某些客户就成型周期的缩短会要求重新审核注塑件生产工艺。

43.3.1.3 冷却时间太短

如果冷却时间太短，直流道没有足够的时间充分收缩，也就无法从浇口套中脱出。此外，如果冷却时间太短，直流道温度还很高，也无法稳定地从浇口套中脱出。大多数时候，过热的直流道会与拉料杆脱离，粘在浇口套中。

应检查直流道脱模前冷却时间是否足够。增加冷却时间有助于判断直流道粘模的原因是否因为冷却时间不足。如果增加冷却时间对解决缺陷有帮助，就应评估加强直流道区域冷却的可能性。

43.3.1.4 模具温度太高

模具温度偏高与冷却时间过短的后果几乎相同。直流道会因收缩不足而不能有效脱模，或者直流道温度偏高，在模具打开时被拉断。

检查浇口套附近模具的表面温度。如果模具出现过热，应判断是刚出现的现象还是早就这样了。

应检查以下和冷却相关的项目：

- 冷却水温度
- 冷却水流量
- 冷却水路的布置
- 冷却通道结垢

上述任何一项和冷却相关的因素都会影响塑料的冷却速率，因此必须加以控制，以便在模具使用寿命内保持一致的冷却效果。其中无论哪一项与原始工艺数据不吻合，都应予以纠正。

热成像技术有助于探测注塑件、分流道和直流道上的热点位置。在工艺开发期间应制作基准热成像图，以便未来开展缺陷排除工作。通过比较基准图像和当前图像的差异，就能找出模具的冷却问题。

43.3.1.5 喷嘴温度太低

有时，喷嘴温度太低会导致在喷嘴头残留冻结塑料，模具打开时，这块塑料很难与直流道分离。适当提高喷嘴温度可以让直流道和喷嘴头更容易断开。

43.3.1.6 直流道断开

注塑机上有个设定叫“座退”，它允许射座在开模前后退。在某些情况下，使用座退功能可以使直流道与喷嘴头完全断开，并可解决直流道粘模问题。但如果使用了这个功能，务必注意防止喷嘴流涎，因为如果流涎持续一段时间，就会导致喷嘴头或浇口套损坏（很可能导致粘模）。

43.3.2 模具

导致直流道粘模的模具因素包括：

- 浇口套倒扣
- 浇口套抛光不当
- 直流道拉料槽
- 浇口套冷却
- 尖角
- 直流道或分流道太粗

43.3.2.1 浇口套倒扣

浇口套上出现的任何倒扣都会引起直流道粘模。如果直流道不慎被钢制工具损坏，产生的倒扣会引起粘模。浇口套中孔是用锥形铰刀加工而成的，刀具会在浇口套内壁留下诱发可粘模的环形刀痕。在某些情况下，需要对直流道进行顺向抛光，使其顺利脱模。图43.2是导致直流道粘模的环形抛光痕迹放大图。对浇口套进行顺向抛光可以去除这些倒扣。

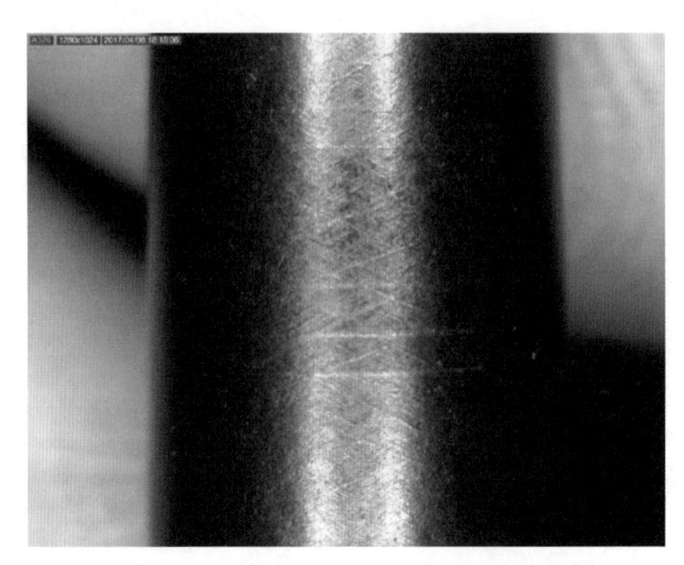

图43.2 直流道的放大图：有残留环形铰刀痕迹

应检查浇口套座有无损坏。如果有损坏，在浇口套和喷嘴之间就会有塑料泄漏，应进行表面修整。浇口套和喷嘴头的损伤往往会造成直流道末端的飞边现象。

含玻纤材料会导致浇口套内侧钢材腐蚀，腐蚀产生的倒扣引起直流道粘模。解决方法就是更换浇口套，而不是将腐蚀部分进行抛光消除。

43.3.2.2 浇口套抛光不当

与多数普通粘模一样，成型某些材料的模具需要顺向抛光，而另一些则需要对浇口套进行喷砂处理。聚氨酯（TPU）是一个很好的例子，喷砂过的浇口套更容易脱模。如果直流道粘模的原因不明，应检查浇口套是否采用了顺向抛光。

浇口套如采用环形抛光会产生细微倒扣，从而导致直流道粘模。正确的抛光方式一般都可以消除这种粘模问题。

包括聚碳酸酯（PC）、ABS和尼龙在内的许多材料都应采用顺向抛光的浇口套。不要以为精细的抛光就能解决粘模缺陷。对于聚丙烯（PP），高度抛光的表面反而会导致粘模。对锥形直流道进行顺向抛光不容易，但往往可以解决粘模问题，只要用320目的砂纸进行顺向抛光即可。

43.3.2.3　直流道拉料槽

辅助直流道从浇口套中脱模的拉料槽有多种形式，最常见的有“Z”形拉料槽和反斜度冷料井。通常，“Z”形拉料槽可为直流道提供较大拉力。而反斜度冷料井只能靠反向脱模角度提供拉力，否则直流道无法与模具动模侧脱离。“Z”形拉料槽是用冷料井顶针切割而成，应具有足够的圆角，以防脱模时拉料杆在尖角处折断。

图 43.3 显示了一个 Z 形直流道的拉料槽。在冷料井顶针上磨出一个倒扣，可扣紧直流道，并将其在模具打开时从浇口套中拉出。

图43.3　带Z形拉料槽的直流道

图 43.4 显示了一个反斜度拉料柄，这种拉料柄通过在型芯中增加倒扣，让直流道留在动模侧。虽然这些倒扣有助于改善直流道粘模状况，但也会产生料屑问题。

图43.4　含倒扣的反斜度直流道拉料柄，注意冷料井比直流道小

图43.5显示了一个直流道Z形拉料柄断裂的示例。如果Z形倒扣切得太深会产生顶杆机构薄弱的现象。Z形拉料柄断裂会造成直流道粘模。

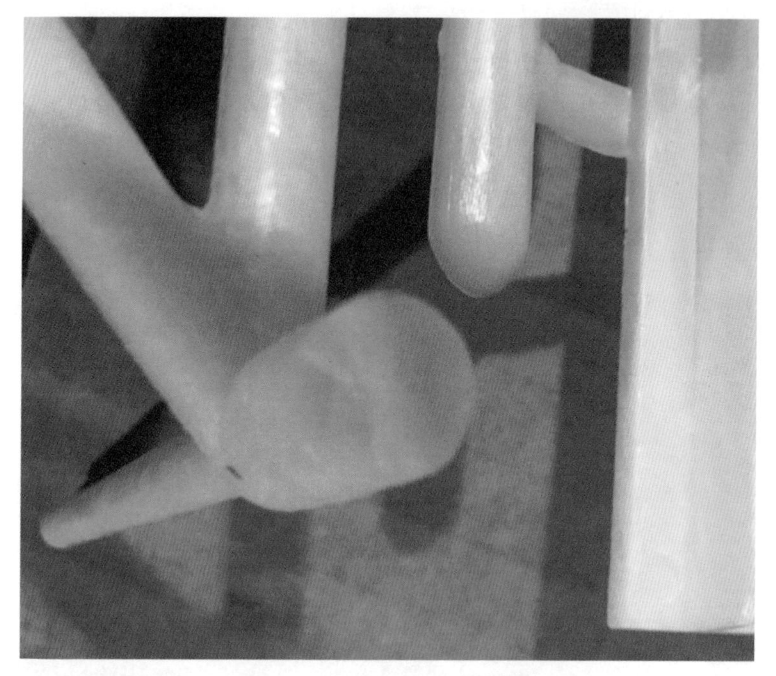

图43.5 直流道Z形拉料柄断裂

43.3.2.4 浇口套冷却

直流道根部通常是模具中塑料最厚的区域，因此为确保脱模时塑料已经固化，该位置附近的冷却就很重要。应在浇口套周围布置均匀的冷却水路。还应确保浇口套与型腔镶块接触良好，这样热量可从浇口套扩散到模具中去。浇口套与型腔镶块之间的接触不良会导致直流道附近冷却效果降低。

如使用得当，用铜合金制作的高性能浇口套可以改善直流道的冷却效果。使用如铜合金之类的高导热性材料时，模具中的冷却水路必须将铜组件中的热量及时带出。如果高导热性镶件或浇口套无法有效冷却，由模芯传入这些铜合金零件中的热量将无处可去，导致合金零件过热。

另一个方案是用热嘴代替浇口套。热嘴有两个主要优点:

（1）由于不需要等待直流道冷却，可缩短周期时间。

（2）减少流道系统的热量浪费，因为直流道中的材料始终保持熔融状态，无需反复冷却和顶出。

43.3.2.5 尖角

直流道和流道的所有转角处都不应留有尖角，减少引起断裂的应力集中点和剪切。这也包括热流道的直浇道式热嘴。如果这样做仍无济于事，可以增加一些薄型角撑筋。这些筋条会迅速冷却，并为直流道和流道的过渡处增加支撑。增加角撑筋的原因是直流道和流道的直径本身已经过大，如果在拐角处再增加大半径的过渡圆角，就会进一步增加这里的材料量，犹如雪上加霜。

43.3.2.6 直流道或流道尺寸过大

尺寸过大的浇口套和流道尺寸会积聚过多的塑料熔体，需要较长的周期时间才能冷却固化，否则直流道会从流道上拉断。流道最后成为废料，造成巨大浪费，这在行业中早已司空见惯。

造成直流道和流道在期望的成型周期内无法固化的原因是流道尺寸过于粗大或直流道区域冷却不足。缩小浇口套尺寸可以大幅降低周期时间。周期时间应由产品决定，而不应受流道冷却的限制。

43.3.3 注塑机

导致粘模的注塑机相关因素包括:

- 喷嘴故障
- 注塑机性能
- 射座前进压力

43.3.3.1 喷嘴故障

喷嘴或喷嘴头损坏会导致直流道粘模。常见的故障是在喷嘴头和浇口套之间的接触面漏料，从而造成喷嘴头表面损伤。喷嘴头损坏后可以修整或更换。

另一个关注点是喷嘴头孔径与浇口套之间的匹配。喷嘴头尺寸应小于直流道孔径约 1/32in（0.8mm），这样熔体可以最大流量通过喷嘴头。过大的喷嘴头孔径会导致直流道粘模。喷嘴和浇口套孔径可使用专用塞规测量。

还应确认喷嘴头圆弧半径是否正确。常用的喷嘴头半径为 1/2in 和 3/4in。大多数工厂会制定统一的喷嘴头半径标准，但是外来模具会不太一样。此外，有时模具设计审查会忘记审核浇口套半径，造成模具上的圆弧半径错误。浇口套和喷嘴头半径可用圆规进行检查。

应检查射座喷嘴与模具浇口套是否对准。可在浇口套上垫一块硬纸板，射座前进顶住硬纸板。然后退回射座，通过检查硬纸板判断浇口套和喷嘴头之间的接触是否均匀。压敏膜也可以用来代替硬纸板，它可以更准确地反映接触力的分布。如果喷嘴无法对准浇口套，射座就需要校准。如果射座向前即位时出现串动，则表示对中出现了偏差。

当成型含玻璃纤维的材料时，喷嘴头内可能会出现腐蚀形成倒扣，从而造成直流道粘模。如果喷嘴头中存在倒扣，该区域检查时通常会很明显。如果发现倒扣，应及时更换喷嘴，消除隐患。图43.6显示了一个存在倒扣的喷嘴头，是加工含玻纤尼龙后形成的。含玻纤塑料对钢材的腐蚀能力可能超出人们的想象。如不妥善处理，高剪切率叠加玻纤填料会造成诸多缺陷。

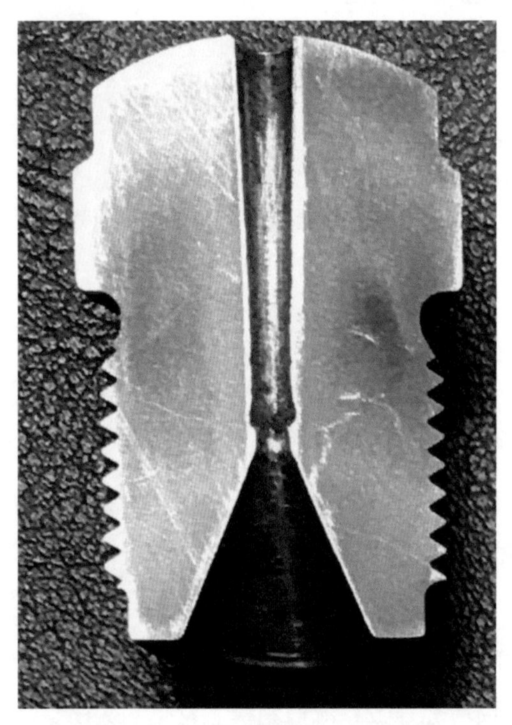

图43.6 被腐蚀形成倒扣的尼龙喷嘴头

43.3.3.2 注塑机性能

注塑机的所有设置对工艺都很重要。

见第八章注塑机性能。

43.3.3.3 射座靠前压力

如果喷嘴头和浇口套之间有塑料泄漏，应验证保持射座靠前的压力设置是否合理。该压力可称为射座前进压力、喷嘴接触力或喷嘴前进压力。如果此压力设置得太低，喷嘴头和浇口套之间可能会出现漏料，这会造成直流道粘模。

43.3.4 材料

导致直流道粘模的材料方面因素包括：

- 含水率
- 材料类型
- 添加剂

43.3.4.1 含水率

如果成型材料的含水率较高，材料可能会发生降解并且黏度升高。如果成型的是吸湿性材料，应确认该材料已充分干燥。如果干燥不充分，成型易水解材料往往会遇到更多困难，例如聚氨酯（TPU）、聚酯（PES）和聚碳酸酯（PC）。

有关干燥的更多信息，参见第九章。

43.3.4.2 材料类型

关于材料类型，首先要考虑的是成型含玻璃纤维填充材料造成的磨损。玻纤填料磨蚀性强，会对浇口套内的钢材造成很大的破坏。如果侵蚀很严重，就会导致直流道粘模。成型含玻纤填充材料时如采用硬质浇口套，长期来看会有不错的回报。

有些材料本来黏度就高，如尼龙（PA）、聚酯（PES）、聚氨酯（TPU）和聚碳酸酯（PC）等材料与浇口套粘得很紧。聚氯乙烯（PVC）或弹性体（TPE）类柔性材料非常柔软，耐撕扯也耐拉伸，会脱离直流道拉料槽，导致粘模。

在成型TPU之类材料时，应对浇口套进行喷砂而不是抛光，这样才能确保顺利脱模，这似乎有些违背常理。如果TPU材料已干燥仍然发生直流道粘模，那么可能要对浇口套进行喷砂处理。

43.3.4.3 添加剂

材料中缺少脱模剂会导致粘模。如果在使用新批次材料的开始就出现粘模，一定要联系材料供应商。但对于每次出现的新问题，不要养成动辄就喊“狼来了”的习惯。首先应保证所有内部的原因已经调查并得以解决。如果打电话给材料供应商的技术代表反映材料的料花问题，而却将干燥机露点误设成+30℉（−1.1℃），这是浪费大家的时间。

如果脱模剂作为母粒加入注塑机，应以正确的比例添加。还应评估哪些颜色的材料更容易粘模。半结晶材料的不同成核过程会导致不同的冷却和收缩速率，并影响直流道脱模的难易程度。

含玻纤的材料容易出现浇口套腐蚀现象，从而产生倒扣和粘模问题。因此，成型含玻纤材料时，需要使用高硬度的浇口套来消除腐蚀问题。

第44章 拉丝

■ 44.1 缺陷描述

拉丝是从喷嘴头或模具热嘴中拉出塑料细丝的现象。当模具打开时，熔融塑料会拉出一根长长的细丝。直流道拉丝的示例如图44.1所示。

别称：塑料线。

缺陷特点：无。

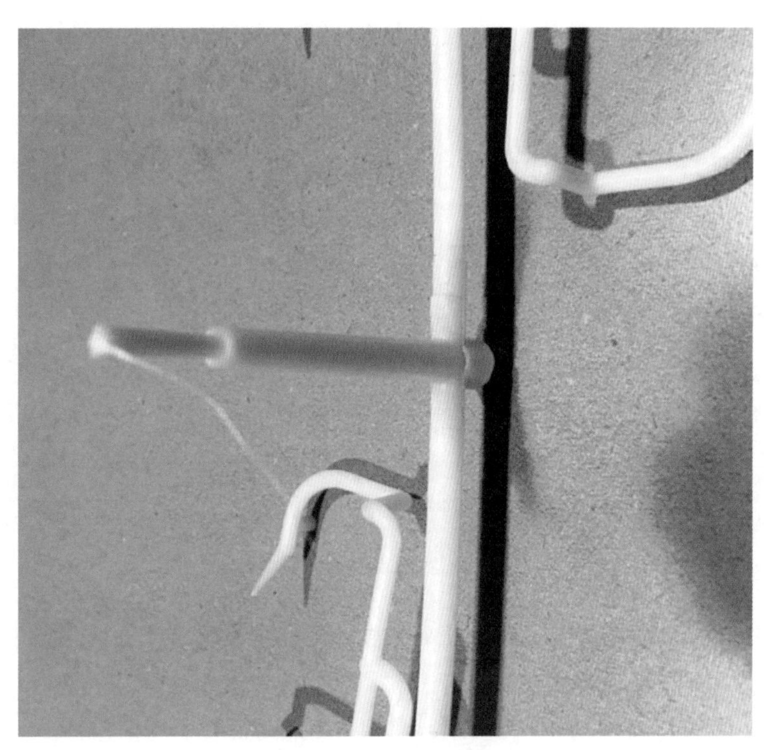

图44.1 直流道拉丝

44.2 缺陷分析

拉丝缺陷分析如表44.1所示。

表44.1 拉丝缺陷分析

成型工艺	模具	注塑机	材料
喷嘴温度太高	热嘴温度	喷嘴加热设置	含水率
松退不足	热嘴支承面积	注塑机性能	挥发物
熔体温度太高	冷却不足	喷嘴头	
模具温度太高	阀针浇口		
	热嘴孔径		

44.3 缺陷排除

通常来说，喷嘴或热嘴温度过高会导致拉丝。长时间拉丝造成的一个严重后果是分型面损坏。型腔表面的拉丝会造成钢材被压花而需要修模。

44.3.1 成型工艺

与工艺相关的潜在因素包括：

- 喷嘴温度太高
- 减压太少
- 熔体温度太高

44.3.1.1 喷嘴温度太高

如果喷嘴的设置温度或实际温度偏高，材料将在喷嘴头处始终保持熔融状态，一旦模具打开便出现拉丝。因此，喷嘴最前端的塑料应充分凝固，才能产生断点。

当出现拉丝现象时，应根据指定的设定值检查实际喷嘴温度。如果喷嘴温度超过设定值，则应调查原因。尝试降低喷嘴温度，然后观察拉丝是否减少。图44.2显示了喷嘴和转接头的红外图像。

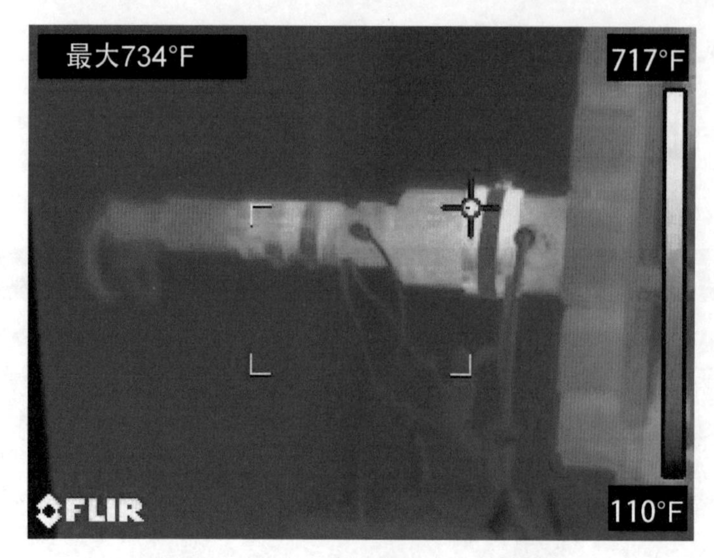

图44.2 加长喷嘴和转接头的红外图像

有时，消除拉丝的唯一方法是在喷嘴头和浇口套之间垫一层绝缘物，最常见的是一块纸板。当然，也可以使用模制绝缘头和凯夫拉纤维垫。绝缘物通常能够协助解决拉丝缺陷。

44.3.1.2 松退不足

如果注塑机上的松退量设置得太少，注塑时就会有较高的残余压力作用在喷嘴上。这个压力是在螺杆恢复过程中逐渐形成的，并且与恢复过程中施加的背压量有关。塑料熔体上的压力将施加在喷嘴和喷嘴头上，推挤前端的塑料。一旦模具打开，直流道与喷嘴头脱离接触便出现拉丝，甚至还会产生流涎。

增加松退设定值可以使料筒中的熔流稍稍远离喷嘴头前端，从而减少拉丝可能。但应注意，过度松退会导致料花缺陷。

44.3.1.3 熔体温度太高

即使喷嘴温度设置得当，材料的实际熔体温度也可能偏高，从而导致拉丝。熔体温度越高出现拉丝的可能性也就越大。

应检查实际的熔体温度。如果熔体温度过高并偏离工艺设定值，一定要调查原因。同时评估料筒温度的设定、实际背压和螺杆恢复速度。如果其中任何一项未按记录的工艺执行，材料就会出现过热。

44.3.2 模具

拉丝与模具相关的因素包括：

- 热嘴温度
- 热嘴封胶面
- 冷却不足
- 阀针浇口
- 热嘴孔径

44.3.2.1 热嘴温度

在未配置阀针浇口的热流道模具中，必须控制热嘴温度，使前端塑料熔体适时冻结。如果热嘴温度设置过高或热嘴出现过热，就会产生拉丝现象。可以用细长的探针插入热嘴体，测量热嘴内部的温度（见图44.3）。测量热嘴温度时，务必穿戴好合适的个人防护用品，并采取有效的安全防护措施。

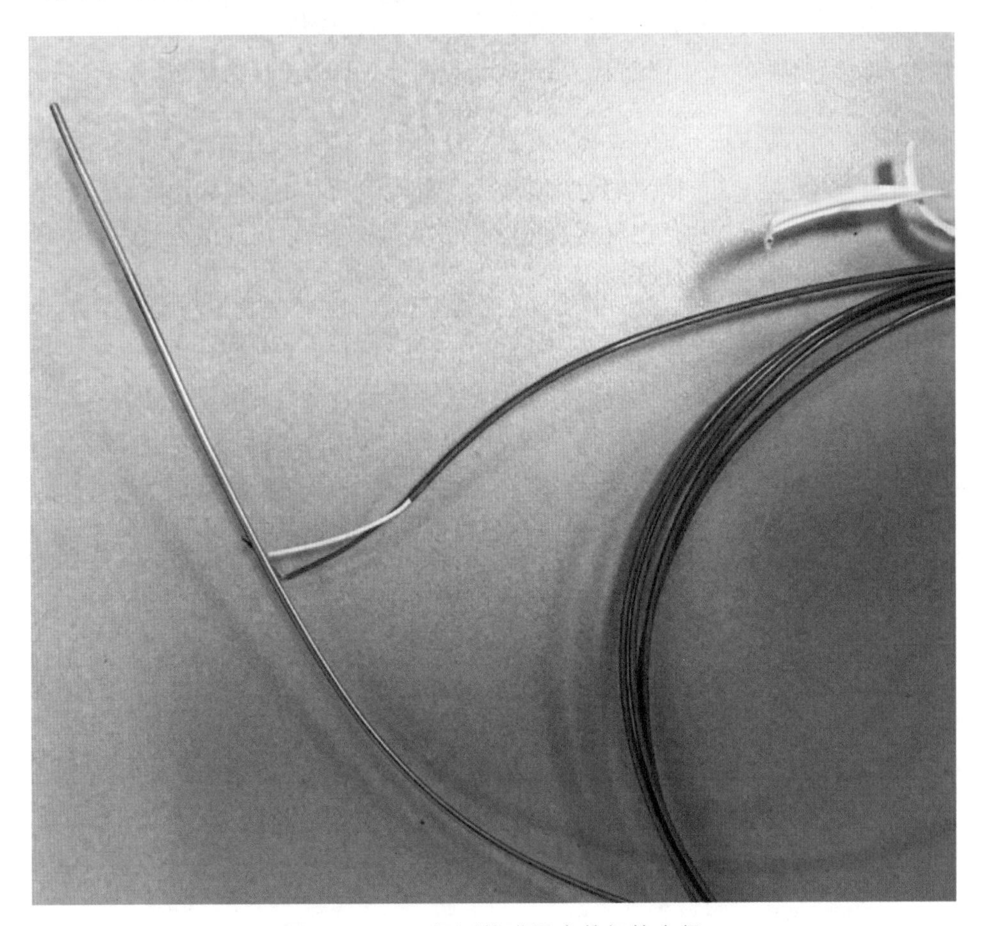

图44.3 用于探测热嘴温度的细热电偶

根据记录的工艺检查热流道温度设置以及实际温度读数是否正确。应避免使用没有热电偶的热流道系统，那种简单地用百分比进行电流输出设置的方法会导致各区段加热不均。

热流道中热电偶位置排布不均会导致热流道某些区域过热。设计优良的热流道系统可实现分流板整体均匀加热。而分流板加热不均会导致部分区域成为集热区而产生过热现象。如果热嘴体与型腔接触面积过多，与之接触的型腔钢材就会成为集热区，于是热流道就必须提高热嘴区段的温度，以避免熔料提前冻结。

44.3.2.2 热嘴封胶面

热嘴头与模具的接触面称为封胶面。模具和热嘴头之间的接触面积大小会影响热嘴的温度。如果与模具接触的封胶面积不够，热嘴就会过热，导致流涎或拉丝。接触面积过大又会造成热嘴中的熔料提前冻结，所以在处理与热嘴头相关缺陷时，封胶面积是个非常重要的考量点。对于阀针浇口，阀针仅有的一次冷却机会是其处于关闭位置，而热嘴与封胶面也正处于接触状态。

44.3.2.3 冷却不足

模具设计应保证热嘴头附近冷却充分。如果冷却不足，热嘴中的塑料熔体将无法达到凝固点，会产生流涎或拉丝。在模具制造之前应评估冷却方案，以确保热嘴区域得到适当冷却。

44.3.2.4 阀针浇口

如果热流道系统配有阀针浇口，阀针必须能到达最前端位置，确保浇口关闭。如果阀针无法移动到最前端，就会造成拉丝缺陷。

应验证阀针是否能正常前移。如果阀针浇口出现拉丝，应该将模具送到模具车间，检查阀针为什么无法到达前端位置。有可能是液压缸的密封件已磨损，或者阀针位置已无法调节。还要确定是否有足够的压力（无论气动或液压）驱动阀针。

44.3.2.5 热嘴孔径

热嘴孔径越大冷却就越困难。当热嘴处堆积大量塑料时，塑料就成了绝热体，阻碍塑料的有效冷却，进而导致拉丝。通常使用较小内径的热嘴孔可以减少拉丝。

44.3.3 注塑机

注塑机上会导致拉丝的因素包括：

- 喷嘴加热设置

- 注塑机性能
- 喷嘴头

44.3.3.1 喷嘴加热设置

注塑成型的一个关键是保持熔体输送系统温度的准确性和可重复性。注塑机上经常被忽视的部分是喷嘴和它后面的多种转接头（见图44.4）。

需评估加热圈和热电偶在喷嘴的分布是否良好。如果喷嘴很长，仅在喷嘴的拧扳手平面装一个热电偶，喷嘴两端的热量平衡会出现问题。使用长喷嘴和接头时，应确保各热电偶控制区段互相独立，热量控制才能得到改善。

图44.4 装有多个加热圈的超长喷嘴组件

喷嘴头与模具之间必须隔热才能减少拉丝。构建这种隔离的通常做法是在喷嘴头和浇口套之间垫一块纸板。也有像凯夫拉纤维绝热体那样的模压体，安装在喷嘴头上进行隔热。

44.3.3.2 注塑机性能

见第八章注塑机性能。

44.3.3.3 喷嘴头

应确认使用的喷嘴头孔径和型号正确。在工艺开发过程中，应始终清晰地记录喷嘴头信息，以确保将来的可重复性。使用错误的喷嘴，材料无法正常凝固。如果喷嘴头和直流道太粗，也无法很好地冷却，会导致拉丝。

44.3.4 材料

拉丝与材料相关的因素有:

- 材料含水率
- 挥发物

44.3.4.1 材料含水率

如果一种材料成型时含水率过高，黏度就会下降，并且挥发物产生的气体压力会将材料从喷嘴或喷嘴头中挤出去，造成流涎或拉丝。

应检查材料含水率。如果材料没有充分干燥，应停止生产并进行干燥处理。要了解更多关于干燥的细节，请参阅第九章。

44.3.4.2 挥发物

材料中的许多成分都会在熔体流中产生挥发物，例如:

- 低分子量成分
- 润滑剂
- 降解的回料

以上任何一种成分都会导致材料中气体逸出。这些挥发物在熔体流中呈气态，就像水分在料筒中熔体里形成的残余压力一样，挤压材料后产生流涎或拉丝。

如果在特定批次材料上发现缺陷，应与材料供应商联系，找到解决方案。如果使用回料，应尝试混合100%的原料进行注塑，观察问题是否得到改善。一旦确定缺陷与回料有关，则应检查回料中是否存在细小粉末，这些粉末是否会迅速熔化并降解。

第45章 缩孔

45.1 缺陷描述

缩孔是产品壁内部的空洞。缩孔表面上与气泡非常类似，但两者之间却存在很大差别。气泡是由产品中未排出的气体形成的，而缩孔是因收缩而产生的真空腔体。用热风枪缓慢加热产品壁，就可以区分缺陷究竟是气泡还是缩孔。如果该区域塌陷，可判断为缩孔；而如果出现鼓泡，则是气泡。图45.1展示了聚碳酸酯产品中的一处缩孔。

别称：内部缩水。

缺陷特点：困气、气泡、水泡。

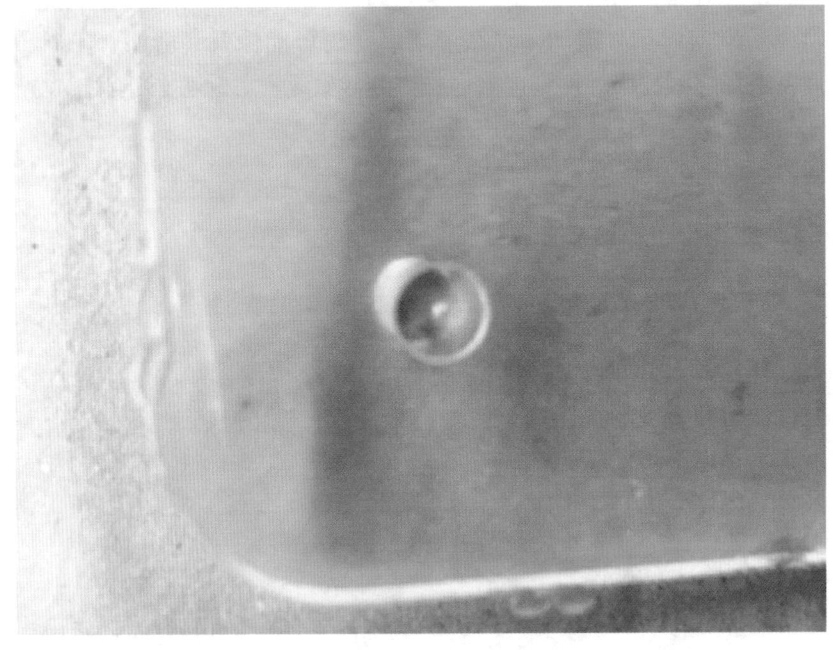

图45.1 产品厚壁区域的缩孔

45.2 缺陷分析

缩孔缺陷分析如表45.1所示。

表45.1 缩孔缺陷分析

成型工艺	模具	注塑机	材料
保压压力太低	冷却	注塑机性能	
保压时间太短	厚壁区域		
模具温度不当	浇口位置		
熔体温度太高			

45.3 缺陷排除

由于从不透明的产品表面观察不到缩孔，因此它们常被忽略。而透明产品上的缩孔显而易见，它们通常出现在壁厚较厚的区域。缩孔会导致产品物理性能下降，因此必要时应剖开产品横截面进行鉴别。

产品设计对缩孔的形成有很大影响。如果无法保持壁厚均匀，或浇口设置使塑料由薄壁向厚壁处流动，那么形成缩孔的可能性就会增加。在产品设计中，许多造成缩痕缺陷的不利因素同样也会导致缩孔。让工艺迁就不良产品设计将使工艺窗口变窄，从而增加产品的生产成本。

45.3.1 成型工艺

与产品缩孔有关的成型工艺方面因素有：

- 保压压力太低
- 保压时间太短
- 模具温度不当
- 熔体温度太高

45.3.1.1 保压压力太低

塑料被加热到熔融状态时，由于塑料中能量不断增加，分子间距离也随之扩大。在冷却阶段，分子间距离缩小，产品收缩。此时产品某些细微结构会因收缩而形成缩孔。

可用保压压力来补偿塑料收缩，即应有足够的型腔压力来补充收缩量，从而避免缩孔的形成。

首先应确认机台已按照既定工艺进行设置。在此基础上，应尝试增加保压压力避免缩孔。如果模具装有型腔压力传感器，可用来验证型腔压力与已设定的工艺模板是否匹配。

增加保压压力将使产品更加致密，降低产生缩孔的概率。增加压力时，应注意产品尺寸的变化；保压压力越大，则产品尺寸越大。增加保压压力也会造成补缩过度而导致粘模。运用STOP方法解决缺陷很重要，同时也要考虑工艺调整造成的潜在负面影响。

45.3.1.2 保压时间太短

如果保压时间设置太短，浇口来不及冻结，会引起材料从型腔中回流。如果无法保持型腔压力，塑料件收缩会更剧烈，造成产品较厚区域的缩孔。浇口附近的缩孔就是浇口未冻结的明证。

需要验证模具浇口是否已经冻结。根据浇口冻结所需时间设置保压时间。为确保产品浇口冻结，保压时间应比浇口冻结所需时间长约10%，这样即使工艺条件发生变化，也可以确保浇口冻结。例如，浇口冻结需要10s，那么保压时间应设置为11s。

45.3.1.3 模具温度不当

低模温会导致整个型腔内压力降增大，这种压力降的增加也降低了作用在整个型腔内的有效压力。低模温下注塑件的散热很快，产品壁和浇口的冻结也很快。另外如果保压时间过短，无法有效压实产品的厚壁区域，就会出现缩痕或缩孔。

模具温度过高，注塑件的收缩率会增加，而收缩率大，产品内部就容易形成缩孔。低模温造成压力降增加，而高模温引起收缩率增加，两者之间应取得平衡。在成型过程中保持输入和输出的热量平衡，也是生产合格产品的关键。

产品顶出温度和模具表面温度是判断模具温度是否正常的关键信息。这些细节应在工艺开发过程中详细记录下来，为缺陷分析提供依据。模具表面或产品顶出温度是否合适，需检查以下各项内容：

- 模温机设定值和实际值
- 冷却液流量
- 正确的水路布局

适当的冷却对于生产质量一致的产品至关重要，应确保成型工艺条件与受控的工艺相匹配。

45.3.1.4 熔体温度太高

熔体温度越高，产品需要的冷却时间就越长。当与型腔接触的产品外表面开始冻结，而产品内部却继续冷却并收缩时，冷却时间增加就容易引起缩孔。产品壁的不同弹性决定了是形成缩痕还是空洞。如果产品壁较坚硬，不会因塑料冷却差异所产生的内应力而发生移动，那么就会形成缩孔。

根据记录的工艺参数检查熔体温度。如果熔体温度很高，则应检查引起熔体温度升高的潜在原因。许多因素会影响熔体温度，包括：

- 料筒温度
- 螺杆转速
- 背压
- 螺杆设计

应将上述所有因素与既定的工艺设置进行比较，以验证工艺是否正确运行。如存在不符合项，应进行调整，使工艺恢复到预期设置。

45.3.2 模具

产品缩孔与模具相关的因素包括：

- 模具冷却
- 产品厚壁区域
- 浇口位置

45.3.2.1 模具冷却

模具中冷却不足的部位温度会有所上升，导致注塑件的收缩增大。当这种收缩发生在厚壁部分时，就会出现缩痕或缩孔。

应首先确认产品顶出温度是否与工艺要求相符。生产一段时间后应检查模具上是否存在热点。同时确认模具冷却水路有效，回路中水流量充分。

有关更多信息，请参阅第十四章模具冷却。

45.3.2.2 产品厚壁区域

这更像是个产品设计的问题，但也可作为模具设计的一部分进行讨论。当产品横截面较厚时，就有形成缩痕或缩孔的趋势。这种趋势是由于厚壁区域的收缩率较大造成的。厚壁区域的冷却时间更长，而且周围的薄壁材料在厚壁区域补缩之前已冻结，因此无法充分补缩。

在产品设计期间，应尽一切努力降低产品壁厚。掏空厚壁区域的做法有助于最大程度地减少缩孔。

横截面太厚会对成型周期产生不利影响，这是因为产品横截面较厚的区域需要更长的冷却时间。塑料是一种极好的绝缘体，可以阻止热量通过厚壁区域进行传导，从而延长冷却时间。为了最大限度地提高模具冷却效率，必须将厚壁区域掏空，保持均匀壁厚。

在某些情况下，厚壁区域需要增加浇口尺寸以确保充分补缩。但增加浇口尺寸会延长冻结时间和成型周期，降低获利潜力。

45.3.2.3 模具浇口位置

如果将浇口设置在产品薄壁区域，远离厚壁区域，那么产生缩孔的概率就会增加。当然，应尽可能保持均匀壁厚。如果浇口置于薄壁区，该区域将在厚壁区域补缩之前冻结，因而导致厚壁区域收缩增大。

如果设计的产品壁厚不均匀，浇口应放在横截面较厚的区域，以确保厚壁区域得到补缩。应首先尝试在较厚区域将壁厚掏空；但是，如果无法掏空，应尝试把浇口放在附近，这样浇口对风险区域产生的影响最为显著。

模流仿真可以提供冻结层分布图，突出显示提前冻结的区域。可以尝试用软件将浇口布置在模具厚壁区域能够充分补缩的位置。

45.3.3 注塑机

请参阅第八章注塑机性能。

45.3.4 材料

透明材料和非透明材料的缩孔鉴别方法有很大区别。透明材料中的缩孔显而易见。而当成型非透明材料时，凭肉眼无法看见缩孔。因此必须把产品剖开才能发现缩孔。

关键产品中的缩孔检查需要借助于X射线，这是一种无损检测注塑件的方法。

第46章 翘曲

46.1 缺陷描述

翘曲是一种产品发生扭曲无法达到设计形状的缺陷。如图46.1所示，直尺靠在发生翘曲的产品边上，可以清楚地看到产品和直尺之间间隙。

别称：变形。

缺陷特点：无。

图46.1 翘曲示例

46.2 缺陷分析

翘曲缺陷分析如表46.1所示。

表46.1 翘曲缺陷分析

成型工艺	模具	注塑机	材料
模具温度	粘模	注塑机性能	材料类型
熔体温度	冷却问题	机器人操作	产品包装
压力差	型腔不平衡		填充剂含量和类型
浇口冻结	浇口设置		
冷却时间太短			
成型后处理			

■ 46.3 缺陷排除

翘曲缺陷解决起来相当棘手。本质上，翘曲是由热塑性材料加热和冷却过程中产生的收缩和内应力引起的。注塑件上各处收缩不均是最常见的原因。收缩差异可能来自以下各种因素：

- 型腔压力差异
- 冷却差异
- 取向差异，特别是半结晶材料

注塑件产生翘曲，产品设计不当导致的注塑异常为主要原因。为避免塑件翘曲，遵守塑料件设计准则丝毫不能马虎。其中最重要的四条准则如下。

（1）保持均匀壁厚　塑料的收缩率会因壁厚不同而变化。壁厚会影响塑料流长（即从产品浇口填充和补缩的距离）、冷却效率和分子取向。如果产品壁厚存在差异，相应的收缩率也会有差异，最终导致翘曲。试图让成型工艺迁就存在缺陷的产品设计，工艺窗口就会受限，也不可能生产出高质量产品。

（2）避免由薄到厚进胶　如果产品壁厚不均（见第1点），浇口应避免设置在薄壁区域，否则会导致收缩差异，因为厚壁区域的补缩会受薄壁区域的限制。一旦薄壁区域先行冻结，厚壁区域就无法继续补缩。一旦补缩不充分，收缩就会增加。另外，薄壁区域可能会出现过度补缩，这又加剧了收缩差异，从而产生翘曲。

（3）筋条厚度与壁厚的比例　为避免筋条附近出现厚壁的集热区域，筋条厚度与壁厚比例应遵循一定的设计原则。根据材料的不同，通用标准是筋条厚度为公称壁厚的40%～70%。这样的厚度不仅有利于最大限度地减少缩痕，而且可避免筋条底部偏厚，造成过度收缩而产生翘曲。偏薄的筋条比标准壁厚凝固得快，也会造成筋条对面的表面翘曲。

（4）善用圆角　应尽可能避免产品设计上出现锐角。转角处设计半径合适的圆角可使填充和冷却更加均匀。另外，由于塑料在冷却过程中会释放应力，尖锐的转角更容易产生应力集中进而产生翘曲。

许多翘曲缺陷本可以在产品和模具设计过程中加以避免。在产品设计过程中关注上述隐患是生产无翘曲产品的前提。现代注塑的CAE软件是一个不断迭代的工具，可以帮助预测翘曲，评估产品设计对翘曲的影响。

要考虑的另一个因素是，即使产品的刚度足以抵抗脱模后产生的翘曲，也难免较高的残存内应力。残余内应力可能导致产品失效，尤其是在遭受环境应力开裂的情况下，因为产品的残余内应力会影响其耐环境应力开裂性（ESCR）。

46.3.1 成型工艺

成型工艺导致翘曲的因素包括:

- 模具温度
- 熔体温度
- 压力差异
- 浇口冻结
- 冷却时间
- 脱模后的产品处理

46.3.1.1 模具温度

成型材料的热变形温度（HDT）是产品翘曲的一个重要因素。当热塑性塑料使用温度高于其HDT时，一旦材料承受负荷就会发生形状改变，如果此时顶出注塑件就很容易变形。

冷却速率是注塑成型中的关键工艺变量之一。模具最终起到的是热交换器作用，将热量从注塑件中带走。只有当模具温度适当时，注塑件的温度才能迅速降到可以顶出的程度，并且不产生翘曲。每种材料都有推荐的模具温度范围，这是所有工艺的关键参考点。如果模具运行温度为180℉（82.2℃），但推荐的模具温度为80 ～ 120℉（26.7 ～ 48.9℃），就应明确提出质疑。

对模具温度影响最显著的因素是模温机上的温度设定值。当实际模具型芯的温度比水温设定值高时，冷却水的温度决定了模具的运行温度。实际模芯的温度应测量并记录在案，以供将来参考和缺陷分析之用。在测量模具温度时，应确保模具已经运行了足够长的时间，型芯温度已趋正常。研究表明，模具达到正常运行温度常常需要花费一个小时甚至更长时间，这取决于模具的大小和冷却水路的布局。模具在一个循环周期中的加热过程如图46.2所示。两条模具的温度变化曲线由热电偶测量并记录。曲线最左边的水平段为基础模具温度。当熔融塑料接触型腔时，型腔温度立即升高。

模具冷却效率是使熔融塑料达到低于其热变形（HDT）温度的关键影响因素之一。呈湍流状的冷却水能确保模具冷却效率最佳。模温机的水泵必须功率足够，才能达到理想的冷却效率。水流量是工艺开发过程中必须记录的另一个参数，以便在缺陷分析时将其与当前的流量进行对比分析。

进水温度与出水温度的差值，是衡量模具冷却效果的另一重要指标。进出水的最大温升应小于4℉(2.2℃)，关键性产品[1]的温升甚至应小于2℉(1.1℃)。可以使用手持式测温仪，将探头放到进出水管接头上检查温度。如果出水口温度高于建议的最大值，应评估是否能将单个长回路分成多个短回路。

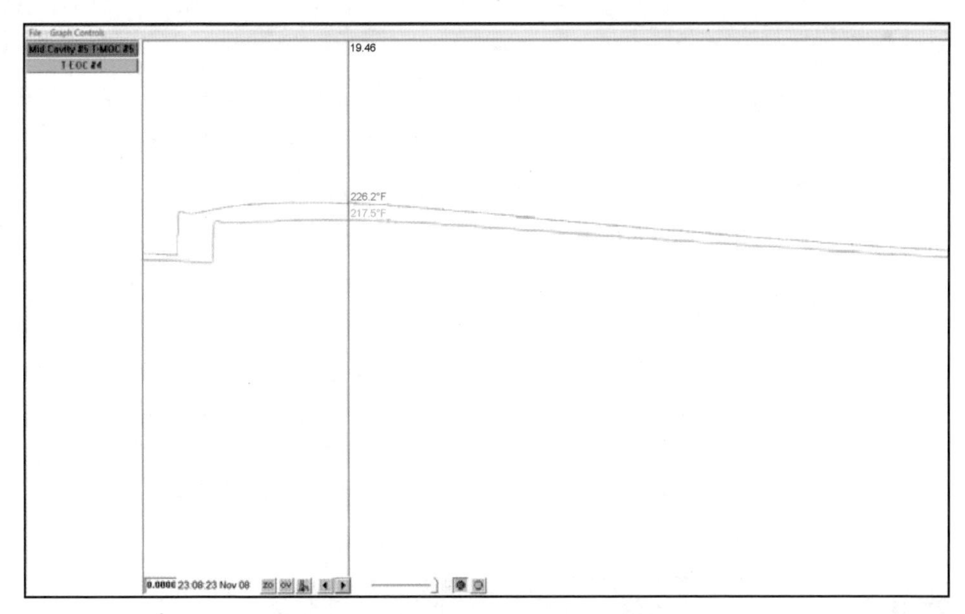

图46.2 模具的温度变化曲线（热电偶测量）

在工艺开发过程中，还应记录顶出后的产品温度。最佳方法是使用热成像仪，它可以提供精确的产品温度视图（见图46.3）。另一种检查产品温度的方法是使用带有表面探针的测温仪。如果使用表面测温仪，应记录温度测量的位置，以确保可以重复进行后续的测量比对分析。

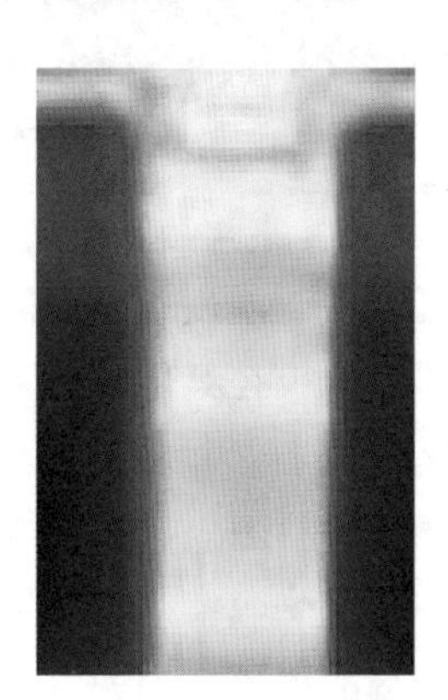

图46.3 产品热成像图

在分析与冷却相关的翘曲原因时，请检查以下各项：

- 水温
- 水流量
- 进水口与出水口温差
- 确认温控器的性能参数（泵容量、功率和冷却阀大小）

- 确认模具水管连接正常

请注意，塑料件会朝着温度高的方向翘曲。典型的例子通常被称为“垃圾桶效应”。想象一个方形或矩形聚丙烯垃圾桶，它的侧面经常向内翘曲。垃圾桶效应显示塑料件向模具中较热的型芯侧弯曲。这种变形一般出现在箱形截面上，因为这种产品结构的内侧拐角通常很难冷却，造成运行温度很高。温度较高的型芯表面导致该侧的收缩增加，造成产品向该方向拉动变形的趋势。因此，当设计盒子形状的注塑件时，应格外注意，需要最大限度地设置型芯冷却。

塑料件会朝温度高的方向翘曲这种特性，在某些产品上可以善加利用。通过刻意调节动模型芯和定模型腔之间的温差，可以使产品朝着我们希望的方向变形，从而解决翘曲问题。然而设置温差时要特别谨慎，因为钢材膨胀系数会随温度的变化而变化。温差太大会导致动定模插穿部位拉伤和损坏。应咨询模具工程师或模具制造商，确定目标模具允许的温差范围。

案例分析：冷却导致翘曲

在本案例中，某产品由含滑石粉填充的聚丙烯材料（PP）注塑而成，产品呈矩形，有向内翘曲的趋势。如果产品向内弯曲，与组件装配时就会出现问题。模具上围绕矩形产品的周围设有环形水路。这条外围水路的运行温度为120°F（48.9℃），而其余水路温度为80°F（26.7℃）。模具在水路存在温差的条件下运行，使得产品的矩形截面实际上向外而非向内弯曲，这样产品的装配问题就解决了。

46.3.1.2 熔体温度

熔体温度偏高会导致产品脱模时温度也偏高。在注塑成型过程中，控制熔体吸收和散发的热量非常重要。如果在其他工艺条件保持不变的情况下熔体温度偏高，那么产品在顶出时也会较热，翘曲就会增加。

熔体温度变化也将影响整个型腔压力。如果熔体温度比以前生产中的低，整个型腔压力降就会增加，进而产生收缩差异，产品发生翘曲。最糟糕的情况是熔体温度太低，导致填充末端的型腔压力为零而出现短射。

应验证熔体温度是否符合既定工艺。熔体温度过高需要更长的冷却时间来补偿。在缺陷分析时，应比较并确认记录的熔体温度。

46.3.1.3 压力差

型腔中的压力差是影响翘曲的另一个工艺因素。当塑料受热时，分子之间距离增大，而在冷却过程中，分子之间距离缩短，这就产生了收缩。塑料的收缩量根据“挤压”分子时施加的压力大小而变化。

当一个产品的不同区域注塑成型时存在压力差，这些区域内的收缩就会存在差异，由此导致翘曲产生，因为收缩率较高的区域会对产品其他区域施加拉力。

注塑成型中存在的挑战之一是将整个型腔的压力降最小化，使型腔压力分布尽可能均匀。随着型腔压力降最小化后，其影响也会最小化。最小化压力降的一个主要方式就是快速填充模具，因为快速填充有助于保持一致的黏度，型腔压力分布就会趋向均匀。

离浇口位置的距离是影响型腔压力大小的主要因素：离浇口越远，压力越低。在制作模具之前，应评估浇口位置的影响。型腔末端距离浇口位置太远的话，型腔内各处的压力就不可能均匀。在许多情况下，增加浇口数量，改善压力分布是成功的关键。这也是CAE分析的另一个主要贡献。

壁厚也会对型腔压力分布产生影响，尤其是与离浇口距离这一因素同时考虑时影响更明显。薄壁区域冻结较快，型腔保持压力充分且一致的能力就会受限。对于壁厚不同的产品，保持型腔压力均匀更为重要。半结晶材料成型时，壁厚差异的影响会进一步放大，因为结晶度的影响会增加发生翘曲的风险。

另一个需要牢记的因素是，与型腔压力较高的区域相比，型腔压力较小的区域往往收缩并与型腔分离的速度更快。一旦塑料件与型腔壁分离，停止与型腔的接触，冷却速率就会降低（谨记：模具是热交换器）。如能改善压力分布状态并维持较高的型腔压力，塑料件的冷却将更趋有效，翘曲也会减少。

要验证保压压力设定是否正确，并确认从速度控制到压力控制的切换良好。注塑机的保压切换应迅速稳定。如果注塑机响应不及时，那么材料可能在型腔充分保压之前就开始冻结。

46.3.1.4 浇口冻结

有时，浇口冻结会产生翘曲缺陷。只有在浇口冻结后，补缩的熔体才能被保留在型腔里。浇口冻结也会导致浇口附近产品中的残余应力过大。这种现象常见于中心直接进胶的产品上，这时较高的局部压力会从浇口扩散开来。

在某些情况下，浇口未冻结反而使浇口附近的压力与型腔其余部分的压力保持平衡，这有助于减小型腔中的压差。在设计矩形盖状产品时有种担忧，即中心进胶的熔体流动和补缩距离都存在差异，因此会造成这类产品填充速率和补缩结果的差异。

如果某产品发生翘曲，在工艺开发中应尝试进行浇口冻结和不冻结的试验，以确定冻结对翘曲的影响。如果浇口不冻结反而改善了翘曲，在其他因素（缩痕、缩孔、光泽和尺寸）都可接受的前提下，模具生产时浇口就不用冻结，并将此记录进工艺文档中。认为每一副模具必须浇口冻结的想法是错误的。

在分析翘曲缺陷时，需要验证模具是否适合在浇口冻结的条件下进行生产。应查验工艺并确定正确的保压时间。如果有疑问，可进行浇口冻结试验（参见第三章分段成型工艺）。

46.3.1.5 冷却时间

如果产品从模具中取出过早就会产生翘曲。注塑件的冷却时间应足够长，以便塑件温度降低到材料热变形温度（HDT）以下。如果产品顶出过快，塑件仍然处于柔软状态，很容易产生变形和翘曲。

需验证冷却时间和成型周期与定义的工艺是否一致。如果时间不吻合，应适当进行调整，使工艺回到基准状态。检查产品的顶出温度，确定冷却是否有效。如果顶出后的产品温度仍然较高，则表明冷却存在问题，需要解决。通过增加冷却时间来弥补模具的冷却问题的做法代价高昂。应努力尝试找出根本原因，而不是让工艺迁就存在的问题。

46.3.1.6 脱模后的产品处理

有时，翘曲发生在机械手或作业员从模具中取出产品的过程中甚至取出产品之后。可以用STOP方法观察在顶出过程中或顶出后影响产品变形的潜在因素。

观察操作员在包装前是否存在堆叠产品的情况。还要确保产品包装正确，如果包装不当也会引起翘曲。另外还应注意，产品是否过早包装。有时操作员为了及时清空传送带，包装产品时的温度超过了正常温度。

应仔细观察机械手，确定其夹爪不会损伤产品。有时机械手在夹取产品时用力过大，会导致产品变形。应观察机械手是否能径直退出模具。有时机械手的多余动作会使产品碰擦模具，造成变形。有关机械手操作的更多信息，请参见第46.3.3.2节。

案例分析：成型后处理

本案例中成型的为用于汽车装饰的某聚丙烯（PP）小零件。操作员在检查时偶尔会发现一些翘曲产品。用STOP方法观察成型后的产品发现，产品有时会卡在传送带某处，受传送带的推动而产生翘曲。对传送带上卡件的位置进行防护后，翘曲现象便得以消除。

46.3.2 模具

造成翘曲的模具相关因素包括：

- 粘模

- 冷却不当
- 型腔不平衡
- 浇口

46.3.2.1 粘模

如果产品粘在模具中，顶出时就会发生变形。粘模产品需要较大的外力才能取出，这样就会导致变形，出现翘曲。

首先应确认产品是粘在定模侧还是动模侧。产品发生粘模时，通常会伴有开裂声。如果在开模过程中听到噪声，产品很可能粘在了定模侧；如果在顶出过程中发出噪声，产品便粘在了动模侧。

有个检查产品是否粘模的有效方法：半自动注塑一模产品并在顶出前手动停止，检查产品在动模模芯上的状态。如果产品翘起，脱离了型芯表面，表明粘模发生在定模侧。然后，尝试手动从顶针和斜顶上取下产品，这样就可能感受到产品顶出时发生粘模的部位。如果发现产品粘模，应当立即修理模具，而不应尝试用工艺绕开模具问题。

有关粘模的更多详细信息，请参阅第三十五章和第三十六章。

案例分析：粘模导致产品翘曲

本案例中，一个用PC/ABS材料成型的产品平面度要求较高。一旦产品出现翘曲，就会给客户的装配和使用功能带来麻烦。多次试验都是围绕着工艺条件和包装条件的改善进行，终究无法彻底解决翘曲问题。客户的担心与日俱增。

一次试模中，产品顶出前模具被停下，操作员检查了模具动模，发现产品角落部分翘起并脱离了模芯。在型腔里喷洒脱模剂后顶出前再次停下，观察到产品与模芯紧密无缝。测量这两个样品的翘曲后发现，使用脱模剂成型的产品完全合格，而另一个则不合格。

仔细检查型腔，发现分型面存在少许翻边，这样产品就出现了轻微粘定模。用油石清理翻边并重新试模，翘曲现象消失。于是模具的预防性维护程序中增加了分型面毛刺和翻边的检查项目，从此翘曲缺陷再也没有出现。

遵循STOP方法会更快地解决此类问题。4M缺陷分析法有助于模具问题的正确评估，而不是依赖调整成型工艺来解决问题。

46.3.2.2 冷却

温度均匀对于避免产生注塑件翘曲非常关键。模具是热交换器，把热量从熔融塑料中扩散出去。模具设计应寻求最佳冷却方案。但遗憾的是，冷却通常要为顶出和其他模具动作作出妥协。

更多有关模具冷却的详细信息，请参见第十四章。

46.3.2.3 型腔不平衡

在多腔模具上，保持所有型腔的工艺条件相同至关重要。如果多腔模具的型腔之间存在不平衡，那么型腔内的工艺条件就会不同。由此产生的差异会影响许多工艺变量，包括：

- 型腔填充速率
- 型腔压力
- 型腔冷却速率
- 浇口封闭

如果上述条件不一致，可以预见潜在的翘曲结果。对于多腔模具，尽可能保持平衡很重要。如果模具不平衡，一些型腔的产品翘曲而其他的不会，就必须修改模具以确保平衡。

有关多型腔平衡的更多信息，请参见第十二章。

46.3.2.4 浇口

注塑件上的浇口设置会影响翘曲变形。浇口设计应根据整体产品评估进行，并为型腔提供充分的填充和均匀的压力分布。

如果产品浇口数量不足，材料的流长偏长，就会导致流动前沿停滞和填充不足。同样重要的是，在补缩过程中，保压压力与离浇口的距离也要充分考虑。型腔压力随着离浇口距离不同而变化，这种压力变化会引起翘曲。在产品上增加第二个浇口，可以使压力分布更均匀，减少产品翘曲。

浇口在产品上的位置，是另一个与流动距离和补缩长度有关的因素。在模具设计过程中，应考虑流动距离和压力的分布。另外，可对产品进行CAE分析，查看“缩水指数”和“冻结层”分布图，获得有价值的信息。

谨记，如果浇口太粗，浇口附近容易产生过度保压。这种保压不均会引起产品翘曲，尤其当产品其余部分已冻结而浇口区域仍在补缩时。很多情况下，对于半结晶型材料，细巧的浇口可以减少翘曲。

46.3.3 注塑机

注塑机影响翘曲的因素包括：

- 注塑机性能

- 机械手操作

46.3.3.1 注塑机性能

与许多其他缺陷一样，注塑机的实际参数值与设定值吻合对于避免翘曲很重要。

有关注塑机性能，请参见第八章。

46.3.3.2 机械手操作

机械手从模具中取出产品时，有可能造成产品翘曲。如果机械手取件时用力过猛，会导致产品变形进而发生翘曲。

机械手操作的另一风险是从模具的细节特征或部件（如斜顶）上取下产品的方式。如果模具部件退回时，机械手尚未取下产品，那么产品就会卡在模具部件上，导致产品变形进而发生翘曲。

如果怀疑引起翘曲的原因是机械手操作，可以在半自动模式下尝试人工从模具上取产品。如果产品能顺利取下，就说明机械手取出动作存在问题。

46.3.4 材料

材料因素会对翘曲产生很大的影响，包括：

- 材料类型
- 产品包装
- 填充剂含量和类型

46.3.4.1 材料类型

无定形和半结晶型材料之间的差异是影响产品翘曲的首要因素。半结晶材料有序排列的分子结构，使材料在冷却过程中分子间间隙更小。当半结晶材料冷却时，由于结晶度的影响，收缩较为剧烈。随着结晶度增加，收缩量会增加，产生收缩不均匀的可能性也会增大。在熔融状态下，半结晶材料实际上处于无定形状态，如将塑料熔体快速冷却，减少结晶度，材料收缩率会降低。使用低模温虽然能使结晶度最小化，但当产品在一个较高的温度环境下使用时，其分子链会进行部分地重新排列和结晶，使得产品发生翘曲变形。

半结晶材料也会出现各向异性收缩，即流动方向上的收缩与垂直于流动方向上的收缩不同。这通常会导致不均匀的收缩，并引起难以预测的翘曲。注塑成型CAE软件可以帮助预测各向异性收缩，模具厂商也可以据此在不同方向不同采用不同的收缩率设计。总之，当进行半结晶材料的产品设计和模具设计时，应充分考虑到材料收缩和翘曲较大的因素。

含填料的材料一般收缩较小。含填料与不含填料的聚丙烯材料收缩率差异约为0.015in/in以上。材料收缩潜能越大，不同区域间引起翘曲的收缩差异就越大。在适当情况下，使用填充材料有助于减少收缩，从而改善产品翘曲（见46.3.4.3）。

当使用含纤维填充材料时，纤维的取向可能会导致各向异性收缩。纤维会按流动方向取向排列。这种取向会阻止平行于流动方向上的收缩，而垂直于流动方向的收缩则较为正常。

46.3.4.2 产品包装

产品包装方式实际上是一个操作问题，但的确会引起产品翘曲。如果包装时有外力作用于尚未冷却的注塑件上，产品就会发生翘曲。包装物与产品尺寸不匹配、散装产品尚未冷却或包装中上层产品挤压下层产品都有可能引起翘曲。

对于高质量产品而言，选择合适的包装和工艺过程中的其他部分一样重要。工艺开发过程中，应对包装方案进行评估，保证产品在储存和运输交付的过程中始终得到有效保护。例如，应确保产品尺寸与包装匹配，不会出现折弯或拱起现象。应评估某产品是否适合采用散装方式，多数产品应该有更妥善的包装方案来提供保护。

46.3.4.3 填充剂含量和类型

填充剂会减少产品收缩量。但如果某种材料中的填充剂质量不稳定，或者造粒过程中的填充物比例不当，都可能引起材料收缩率变化而产生翘曲。

要确认使用的基础材料和填充剂匹配正确无误。材料供应商通常会在填充材料成分报告上提供填料含量。

如果使用的材料不含填料，可评估是否需要加入填料以及填料对翘曲的影响。这个实验很简单，注塑一些含填料的产品，与不含填料的产品进行比较。是否加入填料，应考察其成本、外观以及对尺寸和物理性能的影响。在确认了所有重要因素的适应性之后，可配合客户将材料切换成填充料。

同样重要的是，要注意填充剂将充当成核剂并影响半结晶材料的结晶方式。这种影响可能是正面的，也可能是负面的，但是在对翘曲进行缺陷分析时必须将其考虑在内。成核材料通常不会像无核材料那样收缩很大。

请谨记，当使用纤维填充材料时，纤维取向会导致各向异性收缩并引起翘曲。纤维填充塑料，在流动方向上的收缩率通常小于垂直于流动方向上的收缩率。注塑后的纤维将保持其取向，导致产品翘曲。在产品和模具设计时，必须考虑这种取向的影响。有一个方法可以帮助减小各向异性收缩，就是将矿物填充剂和纤维填充剂配合使用：矿物填充剂有助于限制横向收缩，从而减小收缩差异。

参考文献

[1] Bozzelli, John, “Dont Neglect Cooling...There’s Money To Be Made”, Plastics Technology, April 2010.

第47章 熔接线

47.1 缺陷描述

当型腔中的熔料流过某个障碍物重新汇合时所形成的表面特征称作熔接线。一旦型腔中的料流分叉必定会出现熔接线，如图47.1所示。

别称：熔接纹。

误判：划痕、流痕、裂纹。

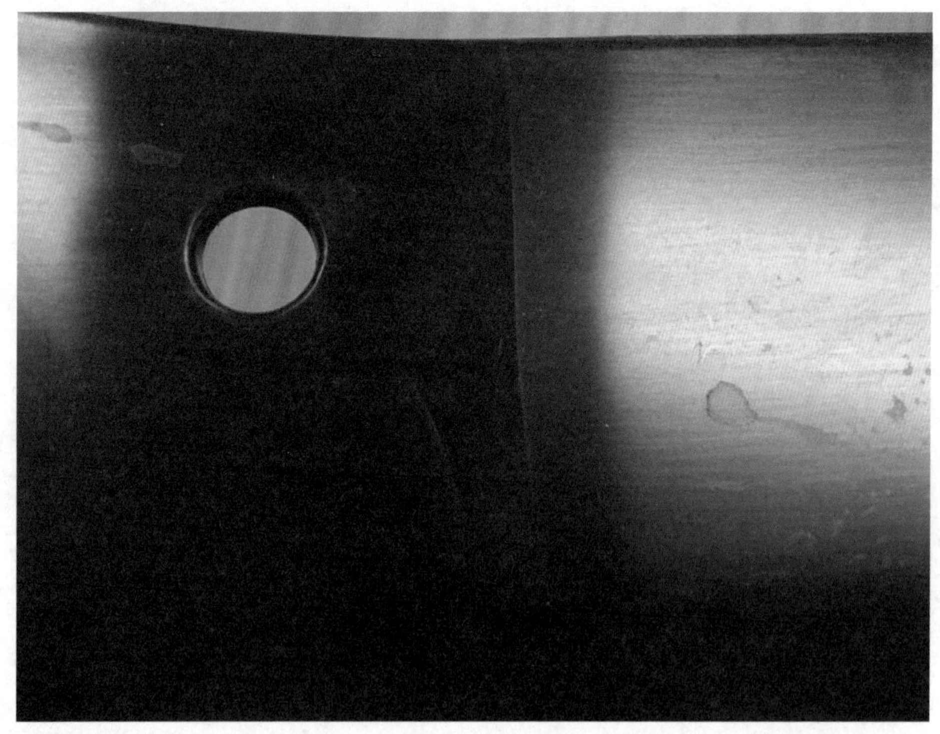

图47.1 熔接线

47.2　缺陷分析

熔接线缺陷分析如表47.1所示。

表47.1　熔接线缺陷分析

成型工艺	模具	注塑机	材料
注射速度	排气	锁模力	填充物含量和类型
熔体温度	壁厚	保压切换	黏度
保压压力	浇口位置	注塑机性能	
模具温度			

47.3　缺陷排除

熔接线不仅影响产品外观，也会影响产品的性能。优化熔接线对提升产品整体质量有重要意义。在产品设计阶段了解熔接线可能出现的位置很关键。产品设计师应该明白，工艺人员无法改变物理定律，即熔体分叉后会产生熔接线。模流软件可以帮助确定熔接线的位置（见图47.2）。熔接线图是一种实用的可视化工具，可帮助设计师了解熔接线可能出现的位置以及潜在的严重程度。

强度最弱的熔接线是那种熔料汇合后不再流动的类型。如果熔料汇合之后还继续流动，产生的熔接线外观和牢固程度都较好。

图47.2　Moldflow软件显示的熔接线

47.3.1　成型工艺

影响熔接线的工艺参数有:

- 注射速度

- 熔体温度
- 保压压力
- 模具温度

47.3.1.1 注射速度

如果模具排气良好，注射速度越快熔接线就越不明显。一个常见问题是，当模具排气不良时，技术员会降低注射速度，这会影响熔接线质量。如果熔接线是两股料流“撞”在一起形成的，通常会更牢固、更不明显。

同样，注射时间越短，材料的黏度越趋一致，越容易通过保压压力改善熔接线。在注射过程中保持一致的黏度，将有助于最大限度地减少整个型腔的压力降，从而在保压阶段实现更一致的型腔压力。

确认注射速度是否已进行了优化。应寻找措施改善排气效果，提高注射速度。排气不足并非降低注射速度的借口，调整模具排气优化工艺才是上策。

47.3.1.2 熔体温度

塑料熔体温度应保持较高水平，使熔接线处的塑料熔体紧密黏合在一起。如果熔体温度太低，熔接线会因为分子间没有足够的引力而变得脆弱。

喷泉流动描述了熔料填充模具壁时由内而外的流动模式。喷泉流动的优点是高温料流总是优先到达流动前沿，这将为熔接线补充温度较高的熔料。模流分析结果表明，填充过程中的熔体温度时高时低，关键是温度要超过一定水平，使熔接线很好地“绑定”在一起。图47.3是熔接线的放大图，显示了流动前沿熔接在一起而形成的凹槽。

应根据工艺表单以及材料供应商推荐的值来验证熔体温度。如果熔体温度出现偏差，请验证影响熔体温度的各种设置是否正确，它们包括：

- 螺杆转速
- 背压
- 料筒温度
- 滞留时间
- 螺杆设计（仅在更换螺杆或模具移至其他注塑机时会发生变化）。

与工艺表单对比，上述条件发生了变化都应进行必要的纠正。

47.3.1.3 保压压力

熔接线形成时应有足够的保压压力。较高的保压压力将迫使熔接线处的材料紧密结合并提供强大的黏结力。充分保压的产品，其熔接线更牢固。

根据工艺表单来验证保压压力，同时要考虑到必要的增强比。如果熔接线

图47.3 熔接线放大图

存在不够牢固的缺陷，可尝试增加保压压力，然后检查缺陷是否得到改善。

47.3.1.4 模具温度

较高模具温度有助于形成更牢固的熔接线。模具温度较高时，补缩的塑料更容易结合，并且熔接线也更不明显。高模温可使熔接线处的分子链缠结得更紧密。

提高模具温度可以改善熔接线外观和强度。如果存在熔接线问题，应尝试在较高模具温度下进行试模。

市场上有多种快速模具加热系统可以提供很高的模具温度。该技术可以从表面上消除熔接线并增加熔接线的强度。如果熔接线是关键性缺陷，快速模具加热技术可能是最佳的解决方案。

47.3.2 模具

影响熔接线的模具因素主要包括：

- 排气
- 壁厚

- 浇口位置

47.3.2.1 排气

排气是形成不良熔接线的主要因素之一。当两股塑料熔体流动前沿相遇时，流动前沿附近的气体必须及时排出，才能形成高质量的熔接线。如果气体被困在两股塑料熔体的流动前沿之间，熔接线强度就会降低，且看上去会很明显。气体充当了流动前沿的缓冲器，并破坏了材料黏合在一起的牢固程度。

排气不良无疑也会加重熔接线的外观缺陷。在某些情况下，看似流痕的缺陷贯穿整个产品。短射测试会显示这些线条实际上是部分熔体前沿滞流而成的熔合线。这种缺陷在起始阶段看似轻度偏斜的流动前沿。短射试验是非常重要的缺陷分析工具，有助于我们识别很多缺陷的演变过程。当一部分料流沿圆角流动，而其余部分在均匀壁厚内流动时，就会出现迟滞现象。

排气不良是最常见的模具缺陷之一，但人们往往会用工艺去迁就它。很多案例已为“无法再增加排气槽”的托辞证伪，而实际增加排气槽后，缺陷往往得以解决。正确排气不会导致模具产生飞边。排气槽既要有深度更要有宽度。图47.4显示了即将形成的熔接线：必须对该区域进行排气，这样才能形成牢固的熔接线。

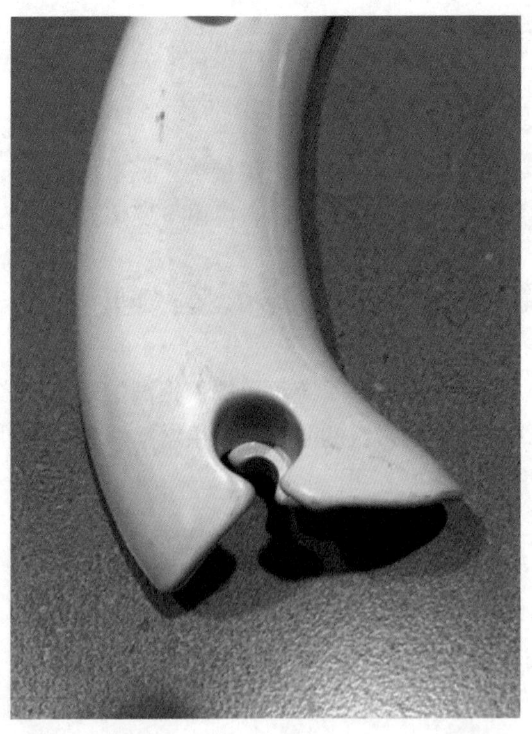

图47.4 凸台周围的短射：当产品填满时将形成熔接线

解决熔接线问题时，最好从检查排气开始。应确保模具清洁并且所有排气槽已打开。如果模具设有其他排气方式，例如烧结金属排气镶件，应确保它们工作正常。否则，应更换镶件解决缺陷问题。

更多有关排气的详细信息，请参见第七章。

47.3.2.2 模具壁厚

熔体前沿在产品细微结构（如镶针或嵌件）周围分叉时，就会形成熔接线。而壁厚对流动前沿的影响往往被忽略。薄壁区域会造成部分熔体前沿停滞，导致流动前沿再次结合时出现熔接线或熔合线。因此在设计塑料产品时，保持均匀壁厚是首要原则，壁厚不均也是造成熔接线的背后原因之一。

如果熔接线发生在一个不合理的区域，应检查短射产品的流动前沿是否存在滞流。计算机模流分析可以帮助识别这类产品设计中的缺陷。有时，无意加厚了某个区域的壁厚反而会导致熔接线的出现。

47.3.2.3 浇口位置

浇口位置和浇口数量都会影响熔接线的产生。如果一个产品有多个浇口，产品在每个流动前沿之间会形成熔接线（除非采用顺序阀进胶）。设计浇口时应留意熔接线出现的概率和位置，模流分析软件可以预测所有潜在熔接线的形成位置。

在模具设计过程中，可以通过调节浇口位置使型芯形成的熔接线出现在非关键性的位置。应尽可能减轻熔接线位置产生的影响。正确理解客户对熔接线的外观、位置和强度的期望非常关键。

顺序阀针浇口可用于一个产品上需要多个浇口的情况，其流动前沿不会形成可见熔接线。顺序阀针浇口是指打开初始浇口进行填充，同时保持下游浇口关闭，直到流动前沿到达时才打开。这避免了因多个浇口同时填充而形成的流动前沿熔接线。

47.3.3 注塑机

注塑机对熔接线的潜在影响可能来自:

- 锁模力
- 保压切换
- 注塑机性能

47.3.3.1 锁模力

如第 47.3.2.1 节所述，模具排气对于改善熔接线极其重要。如果模具的锁模力过大，那么排气槽有可能会被压扁，从而导致排气不足。

应确定锁模力设置正确。一台注塑机的锁模力为500吨，并不表示它适合每副在此机台上运行的模具。有时，根据注塑机产能、注射量、顶出行程或开模行程的匹配度安排的注塑机吨位可能偏大。此时，应首先确认是否应该降低锁模力。如果工艺定义的锁模力小于注塑机的最大锁模力，应确保生产时的锁模力大小合适。

要检查注塑机锁模力是否过大，可降低锁模力设置或调高屈臂的模具厚度设置。如果熔接线看起来有所改善，说明更充分的排气会改善熔接线状况。如果减少锁模力生产出了合格产品，那么应继续以较小锁模力进行生产，否则必须寻求改善模具排气的方法。

47.3.3.2 保压切换

保压切换是指从注射阶段的速度控制转变为保压阶段的压力控制。如果这种切换不干脆，那么出现的延迟会导致流动前沿停滞，产生的熔接线比正常情况更脆弱。尽管这个点经常被忽视，但它对于如何保证形成高质量的熔接线却非常重要。

保压切换在第八章注塑机性能中有详细讨论。

47.3.3.3 注塑机性能

如果注塑机无法达到所需的设定值，那么熔接线将成为棘手的问题。

有关注塑机性能，请参见第八章。

47.3.4 材料

一些潜在的材料问题有:

- 填充剂
- 黏度

47.3.4.1 填充剂

塑料中所含的填充剂是无法越过熔接线界面到达另一侧的。通常，含有填充剂的材料熔接线会更明显。熔接线处的塑料通常含有较少的填充剂，这又会导致熔接线处的外观和周围不同（见图47.5)。注意在图47.5中，熔接线处的玻纤取向有所变化，而且玻纤含量有所减少。

在塑料填充型腔时，某些填充剂会取向排布。这种取向会改变熔接线方向，从而导致更明显的熔接线。

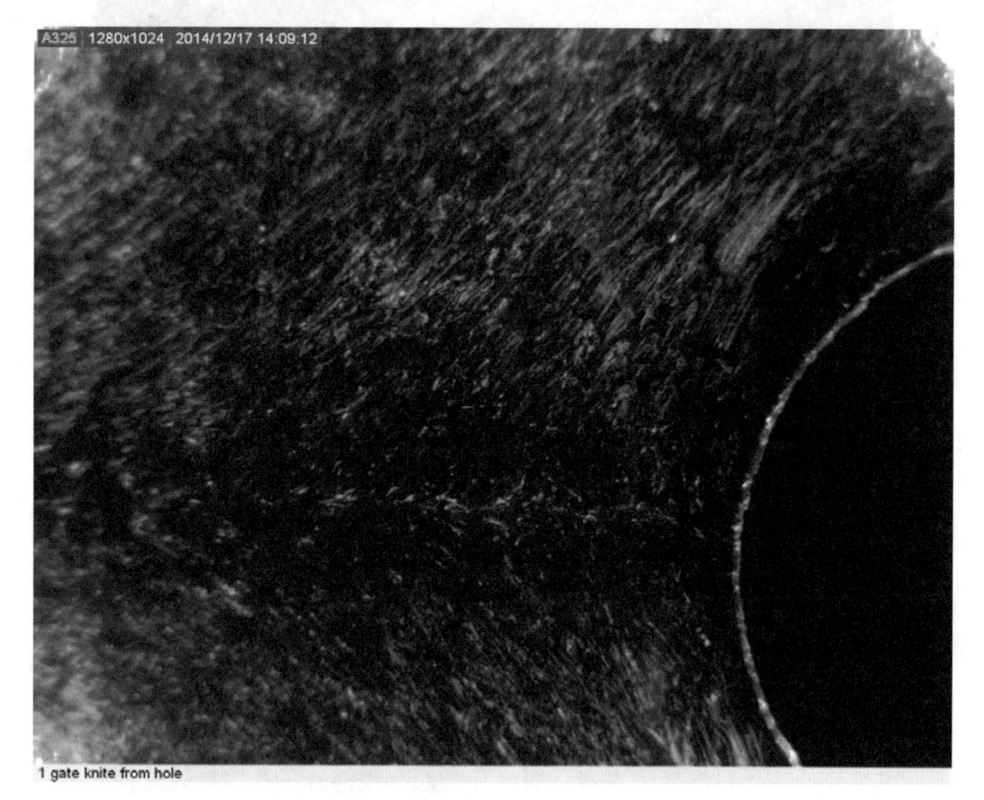

图47.5　含玻纤材料上的熔接线

无填充剂材料产生的熔接线较轻。如果添加了填充剂熔接线就会变得更明显。有时，解决不良熔接线的方案是将它们转变为熔合线，转变可以通过增加溢料槽来实现，这样熔接后的材料会一起继续流动。

案例分析：金属填充材料

本案例中的ABS材料中含有片状金属着色剂。片状金属有随流动方向取向的趋势，造成流动方向上的外观差异。另一缺陷是，当熔接线形成时，片状金属的取向就会从与流动方向一致变为与流动方向垂直。熔接线处片状金属取向的变化导致了非常明显的熔接线，而熔接线处富含树脂的塑料也造成了视觉差异。见图47.6，含银色金属填料的熔接线放大图。

这个问题最终也没有得到彻底解决。选用大小不一但宽高比接近1:1的金属片时，熔接线缺陷会有所改善。但金属薄片总会与熔接线显得格格不入。因此，如果对使用金属填充材料感兴趣的话，在确定产品颜色之前，应让相关人员亲眼目睹一下存在熔接线的注塑样件。

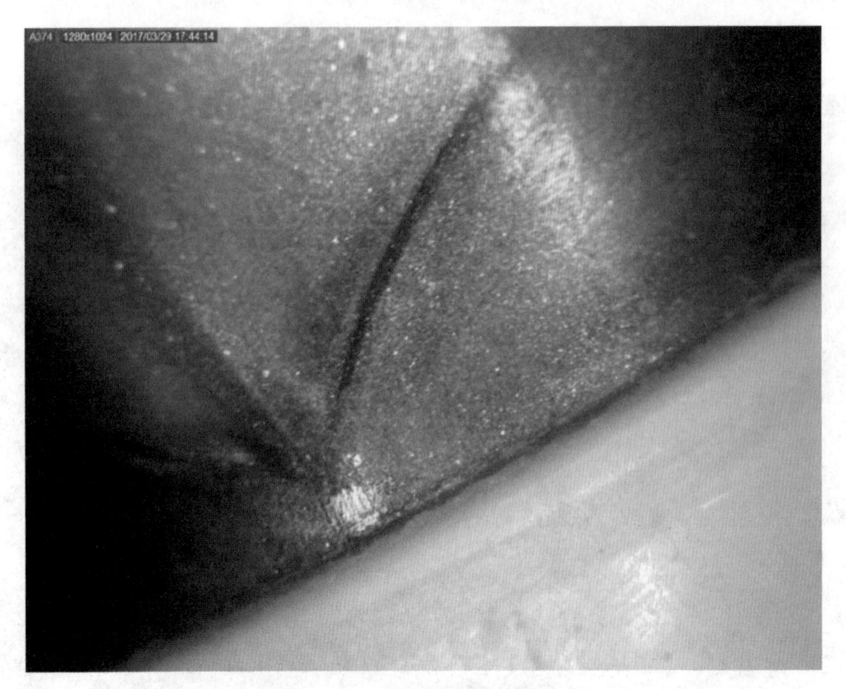

图47.6 有金属填料的熔接线

47.3.4.2 黏度

黏度较低的材料熔接线更容易熔合在一起，塑料分子在熔接线处会互相缠结。黏度较低的材料填充型腔更轻松，并且型腔中的压力传递性更好。而熔体流动指数较高的材料产生的熔接线质量较好。提高熔体流动指数通常意味着降低物理性能。应确保任何材料变更都经过客户验证并通过有关测试。

使用吸湿性材料时，要注意水分引起的黏度变化。含水率的变化会导致黏度的变化，从而影响熔接线的形成过程。